全国医药高职高专规划教材

（供护理及相关医学专业用）

人体结构学

第②版

主编　盖一峰　胡小和

中国医药科技出版社

内 容 提 要

　　本书是全国医药高职高专规划教材之一，依照教育部教育发展规划纲要等相关文件要求，结合卫生部相关执业考试特点，根据《人体结构学》教学大纲的基本要求和课程特点编写而成。

　　本书主要包括人体解剖学、组织学和胚胎学三部分。全书共分为12章，内容包括绪论、细胞、基本组织、运动系统、消化系统、呼吸系统、泌尿系统、生殖系统、循环系统、感觉器、内分泌系统、神经系统、人体胚胎学概要。

　　本书本着"理论适度够用，技术应用能力突显"的原则，注重培养医药卫生类高职学生的综合职业能力，适合医药卫生高职教育及专科、函授及自学高考等相同层次不同办学形式教学使用，也可作为医药行业培训和自学用书。

图书在版编目（CIP）数据

人体结构学/盖一峰，胡小和主编．—2 版．—北京：中国医药科技出版社，2012.9
全国医药高职高专规划教材．供护理及相关医学专业用
ISBN 978 - 7 - 5067 - 5564 - 1

Ⅰ. ①人…　Ⅱ. ①盖…　②…胡　Ⅲ. ①人体结构 - 高等职业教育 - 教材
Ⅳ. ①Q983

中国版本图书馆 CIP 数据核字（2012）第 179460 号

美术编辑　陈君杞
版式设计　郭小平
出版　中国医药科技出版社
地址　北京市海淀区文慧园北路甲 22 号
邮编　100082
电话　发行：010 - 62227427　邮购：010 - 62236938
网址　www. cmstp. com
规格　787 × 1092mm $\frac{1}{16}$
印张　22¼
字数　442 千字
初版　2009 年 8 月第 1 版
版次　2012 年 9 月第 2 版
印次　2012 年 9 月第 2 版第 1 次印刷
印刷　大厂回族自治县德诚印务有限公司
经销　全国各地新华书店
书号　ISBN 978 - 7 - 5067 - 5564 - 1
定价　**59.00 元**
本社图书如存在印装质量问题请与本社联系调换

第2版 编写说明

作为我国医药教育的一个重要组成部分，医药高职高专教育为我国医疗卫生战线输送了大批实用技能型人才。近年来，随着我国医药卫生体制改革的不断推进，医药高职高专所培养的实用技能型人才必将成为解决我国医药卫生事业问题，落实医药卫生体制改革措施的一支生力军。

《国家中长期教育改革和发展规划纲要（2010～2020年）》提出当前我国职业教育应把提高质量作为重点，到2020年，我国职业教育要形成适应经济发展方式转变和产业结构调整要求、体现终身教育理念、中等和高等职业教育协调发展的现代职业教育体系。作为重要的教学工具，教材建设应符合纲要提出的要求，符合行业对于医药职业教育发展的要求、符合医药职业教育教学实际的要求。

2008年，根据国发〔2005〕35号《国务院关于大力发展职业教育的决定》文件和教育部〔2006〕16号文件精神，在教育部和国家食品药品监督管理局的指导之下、在与有关人员的沟通协调下，中国医药科技出版社与全国十余所相关院校组建成立了全国医药高职高专规划教材建设委员会，办公室设在中国医药科技出版社，并于同年开展了首轮护理类25种教材的规划和出版工作。

这批教材的出版受到了全国各相关院校广大师生的欢迎和认可，为我国医药职业教育技能型人才培养做出了重大贡献。

2010年，相关职业资格考试做出了修订调整，对医药职业教育提出了新的、更高的要求。本着对教育负责、对该套教材负责的态度，全国医药高职高专规划教材建设委员会经多方调研，于2011年底着手开展了本轮教材的再版修订工作。

在本轮教材修订再版工作中，我们共建设24个品种，涵盖了医药高职高专专业基础课程和护理专业的专业课程。

在修订过程中我们坚持以人才市场需求为导向，以技能培养为核心，以医药高素质实用技能型人才培养必需知识体系为要素，规范、科学并符合行业发展需要为该套教材的指导思想；坚持"技能素质需求→课程体系→课程内容→知识模块构建"的知识点模块化立体构建体系；坚持以行业需求为导向，以国家相关执业资格考试为参考的编写原则；坚持尊重学生认知特点、理论知识适度、技术应用能力强、知识面宽、综合素质较高的编写特点。

该套教材适合医药卫生职业教育及专科、函授、自学高考等相同层次不同办学形式教学使用，也可作为医药行业培训和自学用书。

全国医药高职高专规划教材建设委员会
2012年6月

全国医药高职高专规划教材建设委员会

本书编委会

主　编　盖一峰　胡小和
副主编　刘伏祥　宿世震　胡俊义　马光斌
编　者（按姓氏笔画排序）

马光斌（曲阜中医药学校）

王志辉（长沙卫生职业学院）

刘　杰（山东中医药高等专科学校）

刘伏祥（益阳医学高等专科学校）

陈晓杰（安徽中医药高等专科学校）

周　奕（长沙卫生职业学院）

胡小和（长沙卫生职业学院）

胡俊义（江西中医药高等专科学校）

施荣庆（保山中医药高等专科学校）

段德金（保山中医药高等专科学校）

盖一峰（山东中医药高等专科学校）

宿世震（山东中医药高等专科学校）

韩　雪（保山中医药高等专科学校）

臧　慧（益阳医学高等专科学校）

前 言
PREFACE

　　全国医药高职高专规划教材《人体结构学》第一版于2009年出版以来，得到全国医学高职高专学校的广泛采用，受到了广大师生们的好评和认可。为了进一步适应高等职业教育的迅速发展，提高教学质量，加强教材建设，中国医药科技出版社组织了本教材第二版的编写工作。

　　本教材第二版的编写工作是以第一版为基础，总结和汲取了第一版的编写经验和成果，充分考虑第一版教材的调研使用意见，吸收合理化建议，力争做到扬长、去短、更新、补缺，提高教材质量，使教材更加适应教学的需要。二版教材各章节内容均有不同程度的变动，对全书的图表也做了相应的调整。

　　本版教材供全国高职高专院校三年制专科和五年制高职专科护理、助产及相关专业使用。教材内容主要包括人体解剖学、组织学和胚胎学。其中人体解剖学以系统解剖学为主，适当介绍某些部位的局部解剖学内容；组织学主要介绍基本组织、主要器官的微细结构；胚胎学根据专业需要，只介绍人体胚胎学概要。各院校可根据专业教学计划和教学大纲对本门课程的要求选用。

　　本版教材中的专业名词、数据和单位名称，是按国家规定标准或参考高等医药院校的有关教材编写的。

　　本版教材在编写过程中，得到了山东中医药高等专科学校、益阳医学高等专科学校、长沙卫生职业学院、宝山中医药高等专科学校、安徽中医药高等专科学校、江西中医药高等专科学校的大力支持以及全国许多兄弟院校同道们的帮助和大力支持，在此一并致以衷心的感谢。

　　由于编者水平所限，教材中错误和缺点在所难免，敬请老师、同学和读者批评指正。

编　者
2012 年 6 月

目 录

CONTENTS

绪　论

　　1. 掌握人体结构学、组织学、胚胎学、系统解剖学和局部解剖学的定义；组织、器官、系统和内脏的概念；人体的分部；人体结构学常用术语。
　　2. 了解组织切片的常用染色法。

一、人体结构学的定义及其在医学中的地位

　　人体结构学是研究正常人体形态结构及其发生发展规律的科学。

　　人体的形态结构一般是通过实地解剖的方法来进行研究，所以研究正常人体形态结构的科学领域多是用人体解剖学（human anatomy）来命名。随着现代科学技术的不断发展，可以应用 X 线成像、计算机断层成像、超声波或磁共振成像以及导管介入观察等多种现代科学技术来研究人体的形态结构，使我们不用实地解剖也能对人体器官进行观察，所以实地解剖虽然是研究人体形态结构的重要方法，但并不是唯一的研究方法，因此本教材我们使用了人体结构学这一冠名，但教材内容与人体解剖学是相同的。

　　人体结构学属于生物科学中形态学的范畴，它主要包括人体解剖学、组织学和胚胎学三部分。

　　人体解剖学，是用刀剖割和肉眼观察的方法，研究正常人体形态结构的科学。根据研究内容和叙述方法的不同，人体解剖学通常分为系统解剖学、局部解剖学等学科。系统解剖学（systematic anatomy），是按照人体各系统（如消化系统、呼吸系统、泌尿系统等）阐述各器官形态结构的科学。一般所说的解剖学就是指系统解剖学。局部解剖学（regional anatomy），是按照人体的部位（如头部、颈部、胸部、腹部、四肢等），由浅入深描述各部结构的形态及其毗邻关系的科学。

　　组织学（histology），是借助于显微镜观察的方法，研究正常人体微细结构的科学。

　　胚胎学（embryology），是研究人体在出生前发生、发育过程中形态结构变化规律的科学。

　　基于研究的角度、手段和方法的不同，人体解剖学又分出若干门类，例如：从外科应用角度研究人体结构的外科解剖学（surgical anatomy）（应用解剖学）；用 X 线技术研究人体器官形态结构的 X 线解剖学（X－ray anatomy）；用 B 超、计算机断层扫描（CT）和磁共振成像（MRI）技术研究人体各局部或器官断面形态结构的断层解剖学

（sectional anatomy）；研究人体表面的形态结构、人体器官的体表投影的表面解剖学（surface anatomy）等等。

人体结构学与医学各科有着密切的联系是一门重要的医学基础课程。护理专业学生在学习过程中，只有在充分认识正常人体的形态结构、位置与毗邻、生长发育规律及其功能意义的基础上，才能正确理解人体的生理功能、病理现象以及疾病发生和发展的规律，进而对病人做出正确的护理评估，采取相应的治疗和护理措施，帮助病人康复。医学中大量的名词、术语来源于人体结构学，所以人体结构学是学习医学各学科的必修课。

学习人体结构学的目的，就是从护理专业的培养目标出发，理解和掌握正常人体形态结构的基础理论、基本知识和基本技能，为学习人体功能学、病理学等医学基础课程和内科学、外科学等临床课程以及其他护理专业基础课程和专业课程奠定必要的基础。每个护理专业学生必须学好人体结构学。

二、学习人体结构学的观点和方法

学习人体结构学必须掌握以下观点和方法，才能正确理解人体形态结构特点及其演变规律。

（一）进化发展的观点

人类是亿万年来由低等动物进化而来的，人体的形态结构至今仍保留着许多与动物，尤其是与哺乳类动物类似的特征。而在进化发展的漫长过程中，人类又形成了与其功能相适应的、不同于其他动物的形态结构特征。人类的形态结构形成后，仍然在不断发展和变化，人体的细胞、组织和器官一直处于新陈代谢、分化和发育的动态之中。不同的自然因素、不同的社会生活、不同的劳动条件等，均可影响人体形态结构的发展和变化。因此，只有用进化发展的观点来学习人体结构学，才能正确、全面地理解人体器官的形态结构。

（二）形态与功能相互联系的观点

人体的形态结构与功能是密切相关的，一定的形态结构表现一定的功能，而功能的改变也可影响形态结构的发展和变化。例如，眼呈球形，能灵活运动，有利于扩大视野；耳郭的形态有利于收集声波。人类由于直立和劳动，上、下肢有了分工，其形态结构也发生了相应的变化：上肢的形态结构与劳动功能相适应；下肢的形态结构则与直立和行走功能相适应。所以，生物体的形态结构与其功能是相互依赖、相互影响的。因此，用形态与功能相互联系的观点来学习人体结构学，不仅有助于人体结构学的学习，也为人体功能学等后续课程的学习奠定必要的基础。

（三）局部与整体统一的观点

人体各部之间，局部与整体之间，在神经体液的调节之下，相互影响，彼此协调，形成一个有机的统一整体；各个局部或任何一个器官是整体不可分割的一部分，不能离开整体而独立存在。我们学习人体结构学虽从个别器官系统或局部入手，但必须注意各局部、各系统相互间的联系，明确各局部、各系统在整体中的作用，注意从整体的观点来理解局部，由局部更深入地来理解整体，建立从器官到系统，从局部到整体的概念，树立局部与整体统一的观点。

（四）理论联系实际的观点

人体结构学是一门形态科学，名词多、描述多是其特点。在学习过程中必须依据课程目标，做到理论联系实际。做到学习理论和图表相联系，学习理论与观察实物相联系，学习理论与临床应用相联系，做到学用结合。因此，学习人体结构学必须十分重视实验课，要充分重视观察标本、组织切片、模型、图表，要利用电化教具和活体对照等实践手段，以加深印象，增进理解，巩固记忆。只有这样，才能理解和认识人体的形态结构，学好人体结构学这门课程。

三、人体的组成和分部

（一）人体的组成

人体结构和功能的基本单位是细胞（cell），细胞之间存在一些不具有细胞形态的物质，称细胞间质。

许多形态相似、功能相近的细胞与细胞间质结合在一起，构成组织（tissue）。人体的组织有四大类，即上皮组织、结缔组织、肌肉组织和神经组织。

几种不同的组织有机结合，构成具有一定形态、完成一定功能的结构，称为器官（organ），如心、肝、肺、胃、小肠、大肠、甲状腺、眼、脑等。

许多共同完成某一方面功能的器官联合在一起组成系统（system）。人体有运动系统、消化系统、呼吸系统、泌尿系统、生殖系统、循环系统、感觉器、内分泌系统和神经系统等。

消化系统、呼吸系统、泌尿系统和生殖系统的大部分器官都位于胸腔、腹腔和盆腔内，并借一定的孔道直接或间接与外界相通，故总称为内脏。

人体各系统在神经体液的调节下相互联系，共同构成了一个完整统一的人体（human body）。

（二）人体的分部

根据人体的外形，人体可分为头部、颈部、躯干部和四肢四部分。头部包括颅和面部。颈部包括颈和项部。躯干的前面分为胸部、腹部、盆部和会阴；躯干的后面分为背部和腰部。四肢分为左、右上肢和左、右下肢。上肢分为肩、上臂（臂部）、前臂和手四部分；下肢分为臀、大腿（股部）、小腿和足四部分。

四、人体结构学常用术语

为了描述人体各部结构的位置关系，人体结构学统一规定了解剖学姿势、方位、轴和切面等术语。

（一）解剖学姿势

身体直立，两眼向前平视，上肢下垂于躯干两侧，手掌向前，下肢并拢，足尖向前，这样的姿势称解剖学姿势（anatomical position）。解剖学姿势亦称标准姿势。在描述人体各部结构的位置及其相互关系时，不论标本或模型处于何种位置或以何种位置放置，都应以解剖学姿势为依据。

（二）方位术语

以解剖学姿势为准，规定了一些方位术语，用以描述人体结构的相互位置关系。常用的方位术语有（图绪－1）：

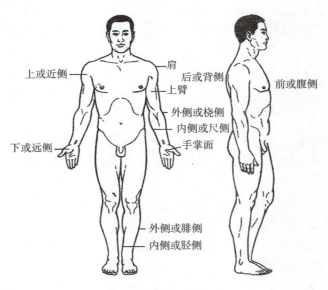

图绪－1　常用方位术语

1. 上（superior）和下（inferior）　近头者为上，近足者为下。上和下也可分别称为头侧和尾侧。

2. 前（anterior）和后（posterior）　近腹者为前，近背者为后。前和后也可分别称为腹侧和背侧。

3. 内侧（medial）和外侧（lateral）　以正中矢状面为准，近正中矢状面者为内侧，远离正中矢状面者为外侧。在前臂，其内侧又称为尺侧，其外侧又称为桡侧。在小腿，其内侧又称为胫侧，其外侧又称为腓侧。

4. 内（internal）和外（external）　凡有空腔的器官，以内腔为准，近内腔者为内，远离内腔者为外。

5. 浅（superficial）和深（profundal）　以体表为准，近体表者为浅，远离体表者为深。

6. 近侧（proximal）和远侧（distal）　多用于四肢。距肢体根部较近者为近侧，距肢体根部较远者为远侧。

（三）轴

轴是通过人体某部或某结构的假想线。为了分析关节的运动，根据解剖学姿势，可设置三种互相垂直的轴（图绪－2）：

1. 矢状轴（sagittal axis）　为前后方向的水平轴，是与人体的长轴和冠状轴都互相垂直的水平线。

2. 冠状轴（coronal axis） 为左右方向的水平轴，是与人体的长轴和矢状轴都互相垂直的水平线。

3. 垂直轴（vertical axis） 为上下方向的轴，是与人体的长轴平行、与水平线垂直的线。

（四）切面术语

在解剖学姿势条件下，人体或其局部均可设置相互垂直的三个切面（图绪－2）：

1. 矢状面（sagittal plane） 是在前后方向上垂直纵切，将人体分为左、右两部分的切面。通过人体正中，将人体分为左、右相等的两半的矢状面，称为正中矢状面。

2. 冠状面（coronal plane） 也称额状面，是在左右方向上垂直纵切，将人体分为前、后两部分的切面。

3. 水平面（horizontal plane） 也称横切面，是在上下方向上将人体分为上、下两部分的切面。此切面与矢状面和冠状面互相垂直。

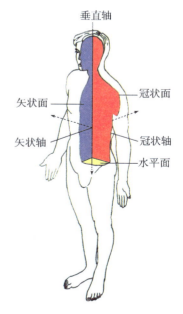

图绪－2　人体的轴和面

在描述器官的切面时，则以器官的长轴为准，与器官的长轴平行的切面称为纵切面，与器官长轴垂直的切面称为横切面。

五、组织切片的常用染色法

组织学所观察的标本，一般是将器官或组织切成薄片粘贴在载玻片上，然后再经过染色处理，才能做成组织切片标本在显微镜下观察。染色的目的，是使组织内的不同结构呈现不同颜色而便于观察。最常用的染色法是苏木精（hematoxylin）和伊红（eosin）染色，简称 HE 染色。苏木精是碱性染料，可将细胞内某些成分染成蓝色；伊红是酸性染料，可将细胞内某些成分染成红色。对碱性染料亲和力强，着色的物质称为嗜碱性物质；对酸性染料亲和力强，着色的物质称为嗜酸性物质；对碱性染料和酸性染料的亲和力都不强的物质，称为中性物质。如果要显示细胞质内的某些特殊结构成分，可选用各种特殊染色法。

 **思考题**

1. 何谓人体结构学、人体解剖学、系统解剖学、局部解剖学、组织学、胚胎学？
2. 试说出人体各系统的名称，内脏是指哪几个系统的器官？
3. 何谓解剖学姿势？

（盖一峰）

第一章 │ 细 胞

1. 掌握细胞的结构；细胞器的功能。
2. 熟悉细胞的形态。

  1665 年，英国物理学家胡克（R. Hooke）用自己制作的显微镜观察软木塞的切片，发现软木塞是由许多蜂窝状的小室构成，将这些小室命名为"cell"。胡克发现的"cell"实际上是植物组织死细胞的细胞壁。此后，生物学家用"cell"一词描述生物体的基本结构单位。后来，德国植物学家施莱登（M. J. Sehleiden）和动物学家施旺（T. H. Schwann）在总结前人研究的基础上，于 1938～1939 年提出了"细胞学说"，指出"一切生物从单细胞到高等动植物都是由细胞组成，细胞是生物形态结构和功能活动的基本结构单位。""细胞学说"的建立，使生物科学获得突破性进展。

  细胞是人体形态结构、生理功能和生长发育的基本单位。研究细胞的形态结构和功能，能深入地理解人体的形态结构和生理功能。

第一节 细胞的形态

  构成人体的细胞，形态多种多样。细胞的形态有圆球形、扁平形、多边形、立方形、长方形、长梭形、锥体形和不规则形等（图1-1）。

  细胞的形态因其功能及其所处环境的不同而异。如血液中的白细胞多数呈圆球形；输送氧气的红细胞为双面凹陷的圆盘状；紧密排列的上皮细胞多呈扁平形、立方形或多边形；具有收缩功能的平滑肌细胞为长梭形；具有接受刺激和传导神经冲动的神经细胞，则具有长短不同的突起等。

  构成人体的细胞，大小不一。多数细胞的

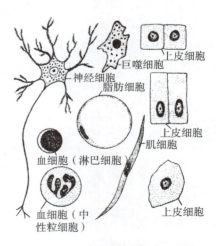

图 1-1 各种形态的细胞模式图

直径为6～30μm（1μm＝1/1000mm），肉眼不可见，必须借助于光学显微镜（以下简称光镜）才能看到。人的卵细胞直径约200μm，骨骼肌细胞可长达40mm，神经细胞的突起最长可达1m以上。

第二节 细胞的结构

细胞的形态和大小虽然有较大差异，但有共同的基本结构。在光镜下，细胞由细胞膜、细胞质和细胞核三部分构成（图1－2）。

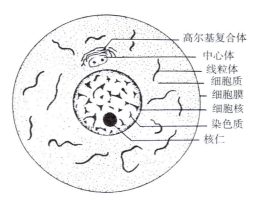

图1－2 细胞的一般结构模式图

一、细胞膜

（一）细胞膜的化学成分和结构

细胞膜（cell membrane）是细胞表面的一层薄膜，也叫质膜。

细胞膜主要由类脂、蛋白质和少量糖类组成。

细胞膜的结构在光镜下一般很难分辨。在电子显微镜下（以下简称电镜），细胞膜可分为三层：内层和外层电子密度高，呈深暗色；中间层电子密度低，呈浅色。通常将这种两暗夹一明的三层结构的膜称为单位膜（unit membrane）（图1－3）。

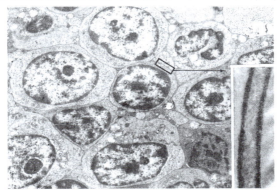

图1－3 细胞膜

细胞膜的分子结构，目前广泛采用"液态镶嵌模型"（fluid mosaid model）学说（图1-4）。液态镶嵌模型学说认为：构成细胞膜的类脂分子排列成为内、外两层，呈液态状，并能移动；蛋白质分子有的镶嵌在类脂分子之间，称为嵌入蛋白质，有的附着在类脂分子的内表面，称为附着蛋白质；少量的多糖多位于细胞膜的外表面，它们可以与膜上的类脂分子结合形成糖脂，也可以与膜上的蛋白质结合形成糖蛋白。

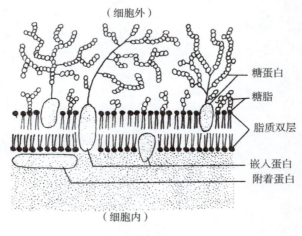

图1-4　细胞膜的分子结构模型

（二）细胞膜的功能

1. 保护功能　细胞膜是细胞与外界环境之间的屏障。细胞膜维持细胞的一定形态，对细胞起保护作用。

2. 物质交换功能　细胞不断进行新陈代谢，它从周围环境中摄入营养物质和氧，又排出其代谢产物，细胞内、外物质的交换，必须通过细胞膜。细胞膜是一层半透膜，它能有选择地摄取或排出某些物质，从而保持细胞内外物质的交换和新陈代谢的正常进行。

3. 受体作用　细胞膜上的某些嵌入蛋白质，能和一定的化学物质（激素、神经递质和某些药物等）发生特异性结合，称为该化学物质的受体（receptor），与受体结合的化学物质叫这种受体的配体。

受体能识别配体，并与之结合；受体一旦与配体结合，可引起细胞内一系列的代谢反应和生理效应。

二、细胞质

细胞质（cytoplasm）是细胞膜和细胞核之间的部分，由基质、细胞器和包含物等构成。

（一）基质

基质（matrix）是细胞质内的透明胶状物质，为细胞质的基本成分。基质主要由水、可溶性的酶、糖、无机盐等构成。

（二）细胞器

细胞器（organelle）是细胞质中具有一定形态与功能的结构。细胞器包括线粒体、核糖体、内质网、高尔基复合体、溶酶体、中心体、微管和微丝等（图1-5）。

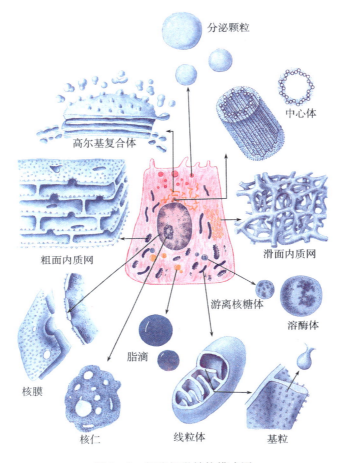

图1-5　细胞超微结构模式图

1. 线粒体（mitochondria）　光镜下呈线状或颗粒状，故名线粒体。电镜下观察，线粒体是由内外两层单位膜围成的椭圆形小体，外膜平滑，内膜向内折叠成许多嵴。线粒体内含有多种酶，能对细胞摄入的糖类、脂类及蛋白质进行氧化分解，释放出能量，供给细胞各种活动的需要。故线粒体有细胞"供能站"之称。

2. 核糖体（ribosome）　又称核蛋白体。电镜下观察，核糖体呈椭圆形小体。核糖体主要由核糖核酸（ribonucleic acid，RNA）和蛋白质构成。核糖体附着在内质网的表面或游离于细胞质内，因此可分为附着核糖体和游离核糖体两种。核糖体是细胞内合成蛋白质的场所。

3. 内质网（endoplasmic reticulum）　电镜下观察，内质网是由一层单位膜围成的管状、泡状或扁平囊状的结构，并相互吻合成网状。内质网根据其表面有无核糖体附着而分为粗面内质网（rough endoplasmic reticulum）和滑面内质网（smooth endoplasmic reticulum）。粗面内质网表面有核糖体附着，其主要功能是与蛋白质的合成有关；滑面内质网表面没有核糖体附着，其主要功能是参与脂类、糖原和激素的合成及分泌。

4. 高尔基复合体（golgi complex）　位于细胞核的周围或一侧。光镜下高尔基复合体呈网状，故又名内网器。电镜下观察，高尔基复合体是由一层单位膜围成的一些扁囊和大小不等的泡状结构。高尔基复合体的主要功能是与细胞的分泌活动、溶酶体的形成和糖类的合成有关。

5. 溶酶体（lysosome）　是由一层单位膜围成的囊状小体。溶酶体内含多种水解酶，能消化分解细胞吞噬的异物（如细菌等），称异溶作用；也能消化分解细胞本身的一些衰老或损伤的结构（如线粒体和内质网等），称自溶作用。故溶酶体有细胞内"消化器"之称。

6. 中心体（centrosome）　位于细胞核的附近。光学显微镜下，中心体由一团浓稠的细胞质包绕着 1～2 个中心粒组成。电镜下观察，中心粒为两个短筒状小体，互相垂直，其壁由 9 组微管构成，每组包括 A、B、C 3 个微管。中心体参与细胞的分裂活动，与细胞分裂期纺锤体的形成及染色体的移动有关。

7. 微管（microtubule）和微丝（microfilament）　电镜下观察，微管是微细的管状结构；微丝是实心的细丝状结构。微管和微丝对细胞有支持作用，维持细胞的形态，是细胞的骨架，还与细胞的收缩、运动等有关。

（三）包含物

包含物（inclusion）是指积聚在细胞质中有一定形态表现的各种代谢产物的总称，如糖元、脂滴、蛋白质、分泌颗粒和色素颗粒等。

三、细胞核

人体内的细胞除成熟的红细胞外，都有细胞核（nucleus）。一个细胞通常只有一个细胞核，有的细胞有两个细胞核，如肝细胞，也有的细胞有几十个甚至几百个细胞核，如骨骼肌细胞。细胞核的位置多数位于细胞的中央，有的偏于一侧。

细胞核的形状多与细胞的形状有关，大多数圆形、立方形的细胞，细胞核呈圆形；柱状、梭形的细胞，细胞核呈椭圆形；少数细胞的细胞核为不规则形，如马蹄形、分叶核形等。

细胞核的基本结构包括核膜、核仁、染色质和核基质四部分（图 1－6）。

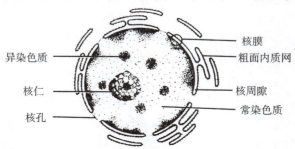

图 1－6　细胞核电镜结构

（一）核膜

核膜（nuclear membrane）为细胞核表面的一层薄膜。电镜下观察，核膜由两层单位膜构成，两层膜之间有间隙，称核周隙。核膜上有许多小孔，称核孔，它是细胞核和细胞质之间进行物质交换的孔道。核膜的主要作用是包围核内容物，对核内容物起保护作用，也控制细胞内外物质的交换。

（二）核仁

核仁（nucleolus）呈圆形，一般细胞有 1~2 个核仁。电镜下观察，核仁无膜包裹，呈一团海绵状。核仁的主要化学成分是核糖核酸（RNA）和蛋白质。核仁是合成核糖体的场所。

（三）染色质与染色体

染色质（chromatin）与染色体（chromosome）是同一物质在细胞周期中不同时期的两种表现形式。在细胞分裂间期，光镜下观察，染色质易被碱性染料染成深蓝色，呈粒状或块状；当细胞进行有丝分裂时，染色质细丝螺旋盘曲缠绕成为具有特定形态结构的短棒状的染色体（图 1-7）。

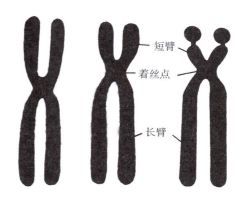

图 1-7　染色体形态模式图

染色体的主要化学成分是脱氧核糖核酸（deoxyribonucleic acid，DNA）和蛋白质。

染色体的数目是恒定的。人类体细胞有 46 条染色体，组成 23 对，称双倍体，其中 22 对为常染色体（autochromosome），1 对为性染色体（sex chromosome）。性染色体与性别有关，男性为 XY，女性为 XX。人体成熟的生殖细胞有 23 条染色体，称单倍体，其中 22 条为常染色体，1 条为性染色体，男性精子的性染色体为 X 或 Y，女性卵子的性染色体为 X。

每条染色体由两条纵向排列的染色单体构成。两条染色单体连接处有纺锤丝附着，称着丝点。

染色体中的 DNA 是遗传的物质基础，所以染色体是遗传物质的载体。

分裂中期的染色体，按其形态特征顺序地排列成图案，称染色体组型，男性为 46，XY；女性为 46，XX。如果染色体的数目和结构发生改变，将导致遗传性疾病。例如，先天性睾丸发育不全的患者，染色体组型为 47，XXY；先天性卵巢发育不全的患者，染色体组型为 45，X0。临床上检查早期胎儿细胞（如羊水细胞）的染色体组型，可对某些遗传性疾病予以早期诊断并给予及时处理。

（四）核基质

核基质（nuclear matrix）（核液）是细胞核内透明的液态胶状物质，由水、蛋白质、各种酶和无机盐等组成。

<h1>第三节　细胞增殖</h1>

细胞增殖是机体生长发育的基础，是通过细胞分裂的方式实现的。细胞分裂分无丝分裂、有丝分裂和成熟分裂三种。无丝分裂又叫直接分裂，在人体少见，故不叙述；有丝分裂是人类体细胞的主要分裂方式；成熟分裂见于生殖细胞。

一、有丝分裂

在细胞分裂过程中，染色体向两个子细胞分离、移动过程中有纺锤丝牵引，故称有丝分裂。

细胞从上一次细胞有丝分裂（mitosis）结束开始，到下一次细胞有丝分裂结束为止，其间所经历的全过程称为细胞增殖周期，简称细胞周期。细胞周期分为分裂间期和分裂期（图1-8）。

（一）分裂间期

细胞从上一次分裂结束后到下一次分裂开始的一段时间称为分裂间期。此期是细胞的生长阶段，主要进行DNA复制。分裂间期可分为三个阶段：

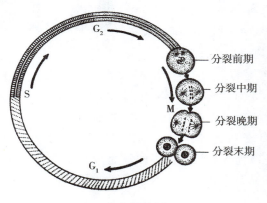

图1-8　细胞周期示意图

1. DNA合成前期（G_1期）　此期是从上一次细胞周期完成后开始的。此期的主要功能是两个刚形成的子细胞迅速合成RNA和蛋白质，为下阶段S期的DNA复制做好物质和能量的准备。此期持续时间依据细胞类型不同，历时长短不一，有数小时、数天以至数月不等。

2. DNA合成期（S期）　此期主要是进行DNA复制，使DNA含量增加1倍，以保证将来分裂时两个子细胞的DNA含量不变。从G_1期到S期是细胞周期的关键时刻，只要DNA的复制一开始，细胞增殖活动就会进行下去，直到形成两个子细胞为止。在S期，如果受到某些因素干扰，影响到DNA的复制，就能抑制细胞的分裂。

3. DNA合成后期（G_2期）　此期主要为细胞进入分裂期作准备。这一时期DNA合成终止，但合成少量RNA和蛋白质。

（二）分裂期

分裂期又称 M 期，这一期的特点是复制的遗传物质平均分给两个子细胞。细胞分裂是一个连续的动态变化过程，以染色体的形态变化过程为主要依据，可将分裂期分为前期、中期、后期和末期四期（图 1－9）。

1. 前期 中心粒分裂为二，向细胞两极移动，中间以纺锤丝相连。染色质形成具有一定形态和数量的染色体。在染色体形成的同时，核膜、核仁逐渐消失。

2. 中期 每条染色体纵裂成两条染色单体，两条染色单体中间在着丝点处相连。在纺锤丝的作用下，染色体逐渐移向细胞中央，排列在细胞中央的赤道面上。

3. 后期 两条染色体单体在着丝点处完全分离，在纺锤丝的牵引下分别向细胞的两极移动，形成了数目完全相等的两组染色体。与此同时，细胞中部缩窄呈哑铃状。

4. 末期 染色体到达细胞两极后即逐渐恢复成为染色质，新的核膜和核仁出现，母细胞中部缩窄、断离，形成两个子细胞。

在细胞周期中，分裂间期的生理意义是合成 DNA，复制两套遗传物质。分裂期的生理意义是通过染色体的形成、纵裂和移动，把两套遗传物质准确地平均分配到两个子细胞内，使子细胞具有与母细胞相同的染色体，从而使遗传特性一代一代传下去，保持遗传的稳定性。

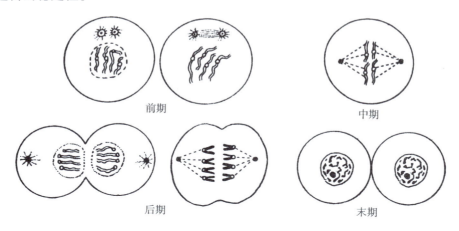

前期　　　　　　　　　　　中期

后期　　　　　　　　　　　末期

图 1－9　细胞的有丝分裂示意图

二、成熟分裂

成熟分裂（maturation division）又称减数分裂（meiosis）。成熟分裂是人体生殖细胞在成熟过程中所发生的一种特殊的细胞分裂方式。它的特点是：整个分裂过程包括两次连续的分裂，而 DNA 只复制 1 次，结果子细胞中染色体的数目比原来母细胞中的染色体数目减少了一半，故又称减数分裂。

成熟分裂包括两次连续的分裂。第一次成熟分裂时，染色体的 DNA 虽已复制完成，但并不发生分离。所以，第一次成熟分裂产生的两个子细胞，染色体的数目减少了一半，成为 23 条。在第一次成熟分裂后，生殖细胞即进行第二次成熟分裂，第二次成熟分裂的方式与一般的有丝分裂相同。所以，第二次成熟分裂产生的两个子细胞，染色体的数目仍然是 23 条。

成熟的两性生殖细胞染色体的数目为 23 条（单倍体），为体细胞染色体数目的一半，它们在结合成受精卵后，染色体的数目恢复为 23 对（双倍体）。成熟分裂的意义在于产生单倍体的生殖细胞。经过受精，受精卵的染色体数目恢复为 23 对（双倍体），子代可具有和亲代相同数目的染色体，使遗传物质世世代代保持稳定，使遗传特性一代一代地传下去。

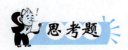

思考题

1. 细胞有哪些基本结构？
2. 细胞有哪些主要细胞器？各有何主要功能？
3. 试述染色体的化学成分、功能和人类体细胞染色体的数量。

（陈晓杰）

第二章 | 基本组织

1. 掌握上皮组织的分类和构造特点；内皮、间皮、腺上皮、腺的概念；结缔组织的分类；血液的组成，血浆和血清的概念，血细胞的分类、正常值和功能；神经元的形态和分类；神经纤维的概念、分类和构造。

2. 熟悉各类被覆上皮的构造和分布；疏松结缔组织的结构；骨骼肌、平滑肌和心肌的微细构造；神经末梢和突触的概念。

3. 了解致密结缔组织、网状组织和脂肪组织的构造特点；软骨、骨组织的一般构造；神经胶质细胞的功能。

人体的组织分为四类，即上皮组织、结缔组织、肌组织和神经组织。这四类组织是构成人体器官的基本成分，故又称基本组织（primary tissue）。

第一节　上皮组织

上皮组织（epithelial tissue）简称上皮。上皮组织的结构特点是：上皮组织由大量密集排列的上皮细胞和少量细胞间质构成；上皮组织具有极性，即上皮细胞的两端在结构和功能上有明显的差别，上皮组织细胞朝向体表或有腔器官腔面的一面，称游离面，朝向结缔组织的一面，称基底面，基底面借一层很薄的基膜与结缔组织相连；上皮组织内一般无血管，其所需的营养物质靠深层结缔组织内的血管供应；上皮组织内有丰富的神经末梢，可感受各种刺激。

上皮组织主要具有保护、吸收、分泌、排泄和感觉等功能。人体内不同部位的上皮其功能各有差异，如被覆于人体表面的上皮以保护功能为主，消化道腔面的上皮有保护、吸收和分泌功能，腺上皮以分泌功能为主。

上皮组织按其分布和功能，可分为被覆上皮、腺上皮和感觉上皮三种。

一、被覆上皮

（一）被覆上皮的类型和结构

被覆上皮（covering epithelium）的细胞排列成膜状，广泛被覆于人体的表面和衬在体内各种管、腔、囊的内面。被覆上皮根据细胞层数和细胞形态的不同，可分类如下：

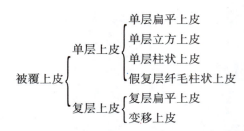

1. **单层扁平上皮**（simple squamous epithelium） 由一层扁平细胞组成。从上皮垂直切面看，细胞呈扁平形，细胞核扁圆，位于细胞中央。从上皮表面看，细胞为不规则的多边形，细胞边缘呈锯齿状，互相嵌合（图2-1）。

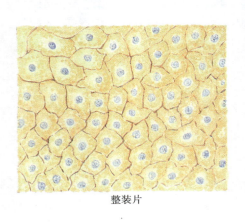

整装片

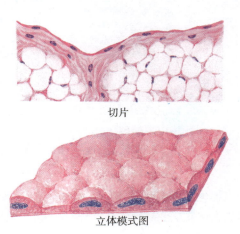

切片

立体模式图

图 2-1　单层扁平上皮

单层扁平上皮主要分布于心、血管、淋巴管的内表面和胸膜、腹膜、心包膜、肺泡壁及肾小囊等处。

分布于心、血管和淋巴管内表面的单层扁平上皮，称内皮（endothelium），内皮薄而光滑，有利于血液、淋巴液的流动和毛细血管内外的物质交换。分布于胸膜、腹膜、心包膜等处的单层扁平上皮，称间皮（mesothelium），间皮表面湿润、光滑，可减少器官之间的摩擦，有利于器官的活动。

2. **单层立方上皮**（simple cuboidal epithelium） 由一层立方形细胞组成。从上皮垂直切面看，细胞呈立方形，细胞核为圆形，位于细胞中央；从上皮表面看，细胞呈多边形。

单层立方上皮主要分布于肾小管、小叶间胆管等处，具有分泌和吸收的功能（图2-2）。

3. **单层柱状上皮**（simple colum-nar epithelium） 由一层棱柱状细胞组成。从上皮垂直切面看，细胞呈柱

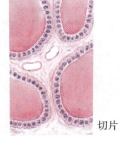

切片

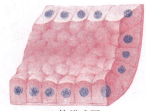

立体模式图

图 2-2　单层立方上皮

状，细胞核椭圆形，靠近细胞的基底部；从上皮表面看，细胞呈多边形。

　　单层柱状上皮主要分布于胃、肠、胆囊、子宫等器官的腔面，具有分泌和吸收的功能（图2－3）。

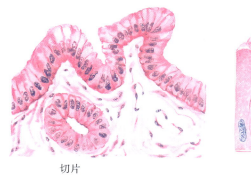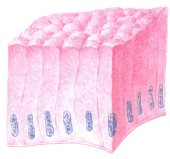

切片　　　　　　　　　　　　　　　立体模式图

图2－3　单层柱状上皮

4. 假复层纤毛柱状上皮（pseudostratified ciliated columnar epithelium）　　由一层柱状细胞、杯形细胞、梭形细胞和锥体形细胞等组成（图2－4）。各种细胞的高矮不同，但所有细胞的基底部都附着在基膜上。从上皮垂直切面看，各细胞核并不排列在同一水平上，看起来形似多层细胞，实际上只有一层细胞，其中柱状细胞可达上皮的游离面，且其游离面有纤毛，故称为假复层纤毛柱状上皮。杯形细胞的形状像高脚酒杯，细胞基底部较尖细，细胞顶部膨大，细胞质内充满了分泌颗粒。杯形细胞是一种腺细胞，分泌黏液，有润滑和保护上皮的作用。

　　假复层纤毛柱状上皮主要分布于呼吸道黏膜，具有保护功能。

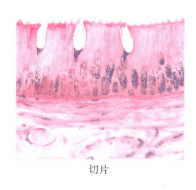

切片　　　　　　　　　　　　　　　立体模式图

图2－4　假复层纤毛柱状上皮

5. 复层扁平上皮（stratified squamous epithelium）　　又称复层鳞状上皮，由多层细胞组成。表层细胞为数层扁平形细胞；中间数层细胞为梭形或多边形细胞；基底细胞是一层矮柱状或立方形细胞，此层细胞有较强的分裂增生能力（图2－5），新生的细胞不断向表层推移，以取代表层衰老、脱落的细胞。

　　复层扁平上皮主要分布于皮肤的表皮和口腔、食管、肛门、阴道等处的腔面，具有耐摩擦和阻止异物侵入等功能。

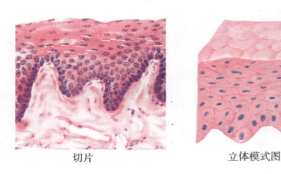

切片   立体模式图

图 2-5　复层扁平上皮

6. 变移上皮（transitional epithelium）　　又称移行上皮。变移上皮由多层细胞组成，细胞的层数及形态随所在器官的容积变化而发生相应的改变。当器官内腔空虚（收缩）时，上皮细胞的体积增大，细胞层数增多，表层细胞呈立方形，中层细胞呈多边形，基底层细胞为矮柱状或立方形；当器官内腔充盈（扩张）时，上皮变薄，细胞层数减少，表层细胞呈扁平状（图 2-6）。

变移上皮主要分布于肾盏、肾盂、输尿管和膀胱等器官的腔面，具有保护功能。

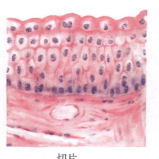

切片   立体模式图

图 2-6　变移上皮

（二）上皮组织的特殊结构

上皮细胞根据功能需要，在其游离面、基底面和侧面常形成一些特殊结构，依靠这些结构，上皮细胞能更充分地发挥其生理功能。

1. 上皮细胞的游离面

（1）微绒毛（microvillus）：是上皮细胞游离面细胞膜和细胞质共同伸出的微小指状突起，在电镜下才能看到（图 2-8）。微绒毛表面为细胞膜，内为细胞质，细胞质中含有许多纵行的微丝。微绒毛的主要功能是扩大细胞的表面积，有利于细胞的吸收功能。

（2）纤毛（cilium）：是上皮细胞游离面细胞膜和细胞质共同伸出的能摆动的细长突起，比微绒毛粗而长，在光镜下能看到。电镜下可见纤毛表面为细胞膜，内为细胞质，细胞质中有纵行排列的微管。纤毛具有向一定方向节律性摆动的能力，使黏附于细胞表面的分泌物或异物等定向推送排出。

2. 上皮细胞的基底面

（1）基膜（basement membrane）：又称基底膜，是位于上皮细胞基底面与深部结缔组织之间的一层薄膜（图2-7）。基膜的主要成分是糖蛋白。基膜对上皮细胞起连接和支持作用，并有利于上皮细胞与深部结缔组织之间进行物质交换。

（2）质膜内褶（plasma membrane infolding）：某些上皮细胞基底面的细胞膜向胞质内凹陷，形成质膜内褶（图2-7）。质膜内褶扩大了细胞基底面的表面积，有利于细胞对水和电解质的转运。

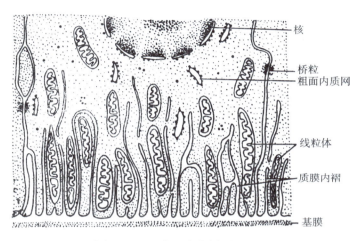

图2-7 基膜和质膜内褶模式图

3. 上皮细胞的侧面 在上皮细胞的侧面，细胞间隙很窄，其相邻面主要形成一些特殊构造的细胞连接。常见的细胞连接有紧密连接（tight junction）、中间连接（intermediate junction）、桥粒（desmosome）和缝隙连接（gap junction）等（图2-8）。细胞连接具有增强细胞间的紧密结合，防止大分子物质进入细胞间隙的功能，并在相邻细胞进行物质交换和信息传递等方面具有重要作用。

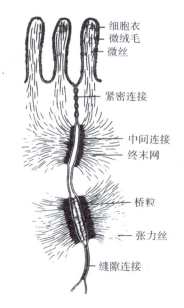

图2-8 单层柱状上皮细胞连接超微结构模式图

二、腺上皮和腺

腺上皮（glandular epithelium）是指机体内以分泌功能为主的上皮。以腺上皮为主要成分构成的器官称为腺（gland）或腺体。

根据排出分泌物的方式，腺体可分为外分泌腺（exocrine gland）和内分泌腺（endocrine gland）两类。

外分泌腺又称有管腺，具有导管，分泌物经导管排到器官的腔面或身体的表面，如汗腺、唾液腺、胰腺等。

内分泌腺又称无管腺，没有导管，分泌物直接渗入毛细血管或淋巴管，经血液或淋巴输送，如甲状腺、肾上腺、垂体等。内分泌腺的分泌物称激素。

三、感觉上皮

感觉上皮是具有接受特殊感觉功能的上皮组织，如：味觉上皮、嗅觉上皮、视觉上皮和听觉上皮等（将在有关章节中介绍）。

第二节　结缔组织

结缔组织（connective tissue）由少量的细胞和大量的细胞间质构成。结缔组织的结构特点是：细胞种类较多，数量少，细胞间质多，细胞分散在间质中，细胞间质包括基质和纤维；结缔组织的形态多样，有较松软的固有结缔组织、固态的软骨组织和骨组织、液态的血液和淋巴等；结缔组织含有丰富的血管和神经末梢。

广义的结缔组织包括松软的固有结缔组织、固态的软骨组织和骨组织、液态的血液和淋巴等，一般所说的结缔组织是指固有结缔组织。

结缔组织主要有连接、支持、保护、防御、修复和营养等功能。

结缔组织根据其形态结构，分类如下：

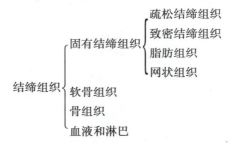

一、固有结缔组织

固有结缔组织（connective tissue proper）根据结构和功能的不同可分为疏松结缔组织、致密结缔组织、脂肪组织和网状组织。

（一）疏松结缔组织

疏松结缔组织（loose connective tissue）又称蜂窝组织，其特点是细胞种类较多，纤维数量较少，排列疏松。疏松结缔组织广泛存在于人体的器官之间、组织之间，具有连接、营养、防御、保护和修复等功能（图2-9）。

1. 细胞　疏松结缔组织的细胞主要有成纤维细胞、巨噬细胞、浆细胞、肥大细胞、脂肪细胞、未分化的间充质细胞等。

（1）成纤维细胞（fibroblast）：是疏松结缔组织中的主要细胞。细胞扁平有突起，侧面呈梭形；细胞核卵圆形、染色淡；细胞质呈弱嗜碱性，内有较多的粗面内质网和核糖体。

　　成纤维细胞具有合成纤维和基质的功能。成纤维细胞在创伤修复过程中，有十分重要的作用。

　　（2）巨噬细胞（macrophage）：是体内广泛存在的具有强大吞噬功能的细胞。细胞呈圆形、卵圆形或有突起的不规则形；细胞核较小，卵圆形，染色较深；细胞质呈嗜酸性，内有许多溶酶体、吞噬体、吞饮小泡等。

　　巨噬细胞的主要功能是吞噬进入人体内的细菌、异物以及衰老、死亡的细胞，并参与免疫反应。

　　巨噬细胞由血液内的单核细胞穿出血管后分化而成。在疏松结缔组织内的巨噬细胞又称为组织细胞（histocyte）。

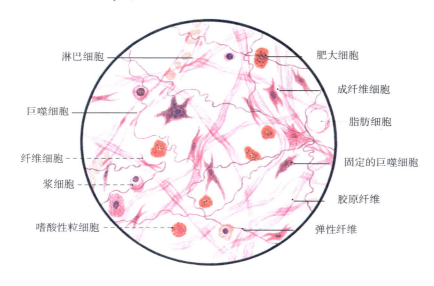

图 2-9　疏松结缔组织

　　（3）浆细胞（plasma cell）：呈卵圆形或圆形；细胞核较小，呈圆形，常偏居细胞的一侧，染色质粗大，呈辐射状排列于细胞核的周边部，故核形似车轮状；细胞质嗜碱性，内有大量密集的粗面内质网和发达的高尔基复合体。

　　浆细胞来源于 B 淋巴细胞，在抗原的刺激下，B 淋巴细胞激活、增殖，转变为浆细胞。浆细胞能合成和分泌免疫球蛋白（immunoglobulin），即抗体（antibody），参与体液免疫。

　　（4）肥大细胞（mast cell）：呈圆形或卵圆形；细胞核小，圆形或卵圆形，位于细胞中央；细胞质内充满了粗大的嗜碱性颗粒，颗粒内含有肝素（heparin）、组胺（histamine）和慢反应物质等。

　　肥大细胞释放的肝素具有抗凝血作用；释放的组胺和慢反应物质与过敏反应有关。

　　（5）脂肪细胞（fat cell）：呈圆形或卵圆形；细胞质内充满脂滴，细胞质和细胞核常被挤到细胞的周缘部，细胞核被挤压成扁圆形。在制作切片时，脂滴被溶解，细胞呈空泡状。

脂肪细胞具有合成和贮存脂肪、参与脂质代谢的功能。

（6）未分化的间充质细胞（undifferentiated mesenchymal cell）：是保留在结缔组织内的一些较原始的细胞，其形态结构与成纤维细胞相似。

间充质细胞具有多向分化的潜能，在创伤修复等情况下，可增殖分化成成纤维细胞、脂肪细胞、平滑肌细胞以及血管内皮细胞等。

2. 细胞间质　疏松结缔组织的细胞间质多，由纤维和基质组成。

（1）纤维（fiber）：埋于基质中，根据纤维的形态结构和化学特性的不同可为分胶原纤维、弹性纤维和网状纤维三种。

①胶原纤维（collagenous fiber）：是结缔组织中的主要纤维，数量多，新鲜时呈白色，故又称白纤维。HE染色切片中呈嗜酸性，浅红色。胶原纤维呈波纹条束状排列，纤维束有分支，互相交织成网。胶原纤维的韧性大，抗拉力强。

②弹性纤维（elastic fiber）：数量少，新鲜时呈黄色，故又称黄纤维。HE染色着淡红色。弹性纤维比胶原纤维细，排列散乱，有较强的折光性。弹性纤维具有弹性。

胶原纤维与弹性纤维交织在一起，使疏松结缔组织既有韧性又有弹性，有利于器官和组织保持形态和位置的相对恒定，又具有一定的可变性。

③网状纤维（reticular fiber）：较细，分支多，并彼此交织成网。HE染色标本上网状纤维不着色，用银染法可将其染成棕黑色，故又称嗜银纤维。网状纤维在疏松结缔组织中的含量很少，主要分布于结缔组织与其他组织交界处和造血器官等处。

（2）基质（ground substance）：为无定形的胶状物质，有一定黏稠性。基质的主要化学成分是蛋白多糖（proteoglycan）和糖蛋白（glycoprotein）。蛋白多糖是由蛋白质与多糖分子结合成的大分子复合物。多糖成分总称糖胺多糖（glycosaminoglycan），其中包括透明质酸（hyaluronic acid），使基质具有一定的黏稠性，可限制病菌蔓延和毒素扩散，成为限制细菌等有害物质扩散的防御屏障。溶血性链球菌、肿瘤细胞和蛇毒液中含有透明质酸酶，可破坏基质的防御屏障，因而可以浸润扩散。

基质中含有从毛细血管渗出的液体，称组织液（tissue fluid）。当血液流经毛细血管动脉端时，部分血浆成分透过毛细血管壁，渗入基质内，成为组织液。在毛细血管静脉端，大部分组织液透过毛细血管壁回到血液中，小部分组织液进入毛细淋巴管成为淋巴液。组织液不断地进行循环，从而使组织细胞不断获得营养物质和氧气，并不断地排出代谢产物和二氧化碳，故组织液是细胞和血液之间进行物质交换的媒介。当组织液的产生和回收失去平衡时，或机体电解质和蛋白质代谢发生障碍时，基质中的组织液含量增多或减少，导致组织水肿或脱水。

（二）致密结缔组织

致密结缔组织（dense connective tissue）的组成成分和疏松结缔组织基本相同，是一种以纤维为主要成分的结缔组织。致密结缔组织的主要特点是细胞种类少，主要有成纤维细胞；细胞间质中的基质很少；纤维成分主要是胶原纤维和弹性纤维（图2-10）。

致密结缔组织主要分布于皮肤的真皮、器官的被膜、肌腱、韧带、骨膜等处，具有连接、支持和保护等功能。

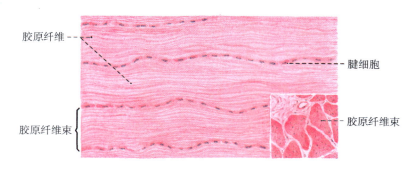

图 2 - 10　致密结缔组织

（三）脂肪组织

脂肪组织（adipose tissue）主要由大量的脂肪细胞构成，并被少量疏松结缔组织分隔成许多脂肪小叶（图 2 - 11）。

脂肪组织主要分布于皮下、肾周围、网膜、肠系膜和黄骨髓等处。脂肪组织具有贮存脂肪、缓冲机械性压力、维持体温和参与脂肪代谢等功能。

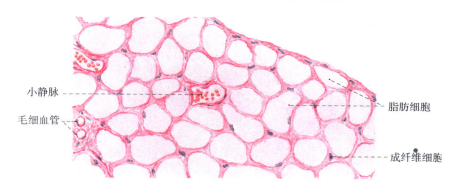

图 2 - 11　脂肪组织

（四）网状组织

网状组织（reticular tissue）主要由网状细胞、网状纤维和基质构成（图 2 - 12）。网状细胞为星状多突起的细胞，细胞质弱嗜碱性，细胞核大而圆，染色较淡，核仁清楚，相邻网状细胞的突起彼此连接成网。网状纤维由网状细胞产生，网状纤维有分支，连接成网，成为网状细胞依附的支架。

网状组织主要分布于骨髓、淋巴结、脾和淋巴组织等处，参与构成这些器官的支架。

二、软骨组织和软骨

（一）软骨组织的一般结构

软骨组织（cartilage tissue）由软骨细胞和细胞间质构成。

1. 软骨细胞（chondrocyte）　　包埋在软骨基质内，细胞形态不一，与其发育的程度有关，靠近软骨表面的软骨细胞扁而小，较幼稚，单个分布，深层的软骨细胞圆而大，趋于成熟，成群分布；细胞质呈弱嗜碱性，胞质内含有丰富的粗面内质网和发达的高尔基复合体；细胞核圆或卵圆形，染色浅淡，有 1 个或几个核仁。软骨细胞合成软骨组织的基质和纤维。

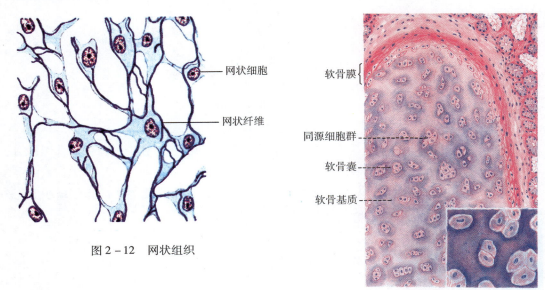

图 2 - 12　网状组织

图 2 - 13　透明软骨

2. 细胞间质　包括基质和纤维。软骨基质呈凝胶状，具有韧性，主要由水和软骨黏蛋白构成；纤维包埋在基质中，主要有胶原纤维和弹性纤维。

软骨组织内没有血管、淋巴管和神经，其营养物质可通过软骨膜渗透提供。

（二）软骨的分类及各类软骨的结构特点

软骨组织和软骨膜共同构成软骨（cartilage）。软骨膜由致密结缔组织构成，被覆在软骨的表面，富有细胞和血管，其细胞可转化为软骨细胞，血管可供应软骨营养，故软骨膜对软骨有保护、营养和生长的作用。软骨较硬，并略有弹性，能承受压力，并耐摩擦。

根据软骨内所含纤维成分的不同，软骨可分为透明软骨、弹性软骨和纤维软骨三种。

1. 透明软骨（hyaline cartilage）　基质内含有少量的胶原纤维（图 2 - 13），新鲜时呈半透明状。透明软骨主要分布于鼻、喉、气管、支气管、肋软骨、关节软骨等处。

2. 弹性软骨（elastic cartilage）　基质内含有大量弹性纤维，并互相交织成网（图 2 - 14）。弹性软骨具有较强的弹性，主要分布于耳郭、外耳道和会厌等处。

3. 纤维软骨（fibrous cartilage）　基质内含有大量的胶原纤维束，呈平行或交错排列（图 2 - 15）。软骨细胞小而少，常成行排列在纤维束之间。纤维软骨主要分布于椎间盘、耻骨联合、关节盘等处。

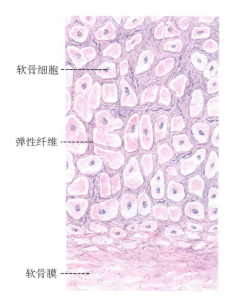
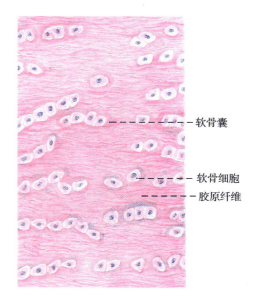

图 2 - 14　弹性软骨

三、骨组织

骨组织（osseous tissue）是坚硬且有一定韧性的结缔组织，是骨的主要成分。

（一）骨组织的一般结构

骨组织由骨细胞和细胞间质构成。

1. 骨细胞（osteocyte）　是一种扁椭圆形的星形细胞，有许多突起，细胞之间借突起相连；细胞核为圆形或卵圆形；细胞质少，弱嗜碱性。骨细胞的细胞体在细胞间质内占据的腔隙称骨陷窝（bone lacuna），骨细胞的突起所占的管状腔隙为骨小管（bone canaliculus）。相邻的骨陷窝借骨小管彼此相通。骨细胞对骨基质的更新和维持有重要作用。

2. 细胞间质　钙化的细胞间质称为骨基质。骨基质由有机质和无机质组成。有机质包括大量的胶原纤维和少量无定形的基质。基质

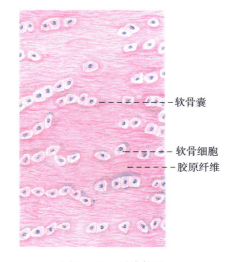

图 2 - 15　纤维软骨

呈凝胶状，主要化学成分是糖胺多糖，有粘合胶原纤维的作用。无机质主要是大量的钙盐，主要为羟磷灰石结晶。有机质和无机质的紧密结合使骨十分坚硬又有韧性。

（二）骨密质和骨松质的结构特点

骨的细胞间质成层排列，形成骨板，是骨质的基本结构形式，根据骨板的排列方式，可将骨组织分为骨密质和骨松质两种。

1. 骨密质（compact bone）　结构致密，分布于骨的表层。骨密质的骨板分三种类型（图2-16）。

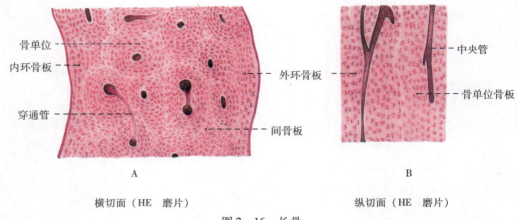

骨单位————
内环骨板————
穿通管————
————外环骨板
————间骨板

A

————中央管
————骨单位骨板

B

横切面（HE　磨片）　　　　　　　　纵切面（HE　磨片）

图2-16　长骨

（1）环骨板（circumferential lamella）：略呈环形，分布于长骨干的外侧面和近骨髓腔的内侧面，构成骨密质的外层和内层，分别称为外环骨板和内环骨板。外环骨板较厚，数层到十几层，较整齐地环绕骨干平行排列；内环骨板较薄，仅由几层排列不甚规则的骨板构成。

（2）骨单位（osteon）：又称哈弗系统（Haversian system），位于骨密质的中层，分布于外环骨板和内环骨板之间，是由骨板围成的圆柱状结构。骨单位的中央有与骨的长轴平行的中央管，又称哈弗管，周围为4~20层同心圆排列的骨单位骨板，又称哈弗骨板。

（3）间骨板（interstitial lamella）：为外形不规则的骨板，位于骨单位之间。

2. 骨松质（spongy bone）　结构疏松，分布于骨的内部。骨松质由大量针状或片状的骨小梁（bone trabecula）连接而成。骨小梁由平行排列的骨板构成。骨小梁之间有肉眼可见的腔隙，腔隙内充满了红骨髓。

四、血液和淋巴

（一）血液

血液（blood）是循环流动在心血管系统内的红色液态物质，成人血液总量为4000~5000ml，约占体重的7%~8%（图2-18）。

血液由血浆和血细胞组成。在采集的血液中加入抗凝剂（肝素或柠檬酸钠），经自然沉淀或离心沉淀后，血液可分为三层：上层淡黄色的液体是血浆，下层红色的是红细胞，中间薄层灰白色的是白细胞和血小板（图2-17）。

正常情况下，血细胞有相对稳定的形态结构、数量和比例，血浆保持相对恒定的物理特性和化学成分。当机体发生某些疾病时，它们可发生明显变化，所以血液检查是临床诊断疾病和判断疾病预后最基本最常用的方法。

1. 血浆（plasma） 为淡黄色的液体，相当于结缔组织的细胞间质，占血液容积的55%。血浆中90%是水，其余是血浆蛋白（白蛋白、球蛋白、纤维蛋白原等）、酶、激素、糖、脂类、维生素、无机盐及代谢产物等。

血液流出血管后，溶解状态的纤维蛋白原转变为不溶解状态的纤维蛋白，于是，液体状态的血液就会凝固成血块。血液凝固后析出淡黄色透明的液体，称血清（serum）。血清与血浆的区别在于：从血浆中移除纤维蛋白原等后，所形成的淡黄色透明液体，即血清。

2. 血细胞（blood cell） 悬浮于血浆中，占血液容积的45%，包括红细胞、白细胞和血小板（图2-18）。

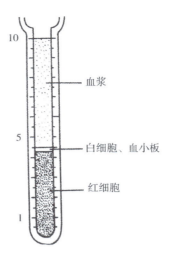

图2-17 血浆、血细胞（红细胞、白细胞和血小板）比积

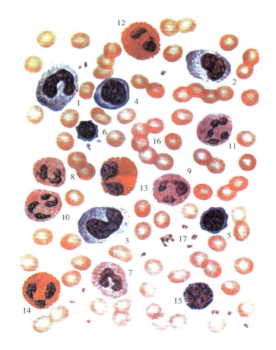

1、2、3.单核细胞　　4、5、6.淋巴细胞　　7、8、9、10、11.中性粒细胞
12、13、14.嗜酸性粒细胞　15.嗜碱性粒细胞　16.红细胞　17.血小板

图2-18 血液中各种血细胞（血液涂片）

在光镜下观察血细胞，通常采用以瑞特（Wright）染色或姬姆萨（Giemsa）染色的血液涂片标本。在循环血液中，血细胞的种类和正常值如下：

$$\text{血细胞}\begin{cases}\text{红细胞}\begin{cases}\text{男性 }(4.0\sim5.5)\times10^{12}/L\ (400\text{万}\sim550\text{万}/mm^3)\\\text{女性 }(3.5\sim5.0)\times10^{12}/L\ (350\text{万}\sim500\text{万}/mm^3)\end{cases}\\\text{白细胞 }(4\sim10)\times10^9/L\begin{cases}\text{粒细胞}\begin{cases}\text{中性粒细胞}(50\%\sim70\%)\\\text{嗜酸性粒细胞}(0.5\%\sim3\%)\\\text{嗜碱性粒细胞}(0\%\sim1\%)\end{cases}\\\text{无粒细胞}\begin{cases}\text{淋巴细胞}(25\%\sim30\%)\\\text{单核细胞}(3\%\sim8\%)\end{cases}\end{cases}\\\text{血小板 }(1\sim3)\times10^{11}/L\ (10\text{万}\sim30\text{万}/mm^3)\end{cases}$$

（1）红细胞（erythrocyte，red blood cell，RBC）：成熟的红细胞呈双面微凹的圆盘状，中央较薄，周缘较厚，直径约 7.5μm。成熟红细胞无细胞核及细胞器，细胞质内充满血红蛋白（hemoglobin，Hb）（图 2-19）。

血红蛋白的正常含量：男性为 120~150g/L（12~15g/100ml）。女性为 110~140g/L（11~14g/100ml）。

血红蛋白是红细胞实现生理功能的物质基础。血红蛋白具有运输 O_2 及 CO_2 的功能。当血液流经肺时，由于肺泡内 O_2 分压高，CO_2 分压低，血红蛋白释放结合的 CO_2 与 O_2 结合；当血液流经其他组织器官时，由于组织器官内 CO_2 分压高，O_2 分压低，血红蛋白释放 O_2 与 CO_2 结合。所以红细胞具有供给全身细胞所需的 O_2，并带走细胞代谢所产生的大部分 CO_2 的功能。

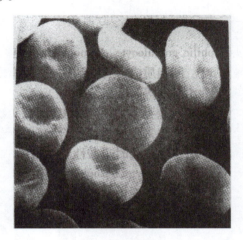

图 2-19　人红细胞扫描电镜像

红细胞的数量及血红蛋白的含量可随生理及病理因素而改变。红细胞形态和数量的改变，以及血红蛋白质与量的改变超出正常范围，则为病理现象。一般情况下，红细胞少于 $3.0\times10^{12}/L$（300万/mm^3），或血红蛋白低于 100g/L（10g/100ml），则为贫血。

血液中存在着刚从骨髓进入血流尚未完全成熟的红细胞，称网织红细胞（reticulocyte）。网织红细胞占红细胞总数的 0.5%~1.5%，在新生儿可达 3%~6%。网织红细胞离开骨髓后 24 小时，即完全成熟。网织红细胞计数是骨髓生成红细胞能力的一种指标，对血液病的诊断、疗效判断和预后有重要意义。在骨髓造血功能发生障碍的病人，经治疗后网织红细胞计数若增加，表示骨髓造血功能增强。

红细胞的寿命约 120 天，衰老的红细胞被肝、脾、骨髓等处的巨噬细胞所吞噬。

（2）白细胞（leukocyte，white blood cell，WBC）：为无色有核的球形细胞。它能以变形运动穿过毛细血管壁，进入结缔组织。白细胞具有很强的防御和免疫功能。

根据白细胞细胞质内有无特殊颗粒，可将白细胞分为有粒白细胞（granulocyte）和无粒白细胞（agranulocyte）两大类。有粒白细胞又按其特殊颗粒的嗜色性，分为中性粒细胞、嗜酸性粒细胞和嗜碱性粒细胞三种。无粒白细胞分为淋巴细胞和单核细胞两种。

①中性粒细胞（neutrophilic granulocyte, neutrophil）：细胞呈球形，直径 10 ~ 12μm。细胞核呈杆状或分叶状，多数分为 2 ~ 5 叶，核叶间有细丝相连。细胞核不分叶或分叶少的是较幼稚的细胞，分叶多的是较衰老的细胞。细胞质中充满细小、分布均匀的中性颗粒，染成淡紫红色，颗粒内含有碱性磷酸酶和溶菌酶等。

中性粒细胞具有活跃的变形运动和吞噬异物的能力，在人体内起重要的防御作用。当机体受到某些细菌感染发生炎症时，除白细胞总数增加外，中性粒细胞的比例显著增高。

②嗜酸性粒细胞（eosinophilic granulocyte, eosinophil）：细胞呈球形，直径 10 ~ 15μm。细胞核呈分叶状，多数分为两叶。细胞质内含有嗜酸性颗粒，颗粒较大，大小、分布均匀，染成鲜红色，颗粒中含有组胺酶和多种水解酶等。

嗜酸性粒细胞也能作变形运动，能吞噬抗原抗体复合物，灭活组胺或抑制其释放，从而减轻过敏反应；还可借助抗体与某些寄生虫表面结合，释放颗粒内物质，杀死虫体或虫卵。

机体患过敏性疾病或某些寄生虫病时嗜酸性粒细胞增多。

③嗜碱性粒细胞（basophilic granulocyte, basophil）：细胞呈球形，直径 10 ~ 12μm。细胞核呈 S 形或分叶状，染色较淡。细胞质内含有嗜碱性颗粒，颗粒大小不一，分布不均，常遮盖细胞核，染成紫蓝色。颗粒中含有肝素、组胺和慢反应物质等。

嗜碱性粒细胞的功能与结缔组织中的肥大细胞相似，参与过敏反应。

④淋巴细胞（lymphocyte）：细胞呈球形，大小不一，直径 6 ~ 16μm。细胞核呈圆形或椭圆形，相对较大，占据细胞大部分，核染色质致密，染成深蓝色。细胞质很少，嗜碱性，染成天蓝色。

根据淋巴细胞的发生部位、表面特性和免疫功能的不同，淋巴细胞主要可分为胸腺依赖淋巴细胞（thymus dependent lymphocyte）（简称 T 淋巴细胞）和骨髓依赖淋巴细胞（bone marrow dependent lymphocyte）（简称 B 淋巴细胞）等。T 淋巴细胞产生于胸腺，约占血液中淋巴细胞的 75%，能识别、攻击和杀灭异体细胞、肿瘤细胞、感染病毒的细胞等，参与细胞免疫；B 淋巴细胞产生于骨髓，约占血液中淋巴细胞的 10% ~ 15%，受抗原刺激后增殖分化为浆细胞，产生抗体，参与体液免疫。

⑤单核细胞（monocyte）：是血液中体积最大的细胞，呈球形，直径 14 ~ 20μm。细胞核形态多样，呈肾形、马蹄形或卵圆形，染色浅淡。细胞质丰富，呈弱嗜碱性，染成淡灰蓝色，细胞质内含有嗜天青颗粒，颗粒内含有过氧化物酶等。

单核细胞具有活跃的变形运动和一定的吞噬能力。单核细胞在血液中停留 1 ~ 2 天后，穿过毛细血管壁进入结缔组织和肝、肺和淋巴器官等分化成不同种类的巨噬细胞。血液与骨髓中的单核细胞和各器官组织内的巨噬细胞共同构成单核巨噬细胞系统，行使其在免疫和防御等方面的功能。

（3）血小板（blood platelet）：血小板由骨髓内的巨核细胞形成。血小板呈双凸圆盘状，大小不一，直径 2 ~ 4 μm。血小板无细胞核，表面有完整的细胞膜。在血液涂片标本中，血小板多成群分布在血细胞之间，外形不规则，中央部呈紫红色，周围部呈浅蓝色。

血小板参与止血和凝血过程。

血小板的数量稳定在一定范围内。若血液中的血小板数量低于 $1.0 \times 10^{11}/L$（10 万/mm^3），为血小板减少，低于 $5.0 \times 10^{10}/L$（5 万/mm^3），则有出血的危险，出现皮下和黏膜出血等现象，临床上称为血小板减少性紫癜。

（二）淋巴

淋巴（lymph）是流动在淋巴管内的液体，由组织液渗入毛细淋巴管内而形成。淋巴在淋巴管内向心性流动，在流经淋巴结时，淋巴中的细菌等异物被清除，淋巴结内的淋巴细胞、抗体和单核细胞加入其中，淋巴最终汇入静脉。

淋巴是组织液回流的辅助渠道，对于维持器官组织中组织液的动态平衡起重要作用。

第三节　肌　组　织

肌组织（muscle tissue）主要由肌细胞组成，肌细胞之间有少量的结缔组织以及丰富的血管、淋巴管和神经。肌细胞呈细而长的纤维状，又称肌纤维（muscle fiber）。肌细胞的细胞膜称肌膜（sarcolemma）。肌细胞的细胞质称肌质（sarcoplasm），肌质内充满了肌红蛋白。肌质内含有许多与细胞长轴平行排列的肌丝（myofilament），肌丝是肌纤维收缩功能的主要物质基础。

肌组织根据结构和功能的不同，可分为骨骼肌、平滑肌和心肌三类。

一、骨骼肌

骨骼肌（skeletal muscle fiber）主要由骨骼肌纤维组成。

骨骼肌纤维呈细长的圆柱状，长 1 ~ 40mm，长者可达 10cm，直径 10 ~ 100 μm。细胞核呈扁椭圆形，数量较多，一条肌纤维内含有几十个甚至几百个细胞核，细胞核位于肌纤维周边，靠近肌膜。肌质内有大量的肌原纤维，与肌纤维长轴平行，每条肌原纤维上有明暗相间的带。每一肌纤维内所有肌原纤维的明带和暗带互相对齐，排列在同一水平面上，使整个肌纤维呈现明暗相间的横纹，故称横纹肌（图 2 - 20）。

肌原纤维上着色较浅的部分称明带（light band），又称 I 带；着色较深的部分称暗带

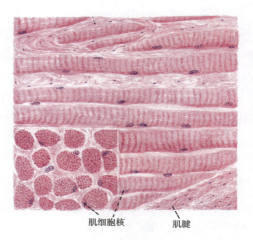

图 2 - 20　骨骼肌

肌细胞核　　肌腱

（dark band），又称 A 带。在暗带中间色淡的区域，称 H 带。在 H 带的中央有一薄膜，称 M 膜（又称 M 线）。在明带中央有一薄膜，称 Z 膜（又称 Z 线）。两个相邻 Z 线之间的一段肌原纤维称为一个肌节（sarcomere）（图 2-21）。每个肌节包括 1/2 明带 +1个暗带 +1/2 明带。在正常舒张状态下肌节长约 2.5μm，递次排列构成肌原纤维。肌节是肌原纤维结构和功能的基本单位，是骨骼肌纤维收缩和舒张运动的结构基础。

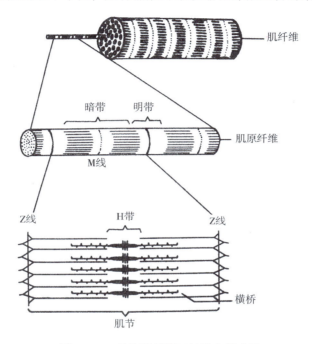

图 2-21 骨骼肌纤维逐级放大模式图

骨骼肌纤维受躯体运动性神经支配，收缩快而有力，其收缩受人的意识支配，是随意肌。

骨骼肌一般借肌腱附着于骨骼上，主要分布于头部、颈部、躯干和四肢。

二、平滑肌

平滑肌（smooth muscle）主要由平滑肌纤维组成。

平滑肌纤维呈长梭形，长 15~200μm，直径 8μm。平滑肌纤维有一个细胞核，呈椭圆形，位于细胞的中央。肌膜薄而不明显。平滑肌纤维无横纹，肌纤维多平行排列成层或成束，肌层之间有结缔组织、血管、淋巴管和神经等（图 2-22）。

平滑肌纤维受内脏运动性神经支

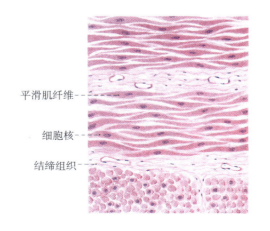

图 2-22 平滑肌

配，收缩缓慢而持久，有较大的伸展性，其收缩不受人的意识支配，是不随意肌。

平滑肌主要分布在血管、淋巴管和内脏器官的壁上。

三、心肌

心肌（cardiac muscle）主要由心肌纤维组成。

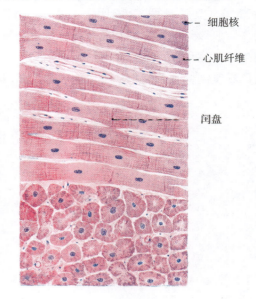

图 2 – 23　心肌

心肌纤维呈短柱状，长 80 ~ 200μm，直径 10 ~ 20μm，有分支，分支互相连接成网状。心肌纤维一般有一个核，呈椭圆形，位于肌纤维中央。心肌纤维也有明暗相间的横纹，但不如骨骼肌明显，也属横纹肌。心肌纤维的互相连接处，有一染色较深的带状结构，称闰盘（intercalated disk）。心肌纤维之间有少量的结缔组织、血管、淋巴管和神经（图 2 – 23）。

心肌纤维受内脏运动性神经支配，收缩有节律性，不易疲劳，其收缩不受人的意识支配，是不随意肌。

心肌纤维分布于心壁和邻近心的大血管根部。

第四节　神经组织

神经组织（nervous tissue）由神经细胞（nerve cell）和神经胶质细胞（neuroglial cell）组成。神经细胞是神经系统结构和功能的基本单位，又称神经元（neuron），具有接受刺激、传导神经冲动的功能。神经胶质细胞无传导神经冲动的功能，对神经元有支持、绝缘、保护和营养的功能。

一、神经元

（一）神经元的形态结构

神经元的形态多样，但都有突起，因此神经元由胞体和突起两部分组成（图 2 – 24）。

1. 胞体（soma）　形态不一，有球形、锥体形、梭形和星形等。

胞体的结构与一般细胞相似，有细胞膜、细胞质

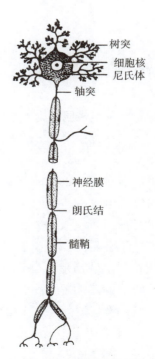

图 2 – 24　神经元模式图

和细胞核。细胞膜为单位膜，胞体的细胞膜与突起表面的膜是连续完整的细胞膜；细胞核大而圆，位于胞体中央，核仁大而明显；细胞质内除含有线粒体、高尔基复合体、溶酶体和中心体等一般细胞器外，还有丰富的尼氏体和神经原纤维（图2－25）。

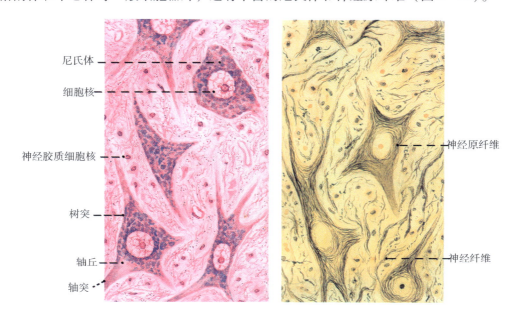

尼氏体

细胞核

神经胶质细胞核

树突

轴丘

轴突

神经原纤维

神经纤维

图2－25　神经元微细结构

（1）尼氏体（Nissl's body）：是细胞质内的一种嗜碱性物质，又称嗜染质。光镜下，尼氏体呈颗粒状或块状。电镜下，尼氏体是由粗面内质网和游离的核糖体组成。尼氏体具有合成蛋白质和神经递质的功能。

（2）神经原纤维（neurofibril）：呈细丝状，在胞体内互相交织成网，并伸入到突起的末梢部。电镜下，神经原纤维是由排列成束的神经丝和微管构成。神经原纤维对神经元起支持作用，还参与物质的运输。

2. 突起（process）　由神经元的细胞膜和细胞质突出形成。突起可分为树突和轴突两种。

（1）树突（dendrite）：一个神经元可有一至多个树突。树突分支呈树枝状，其内部结构与胞体相似。树突具有接受刺激并将冲动传入细胞体的功能。

（2）轴突（axon）：一个神经元只有一个轴突。轴突细而长，表面光滑，其长短因神经元种类不同而有很大差别，长的可达1m以上。轴突内无尼氏体。轴突可将胞体发出的神经冲动传出到其他神经元或效应器。

（二）神经元的分类

1. 根据神经元突起的数目分类　根据神经元突起数目的不同，神经元可分为三类（图2－26）：

（1）多极神经元（multipolar neuron）：有一个轴突，多个树突。

（2）双极神经元（bipolar neuron）：有一个轴突，一个树突。

（3）假单极神经元（pseudounipolar neuron）：从胞体先发出一个突起，离开胞体不远处便分为两支，一支分布到周围器官或组织，称周围突（peripheral process）（树突）；一支进入中枢神经系统，称中枢突（central process）（轴突）。

2. 根据神经元的功能分类　根据神经元功能的不同，神经元也可分为三类（图2－27）：

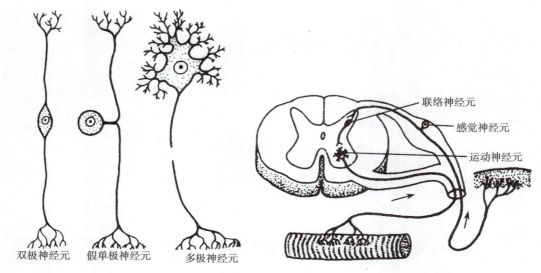

双极神经元　　假单极神经元　　多极神经元

图2－26　神经元的主要形态类型　　　　图2－27　不同功能的神经元

（联络神经元　感觉神经元　运动神经元）

（1）感觉神经元（sensory neuron）［传入神经元（afferent neuron）］：是感受刺激，形成冲动，并将冲动传入中枢的神经元。感觉神经元多为假单极神经元，其胞体主要位于脑神经节、脊神经节内。

（2）运动神经元（motor neuron）［传出神经元（efferant neuron）］：是将中枢神经发出的神经冲动传出到肌肉或腺体等效应器，使其产生一定效应的神经元。运动神经元多为多极神经元，其胞体主要位于脑、脊髓和内脏神经节内。

（3）联络神经元（association）［中间神经元（interneuron）］：是位于感觉神经元和运动神经元之间，起联络作用的神经元。联络神经元多为多极神经元，约占神经元总数的99%，构成中枢神经系统内的复杂网络。

（三）突触

神经元与神经元之间，或神经元与非神经元（肌细胞、腺细胞等）之间的一种特化的细胞连接，称突触（synapse）（图2－28）。

根据神经冲动的传导方向，突触可分为轴－树突触、轴－体突触、轴－轴和树－树突触等。

根据神经冲动的传导方式，突触可分为化学突触（chemical synapse）和电突触（electrical synapse）两类。化学突触是以化学物质（神经递质）作为传递信息的媒介。电突触是神经元之间的缝隙连接，是以电流（电讯号）传递信息的。通常所说的突触是指化学突触而言。

电镜下观察，化学突触的结构分突触前成分（presynaptic element）、突触间隙（synaptic eleft）和突触后成分（postsynaptic element）三部分。突触前成分由突触前神经元轴突末端的球形膨大部构成，突触后成分是后一个神经元与突触前成分相对应的树突或胞体的一部分，突触前成分和突触后成分之间的间隙称突触间隙，宽 15 ~ 30nm。突触间隙的两侧，突触前成分、突触后成分彼此相对的细胞膜分别称突触前膜（presynaptic membrane）和突触后膜（postsynaptic membrane）。突触前成分靠近突触前膜的细胞质内含有较多的线粒体和突触小泡，突触小泡内含有神经递质。在突触后膜上有接受相应神经递质的受体。

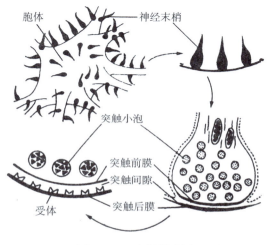

图 2-28 突触模式图

突触是神经元传递信息的重要结构。当神经冲动传到突触前膜时，突触小泡内的神经递质即释放于突触间隙内，与突触后膜的相应受体结合，将信息传递给后一个神经元或效应细胞。

（四）神经纤维和神经

1. 神经纤维（nerve fiber） 神经元的轴突或长的树突及其周围的神经胶质细胞（神经膜细胞或少突胶质细胞）构成神经纤维。

根据神经纤维有无髓鞘可将神经纤维分为有髓神经纤维和无髓神经纤维两类。

（1）有髓神经纤维（myelinated nerve fiber）：中央为神经元的突起，称轴索，突起的周围包有髓鞘（myelin sheath）和神经膜（neurilemma）。髓鞘和神经膜有节段性，节段与节段之间的缩窄部称郎氏结（ranvier node）。髓鞘的化学成分主要是髓磷脂和蛋白质，有保护和绝缘作用。神经膜对神经纤维有营养、保护和再生作用（图 2-29）。

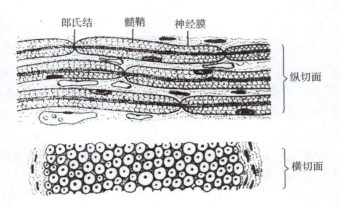

图 2 - 29　有髓神经纤维

（2）无髓神经纤维（unmyelinated nerve fiber）：周围神经系统的无髓神经纤维由神经元的轴突和包在它外面的神经膜细胞（施万细胞）组成。中枢神经系统的无髓神经纤维，神经元的轴突外面无神经膜细胞包裹，为裸露的轴突（图 2 - 30）。

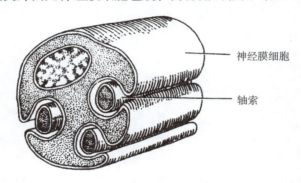

图 2 - 30　无髓神经纤维模式图

神经纤维的功能是传导神经冲动。有髓神经纤维神经冲动的传导是呈跳跃式传导的，即从一个郎氏结跳到下一个郎氏结，故传导速度较快；无髓神经纤维因无髓鞘和郎氏结，神经冲动沿轴突膜连续传导，其传导速度比有髓神经纤维慢的多。

2. 神经（nerve）　周围神经系统的许多神经纤维集合在一起，外包结缔组织膜，构成神经。

一条神经内可以只含有感觉神经纤维或运动神经纤维，但大多数神经是同时含有感觉神经纤维和运动神经纤维。

（五）神经末梢

周围神经纤维的终末部分终止于其他组织，形成一定的结构，称为神经末梢（nerve ending）。神经末梢按其功能分感觉神经末梢和运动神经末梢两类。

1. 感觉神经末梢（sensory nerve ending）　为感觉神经元周围突的终末部分与周围组织共同形成的特殊结构，又称感受器（receptor）。它能感受体内、外的各种刺激，并将刺激转化为神经冲动。

感觉神经末梢按其结构可分为游离神经末梢和有被囊神经末梢两类。

（1）游离神经末梢（free nerve ending）：由神经纤维的终末反复分支而成。游离神经末梢多分布于上皮组织和结缔组织中，能感受疼痛和冷、热的刺激（图2–31）。

图2–31 游离神经末梢

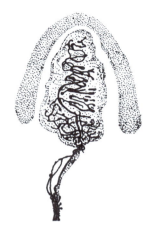

图2–32 触觉小体

（2）有被囊神经末梢（encapsulated nerve ending）：在神经纤维的终末外面包裹有结缔组织被囊，常见的有以下几种：

①触觉小体（tactile corpuscle）：为椭圆形小体，分布于真皮乳头内，以手指掌侧和足趾底面最多，有感受触觉的功能（图2–32）。

②环层小体（lamellar corpuscle）：呈圆形或椭圆形，大小不一，多分布于手掌、足趾的皮下组织及内脏结缔组织中，有感受压觉和振动觉的功能（图2–33）。

图2–33 环层小体

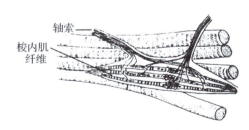

轴索
梭内肌
纤维

图2–34 肌梭

③肌梭（muscle spindle）：呈梭形，内含数条细小的骨骼肌纤维，称梭内肌纤维，周围有结缔组织被囊包裹。肌梭分布于骨骼肌，是本体觉感受器，能感受肌纤维的伸展和收缩时牵张变化的刺激，使人体产生各部位姿势和位置状态的感觉（图2–34）。

2. 运动神经末梢（motor nerve ending） 是运动神经元轴突的终末部分在肌组织或腺体等处形成的特殊结构，又称效应器。它能支配肌肉的收缩或腺体的分泌。

运动神经末梢按分布部位分为躯体运动神经末梢和内脏运动神经末梢两种。

（1）躯体运动神经末梢（somatic motor nerve ending）：是分布于骨骼肌的运动神经末梢。轴突终末分支抵达骨骼肌时，髓鞘消失，轴突反复分支，呈爪样附于骨骼肌纤维的表面，形成椭圆形的板状隆起，又称为运动终板或神经肌连接（图2-35）。

神经纤维

运动终板

骨骼肌纤维

图2-35　运动终板

（2）内脏运动神经末梢（viscerral motor nerve ending）：是分布于心肌、平滑肌和腺体等处的运动神经末梢。

二、神经胶质细胞

神经胶质细胞（neuroglia cell）简称胶质细胞，广泛分布于神经系统。神经胶质细胞具有突起，但无树突和轴突之分，没有传导神经冲动的功能。

（一）中枢神经系统的胶质细胞

中枢神经系统中的神经胶质细胞主要有四种类型（图2-36）。

1. 星形胶质细胞（astrocyte）　细胞呈星形，突起细长，在神经元的物质交换中起媒介作用。

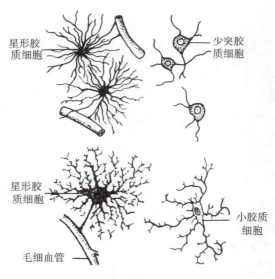

星形胶质细胞

少突胶质细胞

星形胶质细胞

小胶质细胞

毛细血管

图2-36　神经胶质细胞

2. 少突胶质细胞（oligodendrocyte）　在银染色标本中，少突胶质细胞的突起较少，它形成中枢神经系统内神经纤维的髓鞘。

3. 小胶质细胞（microglia cell）　来源于血液中的单核细胞，具有吞噬功能。中枢神经系统损伤时，小胶质细胞可吞噬细胞碎屑及退化变性的髓鞘。

4. 室管膜细胞（ependymal cell）　为立方形或柱状，分布在脑室和脊髓中央管的腔面，形成单层上皮，称室管膜，可防止脑脊液直接进入脑和脊髓组织中，对脑和脊髓有支持和保护作用。

（二）周围神经系统的胶质细胞

周围神经系统中的神经胶质细胞有两种。

1. 神经膜细胞（neurolemmal cell）　又称施万细胞（Schwann cell），细胞呈薄片状，胞质少，沿神经元的突起分布，并与突起共同形成神经纤维，是周围神经系统有髓神经纤维髓鞘的形成细胞。

2. 卫星细胞（satellite cell）　是神经节内包裹神经元胞体的一层扁平或立方形细胞，又称被囊细胞（capsule cell）。卫星细胞对神经元有支持和保护作用。

1. 上皮组织的特点及分类如何？
2. 简述各类被覆上皮的形态特点、主要分布和功能。
3. 何谓腺上皮、腺、外分泌腺、内分泌腺？
4. 疏松结缔组织的细胞有哪些？各有何功能？
5. 试述血液的组成和各类血细胞的正常值和功能。
6. 试比较平滑肌、骨骼肌和心肌的一般结构。
7. 神经元的分类如何？
8. 解释名词：内皮、间皮、血清、神经纤维、神经、神经末梢、突触。

（胡小和）

第三章 | 运动系统

学习目标

1. 掌握运动系统的组成；骨的形态和构造；躯干骨的名称和位置；胸骨的形态结构；上肢骨的名称和位置；肩胛骨、肱骨、尺骨和桡骨的主要形态结构；下肢骨的名称和位置；髋骨、股骨、胫骨的主要形态结构；颅的组成和分部；新生儿颅骨的特征；关节的基本结构和运动形式；脊柱的组成；椎间盘的结构；胸廓的组成和形态；肩关节、肘关节、桡腕关节的组成和运动；骨盆的组成和分部；髋关节、膝关节、距小腿关节的组成和运动；颞下颌关节的组成和运动；肌的形态和构造；斜方肌、背阔肌、竖脊肌、胸锁乳突肌、胸大肌、肋间外肌、肋间内肌、膈、三角肌、肱二头肌、肱三头肌、臀大肌、股四头肌、小腿三头肌的位置和作用；胸骨角、肋弓、翼点、鼻旁窦、颅囟的概念。

2. 熟悉骨的化学成分和物理特性；各部椎骨的特点；肋的数目和形态；颅的整体观；脊柱的整体观；肩关节、肘关节、桡腕关节、髋关节、膝关节、距小腿关节的结构特点；全身各部肌和肌群的名称、位置和作用。

3. 了解骨的发生和生长；关节的辅助装置；椎骨的连结；手关节的名称和组成；足弓的构成；肌的辅助结构。

第一节 概 述

一、运动系统的组成

运动系统（locomotor system）由骨、骨连结、骨骼肌三部分组成。全身各骨和骨连结构成人体的支架，称骨骼，骨骼肌跨越关节附着于骨骼。运动系统器官的重量约占成人体重的60%。

二、运动系统的主要功能

骨骼与骨骼肌共同赋予人体以基本外形，并构成如颅腔、胸腔、腹腔、盆腔等体腔的壁，保护脑、心、肺、肝、脾、膀胱等器官，以完成支持人体、保护体腔内器官的作用。骨骼肌收缩时，牵引骨骼移动位置，产生运动。在运动过程中，骨是运动的杠杆，骨连结是运动的枢纽，骨骼肌是运动的动力。所以，运动系统对身体具有支持、保护和运动的作用。

人体某些部位的骨或肌，常在人体表面形成比较明显的突起或凹陷。在体表能看到或摸到的骨和肌的突起或凹陷，分别称为骨性标志或肌性标志。临床上常利用这些标志作为确定器官的位置、认定血管和神经的走行、选取手术切口的部位、针灸取穴以及穿刺、注射等的定位依据。

第二节 骨 学

一、概述

每块骨（bone）都有一定的形态和功能，有丰富的血管、淋巴管和神经，它不但能生长、发育，而且有自身改建和修复的功能，每块骨均是一个器官。骨的功能除支持、保护和杠杆作用外，还有造血和储存钙磷的作用。

成人的骨共有 206 块（图 3－1）。按其所在部位分为颅骨、躯干骨和四肢骨三部分（表 3－1）。

表 3－1　全身各部骨的数目

颅骨	脑颅骨 8 块	躯干骨	椎骨 26 块	四肢骨	上肢骨 64 块
	面颅骨 15 块		肋 24 块		下肢骨 62 块
	听小骨 6 块		胸骨 1 块		

（一）骨的形态分类

骨有不同的形态，基本可分为四类，即长骨、短骨、扁骨和不规则骨。

1. 长骨（long bone）　呈长管状，有一体两端。体又称骨干，骨质致密，内有空腔称髓腔，容纳骨髓；骨的两端较膨大，称骺，其游离面一般都具有关节面，关节面上附有一层关节软骨。长骨多分布于四肢，如上肢的肱骨和下肢的股骨等。长骨多起支持和杠杆作用。

2. 短骨（short bone）　一般呈立方形，多位于既稳定承受重量又运动复杂的部位，如手的腕骨和足的跗骨等。

3. 扁骨（flat bone）　呈板状，主要构成颅腔、胸腔和盆腔的壁，对腔内器官具有保护和支持作用，如颅盖骨、胸骨和肋骨等。

4. 不规则骨（irregular bone）　形状不规则，主要分布于躯干、颅底和面部，如椎骨和颞骨等。有些不规则骨内具有含气的腔，称为含气骨，如上颌骨。

（二）骨的表面形态

骨的表面因受肌肉的牵拉、血管神经的走行和脏器邻接的影响等形成特定的表面形态，解剖学上予以一定的形态名称。

1. 骨面突起　突然高起的骨面突起称为突，较尖锐的小突起称为棘；基底较广的突起称隆起，粗糙的隆起称粗隆；圆形的隆起称结节或小结节；细长的锐缘称嵴，低而粗涩的嵴称线。

2. 骨面凹陷 大的凹陷称窝,小的凹陷称凹或小凹;长形的凹陷称沟,浅的凹陷称压迹。

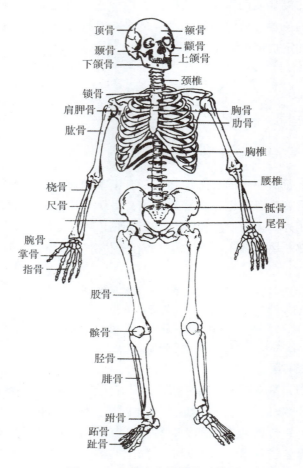

图3-1 人体全身的骨骼(前面)

3. 骨的空腔 骨内的空腔称腔、窦或房,小的空腔称小房,长形的空腔称管或道。腔或管的开口,称口或孔,不整齐的口称裂孔。

4. 骨端的膨大 较圆的膨大称头或小头。头下略细的部分称颈。椭圆的膨大称髁,髁上的突出部分称上髁。

5. 平滑的骨面 称面。

6. 骨的边缘 称缘,边缘的缺口称切迹。

(三)骨的构造

骨由骨质、骨膜、骨髓等构成(图3-2)。

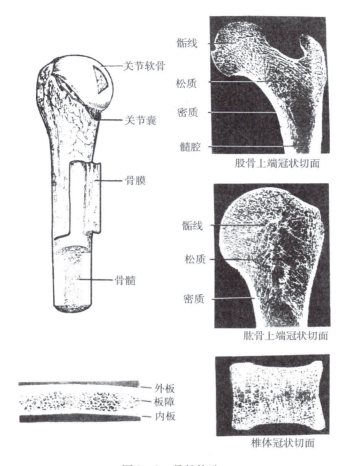

关节软骨
关节囊
骨膜
骨髓

髂线
松质
密质
髓腔
股骨上端冠状切面

髂线
松质
密质
肱骨上端冠状切面

外板
板障
内板

椎体冠状切面

图 3 - 2　骨的构造

1. 骨质（bone substance）　　是骨的主要成分，由骨组织构成，分为骨密质（compact bone）和骨松质（spongy bone）两种。

骨密质致密坚硬，抗压性强，配布在长骨体和骨的外层。

骨松质呈蜂窝状，由相互交错的骨小梁构成，骨小梁（trabeculae）的排列方式与承受的压力和张力方向一致。骨松质配布在长骨的两端及其他类型骨的内部。

在颅盖骨，骨密质构成外板和内板；骨松质在内板、外板之间，称为板障。

2. 骨膜（periosteum）　　是一层致密结缔组织膜，包裹除关节面以外的所有骨面。骨膜内含有丰富的神经、血管和幼稚的成骨细胞。骨膜对骨的营养、生长和骨损伤后的修复等方面具有重要作用。当骨膜剥离后，骨不易修复，甚至可能坏死，因此手术时要尽量保留骨膜。

3. 骨髓（bone marrow）　　为柔软而富有血液的组织，填充在髓腔和骨松质小梁间的腔隙内。骨髓分红骨髓（red bone marrow）和黄骨髓（yellow bone marrow）两种。

（1）红骨髓呈红色，主要由网状组织和大量的血细胞等构成。红骨髓有造血功能，能产生红细胞和大部分白细胞。胎儿和幼儿的骨髓都是红骨髓。从 6 岁左右开始，长骨髓腔的红骨髓逐渐减少，成年人，红骨髓仅保留于某些长骨的两端、短骨、扁骨和不规则骨的骨松质内。

（2）黄骨髓呈黄色，主要由脂肪组织构成，分布于成年人长骨骨干内，已不具备造血功能。但在某些病理情况下，如大量失血和贫血时，黄骨髓可以转化为红骨髓，恢复造血功能。

再生障碍性贫血就是红骨髓造血功能障碍的结果。临床上怀疑造血功能有问题时，常在髂骨的髂嵴和胸骨等处作骨髓穿刺，抽取少量红骨髓进行检查，帮助诊断血液疾病。

（四）骨的化学成分和物理性质

骨主要由有机质和无机质组成。有机质主要由骨胶原纤维和黏多糖蛋白组成，它使骨具有韧性和一定的弹性；无机质主要是磷酸钙和碳酸钙，它使骨具有硬度。有机质和无机质的结合，使骨既有弹性又很坚硬。

骨的化学成分和物理性质因年龄的不同而变化。成人的骨，有机质约占1/3，无机质约占2/3，因此骨不仅有很大的坚硬性，而且有一定的韧性和弹性；小儿的骨，无机质含量较少，有机质较多，因此弹性大而硬度小，容易发生变形，而不易发生完全性骨折；老年人的骨，有机质较少而无机质较多，骨的脆性较大，因此易发生骨折。

（五）骨的发生和生长

骨由胚胎中胚层的间充质发育而成。骨的发生有两种方式：①膜化骨，间充质先增殖成结缔组织膜，然后由膜骨化形成骨。如颅盖骨都是膜化骨形成。②软骨化骨，间充质先发育成软骨，再由软骨改建成骨。如躯干骨、四肢骨等都是软骨化骨形成。

例如长骨的骨化，间充质先形成与成人骨形态相似的软骨性骨雏形，然后骨化成骨。骨化开始时，软骨中部先出现原发骨化点（初级骨化中心），随着胚胎的发育，骨化不断向软骨的两端扩展。在胎儿出生前后，大多数长骨在骺处又出现另外的骨化中心，称继发骨化点（次级骨化中心），在骺部进行造骨。原发骨化点与继发骨化点均不断造骨，分别形成骨干与骺，但两者之间仍保留一片软骨，称骺软骨。骺软骨不断增生，不断骨化，使骨不断增长。发育到一定年龄，骺软骨停止生长，也被骨化而形成界于骨干与骺之间的骺线。从此，骨的长度就不再增加，人也就不再长高了（图3-3）。

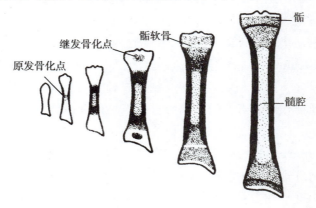

图3-3　长骨的发生

在骨增长的同时，骨膜深层的成骨细胞不断地形成骨质，使骨的横径变粗。

二、躯干骨

躯干骨包括 26 块椎骨、12 对肋和 1 块胸骨。

（一）椎骨

幼年时椎骨为 32～34 块，包括颈椎 7 块、胸椎 12 块、腰椎 5 块、骶椎 5 块、尾椎 3～5 块。成年人 5 块骶椎融合成为 1 块骶骨，3～5 块尾椎融合成 1 块尾骨，共 26 块椎骨。

1. 椎骨的一般形态 椎骨（vertebrae）为不规则骨，每块椎骨由前部的椎体和后部的椎弓两部分构成（图 3-4）。

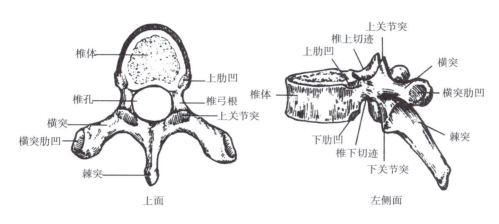

图 3-4 胸椎

椎体（vertebral body）呈矮圆柱状，是椎骨负重的主要部分。椎体主要有骨松质构成，表面的骨密质很薄，故易发生压缩性骨折。

椎弓（vertebral arch）呈半环形，两端与椎体相连。椎弓与椎体相连接的部分称为椎弓根；椎弓围成椎孔后壁的部分称为椎弓板。椎弓根的上、下缘各有一切迹，称椎上切迹和椎下切迹，相邻两椎骨的椎上切迹和椎下切迹之间围成的孔叫椎间孔（intervertebral foramen），孔内有脊神经和血管通过。从椎弓板上伸出 7 个突起：即向两侧伸出 1 对横突（transverse process）；向上和向下分别伸出 1 对上关节突和 1 对下关节突；向后方伸出 1 个棘突（spinous process）。

椎体与椎弓共同围成椎孔（vertebral foramen）。全部椎骨的椎孔连成椎管（vertebral canal），椎管内容纳脊髓及其被膜等结构。

2. 各部椎骨的主要特征

（1）颈椎（cervical vertebrae）：椎体较小。横突上有一孔称横突孔（transverse foramen），其中有椎动脉和椎静脉通过。第 2～6 颈椎棘突较短，末端分叉（图 3-5）。成年人第 3～7 颈椎椎体上面两侧多有向上的突起，称椎体钩，它与上位颈椎相应处形成钩椎关节（luschka）。如果椎体钩骨质增生，可使椎间孔缩小，压迫脊神经，产生相应的临床症状，为颈椎病的病因之一。

第1、2、7颈椎形态特殊，分述如下：

第1颈椎，又称寰椎（atlas），呈环形，无椎体和棘突，由前弓、后弓和两侧的侧块构成。侧块上、下面均有关节面，分别与枕髁和第2颈椎相关节（图3-6）。

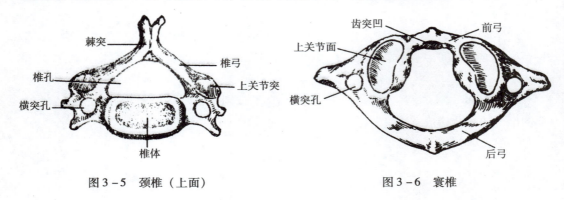

图3-5　颈椎（上面）　　　　　　　　　图3-6　寰椎

第2颈椎，又称枢椎（axis），它的特点是从椎体向上伸出1个齿突，与寰椎前弓背面相关节（图3-7）。

第7颈椎，又称隆椎（vertebrae prominens），棘突特别长，末端不分叉，体表容易摸认，是临床计数椎骨序数和针灸取穴的重要标志。在第7颈椎棘突下方的凹陷处，可取"大椎穴"（图3-8）。

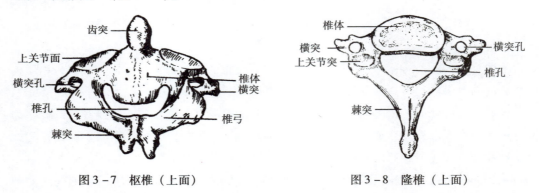

图3-7　枢椎（上面）　　　　　　　　　图3-8　隆椎（上面）

（2）胸椎（thoracic vertebrae）：椎体从上向下逐渐增大。椎体侧面后部的上、下和横突末端有与肋骨相连的关节面，分别称肋凹。胸椎棘突细长，斜向后下方，呈叠瓦状排列（图3-4）。

（3）腰椎（lumbar vertebrae）：椎体粗大。棘突为一长方形骨板，呈矢状位，直伸向后。相邻棘突之间的间隙较大，临床上可在此处做腰椎穿刺（图3-9）。

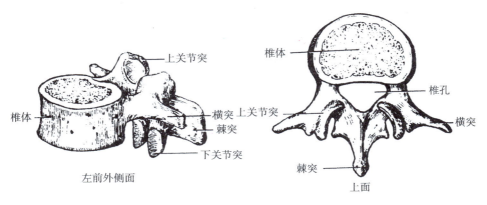

图 3 – 9 腰椎

（4）骶骨（sacrum）：由 5 块骶椎（sacral vertebrae）融合而成。骶骨呈底朝上、尖朝下的三角形。骶骨底朝上，与第 5 腰椎体相接，底的前缘向前突出，称骶骨岬（promontory）。骶骨尖朝下，接尾骨。骶骨两侧面的上部有关节面，称耳状面。骶骨的前面稍凹陷，有 4 对骶前孔；后面粗糙隆凸，沿中线的纵行隆起称骶正中嵴，骶正中嵴的两侧有 4 对骶后孔，为"八髎穴"取穴的部位。骶骨内的纵行管道称骶管（sacral canal）。骶管构成椎管的下部，前后分别与骶前孔、骶后孔相通，下端向后裂开，叫骶管裂孔（sacral hiatus）。骶管裂孔两侧向下的骨突称骶角（sacral cornu）。骶角可在体表摸到，是临床骶管麻醉和针灸取穴的骨性标志（图 3 – 10）。

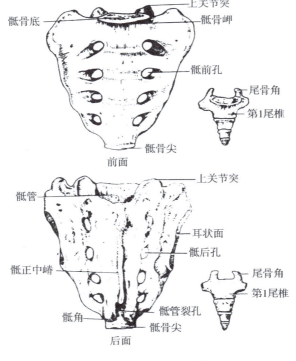

图 3 – 10 骶骨和尾骨

（5）尾骨（coccyx）：由 3～5 块退化的尾椎融合而成（图 3－10）。尾骨上接骶骨，尖向下，游离于肛门的后方。

椎骨在发生发育过程中可出现变异。如果两侧椎弓板融合不全则形成脊柱裂，严重者椎管开放，致脊髓被膜、脊髓膨出。如果第 1 骶椎不与第 2 骶椎融合，则形成第 6 腰椎，称骶椎腰化。如果第 5 腰椎与骶骨融合，称腰椎骶化。

（二）胸骨

胸骨（sternum）位于胸前壁正中，全部可在体表摸到。胸骨是一块扁骨，从上到下依次可分为胸骨柄、胸骨体和剑突三部分（图 3－11）。胸骨柄上缘中部的凹陷，称颈静脉切迹。颈静脉切迹的两侧有向外上方的卵圆形关节面，称锁切迹。胸骨体呈长方形，外侧缘有与第 2～7 肋连接的肋切迹。胸骨柄和胸骨体相接处略向前凸，称胸骨角（sternal angle）。胸骨角的两侧平对第 2 肋，是确定肋和肋间隙序数的标志。剑突薄而狭长，末端游离。

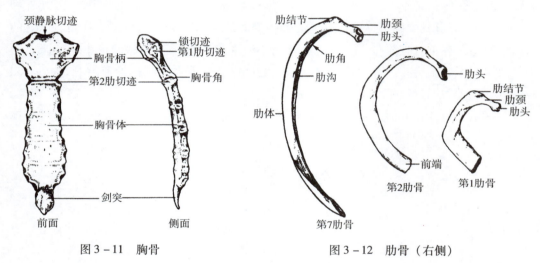

图 3－11 胸骨　　　　　　　　图 3－12 肋骨（右侧）

（三）肋

肋（ribs）包括肋骨（costal bone）和肋软骨（costal cartilage）两部分，共 12 对。

肋骨属扁骨，可分为体和前、后两端。肋体长而扁，有内、外两面和上、下两缘。肋体内面近下缘处的浅沟，称肋沟（图 3－12），沟内有肋间神经和血管走行。肋骨的前端与肋软骨相连。肋骨的后端膨大，称肋头，与胸椎肋凹相关节。

三、四肢骨

四肢骨包括上肢骨和下肢骨。

（一）上肢骨

上肢骨每侧共有 32 块。

1. 锁骨（clavicle）　　锁骨位于胸廓前上部，在颈部和胸部之间，全长均可在体表摸到，是重要的骨性标志。锁骨呈"～"形，分一体两端。锁骨体有两个弯曲，内侧

2/3 部凸向前，外侧 1/3 部凸向后，其交界处易发生骨折。锁骨的内侧端粗大称胸骨端，与胸骨柄相连形成胸锁关节；外侧端扁平称肩峰端，与肩胛骨的肩峰相连形成肩锁关节（图 3 – 13）。

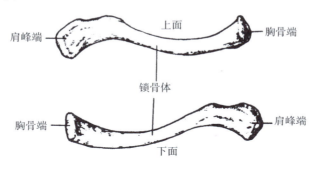

图 3 – 13　锁骨（右侧）

2. 肩胛骨（scapula）　位于胸廓后面的外上方，平第 2 ~ 7 肋之间。肩胛骨为一三角形扁骨，有两个面、三个角和三个缘（图 3 – 14）。

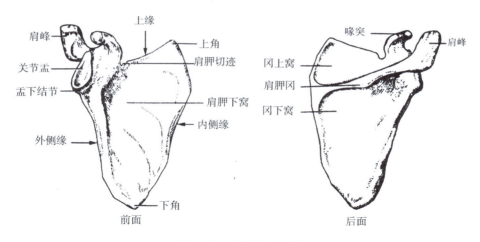

图 3 – 14　肩胛骨（右侧）

肩胛骨的前面微凹，称肩胛下窝；后面有一斜向外上的骨嵴，称肩胛冈（spine of scapula）。肩胛冈外侧端扁平突出的部分称为肩峰（acromion），与锁骨的肩峰端相关节。肩胛冈上、下方的浅窝，分别称冈上窝和冈下窝。

肩胛骨的外侧角粗大，有卵圆形的关节面称关节盂，与肱骨头构成肩关节；上角平第 2 肋；下角平第 7 肋。肩胛骨的上角和下角均为临床上计数肋骨或肋间隙序数的体表标志。

肩胛骨的内侧缘较薄，对向脊柱，称脊柱缘；外侧缘较厚，对向腋窝，称腋缘；上缘短，近外侧角处有一弯向前外方的突起，称喙突（coracoid process），可在锁骨外 1/3 的下方摸到其尖端。

3. 肱骨（humerus）　位于上臂，是典型的长骨，分为一体两端（图 3 – 15）。

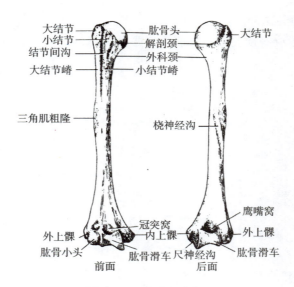

图 3 - 15　肱骨（右侧）

肱骨上端有朝向后内上方的半球形的肱骨头（head of humerus），与肩胛骨的关节盂形成肩关节。肱骨头的前外侧有两个突起，外侧的较大突起称大结节，前面的较小突起称小结节，两结节向下延伸的嵴分别称大结节嵴和小结节嵴。肱骨上端与肱骨体交界处稍细，称外科颈（surgical neck），此处较易发生骨折，因骨折后需进行外科治疗而得名。

肱骨体呈圆柱形。中部外侧面有一粗糙隆起，称三角肌粗隆，是三角肌的附着处。三角肌粗隆的后下方有一条由内上斜向外下的浅沟，称桡神经沟（sulcus for radial nerve），有桡神经经过。肱骨中段骨折时，易损伤桡神经。

肱骨下端前后略扁，有两个关节面，内侧的称肱骨滑车，它与尺骨的滑车切迹相关节；外侧的称肱骨小头，它与桡骨头相关节。在肱骨下端的内、外侧各有一个突起，分别称内上髁（medial epicondyle）和外上髁（lateral epicondyle）。内上髁后方有尺神经沟，有尺神经经过。肱骨滑车前面上方有一窝，称冠突窝；肱骨滑车后面上方有一大窝，称鹰嘴窝。

肱骨下端与肱骨体交界处，即肱骨内上髁、外上髁的稍上方，骨质较薄弱，易发生肱骨髁上骨折。

4. 尺骨（ulna）　位于前臂内侧部。尺骨分一体两端（图 3 - 16）。

尺骨上端粗大，有两个朝前的明显突起，上方大者称鹰嘴，下方小者称冠突，两个突起间的半月形关节面，称滑车切迹，与肱骨滑车相关节。在滑车切迹的下外侧有桡切迹，与桡骨头相关节。在冠突稍下方有一不明显的粗糙隆起，称尺骨粗隆。

尺骨体呈三棱柱形，上段粗，下段细。

尺骨下端细小，为球形膨大的尺骨头（head of ulna），头的后内侧有向下的突起，称尺骨茎突。

5. 桡骨（radius）　位于前臂外侧部。桡骨分一体两端（图 3 - 16）。

桡骨上端细小，呈短柱状，称桡骨头（head of radius）。桡骨头上面有关节凹，与肱骨小头相关节。桡骨头周围有环状关节面，与尺骨桡切迹相关节。桡骨头下方缩细的部分为桡骨颈，桡骨颈下方有向前内侧突出的粗糙突起，称桡骨粗隆。

桡骨体呈三棱柱形。

桡骨下端粗大，内侧有凹形关节面，称尺切迹，与尺骨头相关节；外侧向下的突起称桡骨茎突；下面有腕关节面，与腕骨形成桡腕关节。

桡骨头和桡骨茎突可在体表摸到，在正常情况下，桡骨茎突比尺骨茎突约低1cm。

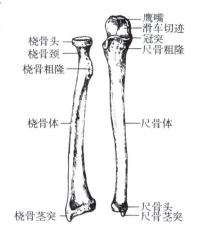

图3－16　桡骨和尺骨（右侧前面）

6. 手骨（bones of hand）

包括腕骨、掌骨和指骨（图3－17）。

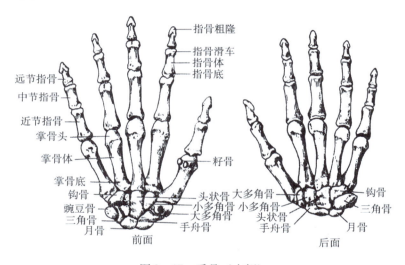

图3－17　手骨（右侧）

（1）腕骨（carpal bones）：由8块小型短骨组成。排成近侧、远侧两列，每列4块。近侧列从桡侧向尺侧依次数，为手舟骨（scaphoid bone）、月骨（lunate bone）、三角骨（triquetral bone）和豌豆骨（pisiform bone）；远侧列从桡侧向尺侧依次数，为大多角骨（trapezium bone）、小多角骨（trapezoid bone）、头状骨（capitate bone）和钩骨（hamate bone）。

（2）掌骨（metacarpal bones）：为5块小型长骨。从桡侧向尺侧依次为第1、第2、第3、第4和第5掌骨。掌骨的近侧端为掌骨底，接腕骨；中部为掌骨体；远侧端为掌骨头，接指骨。

（3）指骨（phalanges of fingers）：共14块，属长骨，除拇指为2节外，其余各指均为3节，由近侧向远侧分别称近节指骨、中节指骨和远节指骨。每节指骨均分为指骨底、指骨体和指骨滑车。

上肢骨的重要骨性标志：锁骨、肩胛冈、肩峰、喙突、肩胛骨下角、肱骨大结节、肱骨内上髁、肱骨外上髁、尺骨鹰嘴、尺骨茎突、桡骨茎突、手舟骨、豌豆骨。

（二）下肢骨

下肢骨每侧共有31块。

1. 髋骨（hip bone） 位于盆部，是不规则的扁骨。髋骨的外侧面有一深窝，称髋臼，其关节面与股骨头相关节。髋骨前下份的卵圆形大孔称闭孔（图3－18）。幼儿时期的髋骨由髂骨、耻骨和坐骨组成，三块骨借软骨相连，16岁左右时，三块骨融合成为一块髋骨。

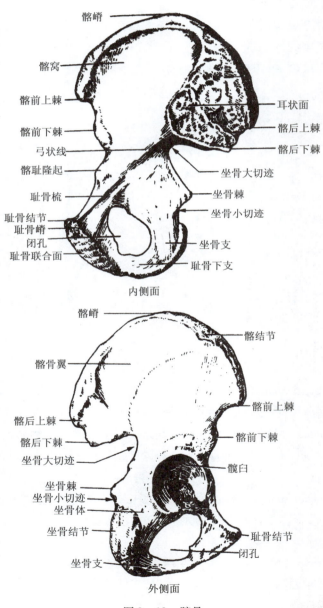

图3－18 髋骨

（1）髂骨（ilium）：构成髋骨的上部。髂骨分髂骨体和髂骨翼两部分，髂骨体构成髋臼的上部，肥厚粗壮；髂骨翼位于体的上方，为宽厚的骨板。髂骨的上缘厚钝，称髂嵴（iliac crest）。两侧髂嵴最高点的连线一般平对第4腰椎的棘突，是腰椎穿刺时确定椎骨序数的标志。髂嵴前、后端的突起，分别称髂前上棘（anterior superior iliac spine）和髂后上棘。髂前上棘和髂后上棘的下方各有一突起，分别称髂前下棘和髂后下棘。髂前上棘后方 5～7cm 处，髂嵴向外侧的突起称髂结节（tubercle of iliac crest）。髂骨内面平滑稍凹陷，称髂窝（iliac fossa）。髂窝的后部下方有耳状面（auricular surface）。髂窝的下界为突出的弓状线（arcuate line）。

（2）耻骨（pubis）：构成髋骨的前下部。耻骨分耻骨体、耻骨上支和耻骨下支三部分。耻骨体构成髋臼的前下部，耻骨体向前下延伸为耻骨上支，再转向后下为耻骨下支。耻骨上、下支移行部的内侧有耻骨联合面（symphysial surface）。耻骨上支的上缘较锐，称耻骨梳。耻骨梳的后端与弓状线相续，前端终于圆形的突起，称耻骨结节（pubic tubercle）。

（3）坐骨（ischium）：构成髋骨的后下部。坐骨分坐骨体和坐骨支两部分。坐骨体构成髋臼的后下部，体向前上内延伸为坐骨支。坐骨体与坐骨支会合处肥厚粗糙，称坐骨结节（ischial tuberosity）。坐骨结节的上后方有一锐突，称坐骨棘（ischial spine）。坐骨棘的上、下方各有一切迹，分别称坐骨大切迹和坐骨小切迹。

2. 股骨（femur）　位于股部，是人体最粗大的长骨。股骨分一体两端（图 3 - 19）。股骨上端朝向内上方的半球状膨大称股骨头（femoral head），与髋臼相关节。股骨头外下方的缩细部分称股骨颈（nack of femur）。股骨颈与股骨体交接部的上外侧和后内侧各有一突起，上外侧的突起称大转子（greater trochanter）；后内侧的突起称小转子（lesser trochanter）。大转子可在体表摸到，是测量下肢长度、判断股骨颈骨折或髋关节脱位的重要骨性标志。

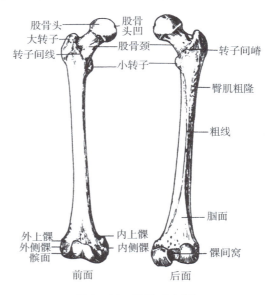

图 3 - 19　股骨（右侧）

股骨体呈圆柱形，微向前凸，体的后面有纵行的骨嵴称粗线（linea aspera），向上延续为臀肌粗隆（gluteal tuberosity），它是臀大肌的附着处。

股骨下端向两侧膨大，形成内侧髁和外侧髁，髁的前面、下面和后面都是光滑的关节面，与髌骨和胫骨相关节。两髁之间的深窝称髁间窝。内侧髁和外侧髁的侧面分别有突出的内上髁和外上髁。

3. 髌骨（patella）　　位于膝关节前方的股四头肌腱内。髌骨略呈三角形，底朝上，尖朝下，后面有关节面，与股骨的髌面相关节（图3-20）。髌骨在体表可全部摸到。外伤常可导致髌骨骨折。

4. 胫骨（tibia）　　位于小腿内侧份。胫骨分一体两端（图3-20）。

胫骨上端向后方和两侧膨大，形成胫骨内侧髁和外侧髁，两髁上面有微凹的关节面，与股骨内、外侧髁相接。胫骨内侧髁和外侧髁之间有向上的隆起称髁间隆起。胫骨上端前面有粗糙的隆起，称胫骨粗隆（tibial tuberosity）。

图3-20　髌骨

胫骨体呈三棱柱形，其前缘锐利，内侧面平坦，均浅居皮下。

胫骨下端内侧面向下的突起，称内踝（medial malleolus）；外侧面有腓切迹，与腓骨相连结；下面有关节面，与距骨相关节。

5. 腓骨（fibula）　　位于小腿外侧份（图3-21）。腓骨分一体两端。腓骨上端膨大，称腓骨头（fibular head）；下端膨大，称外踝（lateral malleolus）。

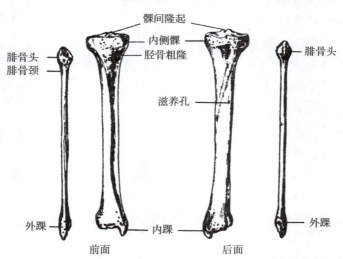

图3-21　胫骨和腓骨（右侧）

6. 足骨（bones of food）　　包括跗骨、距骨和趾骨（图3-22）。

（1）跗骨（tarsal bones）：共7块，即距骨（talus）、跟骨（calcaneus）、足舟骨（navicular bone）、3块楔骨和骰骨（cuboid bone）。距骨位于胫、腓骨的下方。距骨的

前方是足舟骨。足舟骨的前方由内侧向外侧是 3 块并列的内侧楔骨（medial cuneiform bone）、中间楔骨 intermediate cuneiform bone）和外侧楔骨（lateral cuneiform bone）。距骨的后下方是跟骨。跟骨的前方是骰骨。跟骨后下方的骨性突起为跟骨结节。

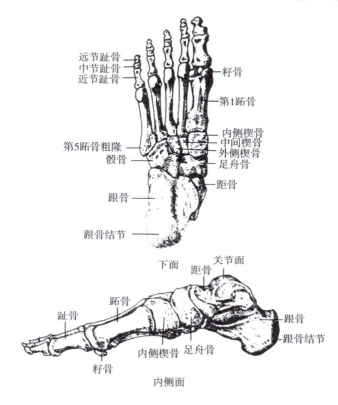

图 3 - 22　足骨（右侧）

（2）跖骨（metatarsal bones）：共 5 块，列于 3 块楔骨和骰骨的前方，由内侧向外侧依次是第 1、第 2、第 3、第 4 和第 5 跖骨。每块跖骨均分为近端的跖骨底、中部的跖骨体和远端的跖骨头。

（3）趾骨（plalanges of toes）：共 14 块，各趾骨的名称和结构名称同手指骨。下肢骨的重要骨性标志：髂嵴、髂前上棘、髂后上棘、髂结节、坐骨结节、耻骨结节、股骨大转子、股骨内上髁、股骨外上髁、髌骨、胫骨内侧髁、胫骨外侧髁、胫骨粗隆、腓骨头、内踝、外踝、跟骨结节。

四、颅骨

（一）颅的组成

成人颅由 23 块骨组成（不含中耳内的 3 对听小骨），除下颌骨和舌骨外，各骨之间都通过缝或软骨连接成一个整体。颅（skull）可分为脑颅和面颅两部分，脑颅为颅的后上部，围成颅腔，容纳和保护脑；面颅为颅的前下部，形成面部轮廓，并构成眼眶、鼻腔和口腔的骨性支架。

脑颅骨（bones of cerebral cranium）（图3－27～图3－30）共8块，组成颅盖和颅底，包括颅顶部2块顶骨（parietal bone）、前方1块额骨（frontal bone）、后方1块枕骨（occipital bone）、两侧各有1块颞骨（temporal bone）、颅底前部中央的1块筛骨（ethmoid bone）和颅底中部的1块蝶骨（sphenoid bone）。

面颅骨（bones of facial cranium）（图3－27～图3－31）共15块，包括成对的上颌骨（maxilla）、鼻骨（nasal bone）、颧骨（zygomatic bone）、腭骨（palatine bone）、泪骨（lacrimal bone）、下鼻甲（inferior nasal concha）和不成对的下颌骨（mandible）、犁骨（vomer）和舌骨（hyoid bone）。上颌骨位于口腔上方、鼻腔两侧。两上颌骨之间有形成鼻背的1对鼻骨。上颌骨外上方是颧骨，后内方接腭骨。两眶内侧壁各有一块小的泪骨。鼻腔外侧壁下部有下鼻甲。鼻腔正中有犁骨。上颌骨的下方是下颌骨。下颌骨的后下方是舌骨。

（二）部分颅骨的形态

1. 下颌骨（mandible） 分一体两支。下颌体位于前部，呈蹄铁形（图3－23），它的上缘形成牙槽弓，牙槽弓有一列深窝，称牙槽，容纳牙根。下颌体的两外侧面每侧各有一小孔，称颏孔。下颌支为由下颌体后端向上伸出的长方形骨板，其上缘有两个突起，前方的称冠突，后方的称髁突。髁突的上端膨大称下颌头。下颌支内面的中部有下颌孔，由此通入下颌管。下颌管在下颌骨内走向前下方，开口于颏孔。下颌体和下颌支会合处形成下颌角（angle of mandible）。

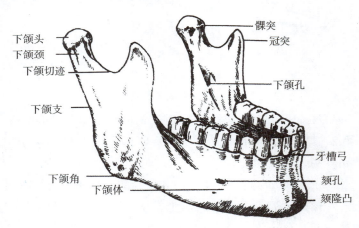

图3－23　下颌骨

2. 颞骨（temporal bone） 参与构成颅底和颅腔侧壁，为不规则骨。颞骨外面的下部有一圆形的孔，称外耳门。颞骨分为鳞部、鼓部和岩部三部分。鳞部位于外耳门的上方，形似鳞片；鼓部为一卷曲的骨片，从前、下、后三面围绕外耳道；岩部位于外耳门的内侧和后方，其前内侧份，呈三棱锥形，参与构成颅底，后外侧份位于外耳门的后方，为圆锥状突起，称乳突（mastoid process），内有许多腔隙称乳突小房。岩部后面的中份有内耳门（图3－24）。

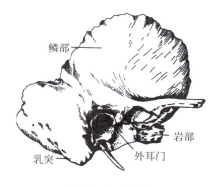

乳突　　外耳门

图 3 - 24　颞骨

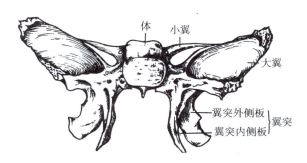

图 3 - 25　蝶骨（后面）

3. 蝶骨（sphenoid bone）　位于颅底中部。蝶骨呈蝴蝶形，可分为体、大翼、小翼和翼突四部分。体为蝶骨的中部，呈立方形，体内的腔称蝶窦，体上面中央凹陷为垂体窝。大翼和小翼是体向两侧延伸的两对突起，前上份的一对称小翼，后下方的一对称大翼。翼突是从体与大翼连接处向下伸出的一对突起（图3 - 25）。

4. 筛骨（ethmoid bone）　位于两眶之间，构成鼻腔上部和外侧壁。筛骨呈巾字形，分为筛板、垂直板和筛骨迷路三部分。筛板是多孔的水平骨板，构成颅底的一部分和鼻腔的顶。垂直板自筛板正中垂直向下，呈矢状位，构成骨性鼻中隔上部。筛骨迷路位于垂直板的两侧，由许多含气小房构成，这些含气小房称筛窦（图3 - 26）。

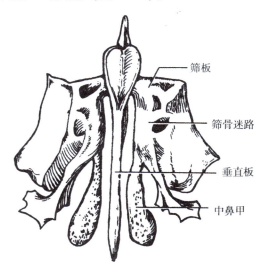

图 3 - 26　筛骨（前面）

（三）颅的整体观

1. 颅的上面观　可见三条缝，即额骨与顶骨之间的冠状缝（coronal suture）；左、右顶骨之间的矢状缝（sagittal suture）；顶骨与枕骨之间的人字缝（lambdoid suture）。

2. 颅底内面观　颅底内面凹凸不平，由前向后可见呈阶梯状排列的三个窝，分别为颅前窝、颅中窝和颅后窝（图3 - 27）。

（1）颅前窝（anterior cranial fossa）：中部低陷处的长方形薄骨片是筛骨的筛板，筛板上有许多小孔称筛孔，通鼻腔，有嗅神经通过。颅前窝借菲薄的筛板和额骨眶部分别与下方的鼻腔和眶腔隔开。当外伤造成筛板骨折时，血性脑组织和脑脊液可由鼻腔漏出。

（2）颅中窝（middle cranial fossa）：中部隆起，外侧部凹陷。颅中窝中部是蝶骨体，隆起形如马鞍，称蝶鞍，其中央凹陷，称垂体窝（hypophyseal fossa）。垂体窝的前外侧有视神经管，管的下外侧方有眶上裂，均与眶相通。蝶骨体的两侧由前内向后外依次有圆孔、卵圆孔和棘孔。

（3）颅后窝（posterior cranial fossa）：中央部有枕骨大孔（foramen magnum），它向下与椎管相延续。枕骨大孔的前外缘有舌下神经管；枕骨大孔的后上方有枕内隆凸，此凸向两侧有横窦沟，横窦沟至颞骨则弯向下前续为乙状窦沟，乙状窦沟终于颈静脉孔。颅后窝的前外侧壁为颞骨岩部的后面，其中央有内耳门（internal acoustic pore），为内耳道的开口。

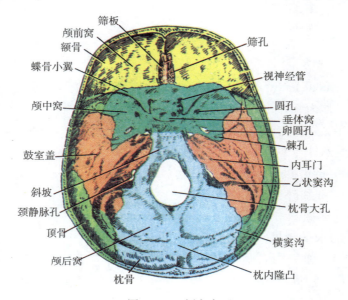

图 3-27　颅底内面

3. 颅底外面观　颅底外面高低不平，可分前、后两部（图 3-28）。

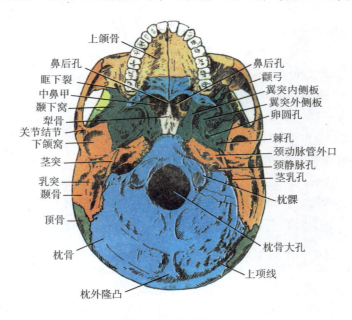

图 3-28　颅底外面观

颅底外面的前部较低，有上颌骨的牙槽，牙槽从前方和两侧包围着骨腭。骨腭的后上方有被犁骨分开的两个鼻后孔。

颅底外面的后部中央有枕骨大孔（foramen magnum）。枕骨大孔的前外侧有隆起的枕髁（occipital condyle），它与寰椎侧块上关节面相关节。枕髁的前外侧有颈静脉孔（jugular foramen）。颈静脉孔的前方是颈动脉管（carotid canal）外口。颈静脉孔后外侧的细长突起称茎突，它与乳突之间有一小孔，称茎乳孔（stylomastoid foramen）。茎乳孔前方的凹陷为下颌窝，与下颌骨的下颌头相关节。下颌窝前方的横行隆起称为关节结节。枕骨大孔的后上方有枕外隆凸（external occipital protuberance）。

颅底的孔、管、裂都有神经、血管通过，颅底骨折时往往沿这些孔道断裂，引起严重的神经、血管损伤。

4. 颅的侧面观　颅的侧面中部有外耳门（external acoustic pore），由外耳门向内入外耳道。外耳门的前方有一弓状的骨梁，称颧弓（zygomatic arch）。外耳门后方向下的突起称乳突（mastoid process）。颧弓上方的凹陷称颞窝。在颞窝区内，有额骨、顶骨、颞骨、蝶骨四骨的会合处，称翼点（pterion）。翼点是略呈"H"形的骨缝，骨质比较薄弱，其内面有脑膜中动脉前支通过。翼点处易骨折，骨折时常损伤脑膜中动脉前支，引起颅内血肿。针灸的"太阳穴"即位于翼点处（图3-29）。

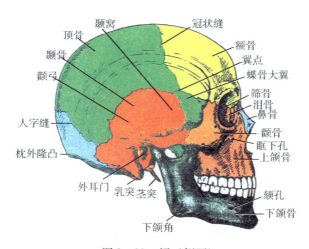

图3-29　颅（侧面）

5. 颅的前面观　颅的前面有一对容纳眼球的眶和位于其间的骨性鼻腔（图3-30）。

（1）眶（orbit）：容纳眼球及其附属结构。眶为一对四面锥体形腔隙，尖向后内，经视神经管与颅腔相通；底向前外，上、下缘分别称眶上缘和眶下缘。眶上缘的内、中1/3交界处有眶上孔（有的为眶上切迹），眶下缘中点的下方约1cm处有眶下孔。

眶有四个壁：眶的上壁是颅前窝的底，前外侧部有一容纳泪腺的泪腺窝；眶的下壁主要由上颌骨构成，是上颌窦的顶；眶的内侧壁很薄，前下部有泪囊窝（fossa for lacrimal sac），此窝向下经鼻泪管（nasolacrimal canal）通入鼻腔；眶的外侧壁较厚，其后部有眶上裂和眶下裂。

　　（2）骨性鼻腔（bony nasal cavity）：位于面颅中央，被骨鼻中隔分为左、右两腔。每腔都有四壁和前、后两口。

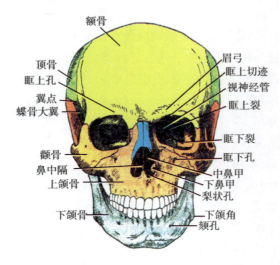

图 3 − 30　颅（前面）

　　骨性鼻腔的上壁主要以筛板与颅腔相隔；下壁以骨腭与口腔分界；内侧壁为骨鼻中隔；外侧壁自上而下有三个向下弯曲的骨片，分别称上鼻甲、中鼻甲和下鼻甲，每个鼻甲下方的空间，相应的称为上鼻道、中鼻道和下鼻道（图 3 − 31）。

　　骨性鼻腔的前口称梨状孔（piriform aperture）；后口成对，称鼻后孔（posteror nasal aperture）。

　　（3）鼻旁窦（副鼻窦）（paranasal sinuses）：在鼻腔周围的颅骨内，有若干与鼻腔相通的含气空腔，这些空腔总称为鼻旁窦。鼻旁窦共有四对，其名称和位置与所在骨的名称一致，包括上颌窦（maxillary sinus）、额窦（frontal sinus）、筛窦（ethmoidal sinus）和蝶窦（sphenoidal sinus）。

（四）新生儿颅骨的特征

　　胎儿时期由于脑和感觉器官比咀嚼和呼吸器官的发育早而快，故新生儿的脑颅远大于面颅。

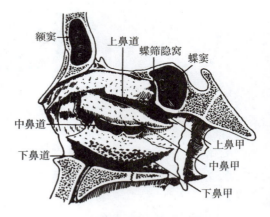

图 3 − 31　骨性鼻腔的外侧壁

　　新生儿颅骨尚未完全骨化，颅盖骨之间留有间隙，由结缔组织膜所封闭，称颅囟（图 3 − 32）。其中在矢状缝与冠状缝相交处有前囟（额囟）（anterior fontanelle），呈菱形；在矢状缝与人字缝相交处为后囟（枕囟）（posterior fontanelle），呈三角形；在相当于翼点处有前外侧囟（蝶囟）；在相当于人字缝末端，有后外侧囟（乳突囟）。前囟一般于出生后1岁半左右逐渐骨化闭合，其余各囟于生后不久即闭合。前囟在临床上常作为婴儿发育和颅内压变化的检查部位之一。例如，婴儿营养不良缺钙时，前囟的闭合时间推迟。

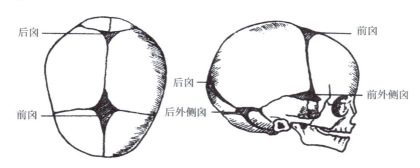

图 3 - 32　新生儿颅（示颅囟）

颅骨的重要骨性标志：枕外隆凸、乳突、颧弓、翼点、下颌头、下颌角、眶上缘、眶下缘。

第三节　关 节 学

一、概述

骨与骨之间的连结装置叫骨连结（articulation）。骨连结可分为直接连结和间接连结两种。

（一）直接连结

骨与骨之间借致密结缔组织、软骨或骨直接相连，形成纤维连结、软骨连结和骨性结合。直接连结的两骨之间没有腔隙，运动范围很小或不能运动。直接连结多见于颅骨及躯干骨之间的连结。如颅骨之间的缝，椎骨之间的椎间盘，骶椎椎骨间的骨性结合等。

（二）间接连结

间接连结又称关节（joints，articulation）。骨与骨之间借膜性的结缔组织囊相连，其间具有腔隙，有较大的活动性。间接连结是人体骨连结的主要形式，多见于四肢骨之间的连结。

1. 关节的基本结构　关节的基本结构包括关节面、关节囊、关节腔三部分（图3 - 33）。

（1）关节面（articular surface）：是构成关节各骨的邻接面。通常一骨的关节面隆凸形成关节头，另一骨的关节面凹陷形成关节窝。关节面覆盖有一层具有弹性的关节软骨，关节软骨表面光滑，具有减少关节运动时的摩擦和缓冲外力冲击的作用。

（2）关节囊（articular capsule）：是由结缔组织构成的膜性囊，附着于关节面周缘及其附近的骨面上。关节囊分内、外两层。外层为纤维膜，由致密结缔组织构成，厚而坚韧。内层为滑膜，由疏松结缔组织构成，薄而柔软，内面光滑。滑膜能分泌滑液，滑液有减少关节运动时的摩擦和营养关节软骨等功能。

（3）关节腔（articular cavity）：是关节软骨和关节囊的滑膜共同围成的密闭的腔隙，其内含有少量的滑液。关节腔内为负压，对维持关节的稳固有一定作用。

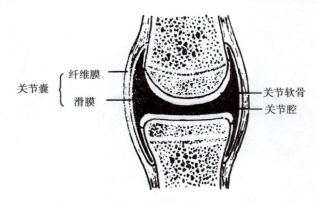

图 3 – 33　关节的基本结构模式图

2. 关节的辅助结构　关节除了基本结构外，有的关节还有韧带、关节盘（或半月板）、关节唇等辅助结构。关节的辅助结构对增加关节的稳固性和灵活性有重要作用。

（1）韧带（ligaments）：是连接相邻两骨之间的致密结缔组织束。位于关节囊内的韧带称囊内韧带；位于关节囊周围的韧带称囊外韧带。韧带有增加关节的稳固性和限制关节过度运动的作用。

（2）关节盘（articular disc）：是位于两关节面之间的纤维软骨板，其周缘附着于关节囊内面。关节盘使两个关节面更为适应，增加了关节的稳固性和灵活性，并有缓和外力冲击、减少震荡的作用。膝关节内的纤维软骨板呈半月形，称关节半月板（articular meniscus）。

（3）关节唇（articular labrum）：是附着于关节窝周缘的纤维软骨环，能使关节窝加深，加大关节面，以增加关节的稳固性。

3. 关节的运动　关节在肌牵引下可做各种运动，其基本运动形式有以下几种：

（1）屈和伸：是围绕冠状轴的运动。一般情况下，关节运动时，两骨之间的角度缩小称为屈；两骨之间的角度增大称为伸。

（2）内收和外展：是围绕矢状轴的运动。关节运动时，骨向正中矢状面靠拢的运动称为内收；骨离开正中矢状面的运动称为外展。

（3）旋转：是围绕垂直轴的运动。骨的前面转向内侧的运动叫旋内；骨的前面转向外侧的运动叫旋外。在前臂则称旋前和旋后，手背转向前方的运动称为旋前，手背转向后方的运动称为旋后。

（4）环转：以关节的中心为轴心，运动时，骨的近端在原位转动，远端作圆周运动，整个骨的运动轨迹可描绘成一圆锥形。

二、躯干骨的连结

全部椎骨互相连结，构成脊柱。全部胸椎、肋和胸骨互相连结，构成胸廓。

（一）脊柱

脊柱（vertebral column）位于躯干背部正中，构成人体的中轴。脊柱由 26 块椎骨借椎间盘、韧带和关节连结而成。

1. 椎骨的连结　各椎骨间借椎间盘、韧带和关节相连。

（1）椎间盘（intervertebral disc）：是连结相邻两个椎体之间的纤维软骨盘。椎间盘由周围部的纤维环（anulus fibrosus）和中央部的髓核（nucleus pulposus）两部分组成（图 3 – 34、35）。纤维环由多层呈环行排列的纤维软骨环构成，质坚韧；髓核为柔软而富有弹性的胶状物质。椎间盘既坚韧又富有弹性，除连接椎体外，还有缓冲作用，同时还有利于脊柱向各个方向运动。整个脊柱有 23 个椎间盘。

成年人，由于椎间盘的退行性改变，在过度劳损、体位骤变或猛力动作下有可能引起纤维环破裂，髓核膨出，临床上称椎间盘脱出症。由于纤维环后部较薄弱，故髓核多向后方或后外侧膨出，突入椎管或椎间孔，压迫脊髓或脊神经。由于腰部负重及活动度较大，颈部活动度较大，故多发生腰椎间盘脱出症和颈椎间盘脱出症。

（2）韧带（ligaments）：连结椎骨的韧带可分为长、短两类（图 3 – 35）。

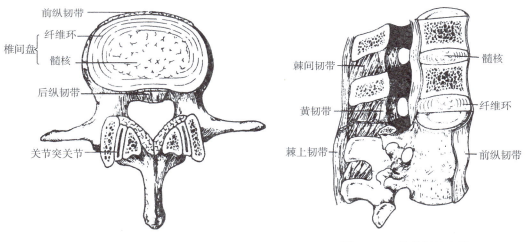

图 3 – 34　椎间盘　　　　　　　　图 3 – 35　椎骨间的连结

长韧带有：

①前纵韧带（anterior longitudinal ligament），位于椎体和椎间盘的前面，有限制脊柱过度后伸和椎间盘向前脱出的作用。

②后纵韧带（posterior longitudinal ligament），位于椎体和椎间盘的后面，有限制脊柱过度前屈和椎间盘向后脱出的作用。

③棘上韧带（supraspinal ligament），连于各个棘突的尖端，有限制脊柱过度前屈的作用。在项部的棘上韧带又名项韧带。

短韧带有：

①黄韧带（ligamenta flava）（弓间韧带），连于相邻两椎弓板之间，有协助围成椎管和限制脊柱过度前屈的作用。

②棘间韧带（interspinal ligament），连于相邻棘突之间。

腰椎穿刺时，穿刺针由浅入深，需依次经过棘上韧带、棘间韧带和黄韧带。

（3）关节（joint）：脊柱的关节有关节突关节（zygapophyseal joint）、寰枕关节（atlantooccipital joint）和寰枢关节（atlantoaxial joint）。

①关节突关节由相邻两椎骨的上、下关节突构成，活动幅度很小。

②寰枕关节由寰椎与枕髁构成，可使头部作前俯、后仰和侧屈运动。

③寰枢关节由寰椎与枢椎构成，可使寰椎连同头部做左、右旋转运动。

2. 脊柱的整体观

（1）前面观：可见脊柱的椎体自上而下逐渐增大，从骶骨耳状面以下又渐次缩小，椎体大小的这种变化，与脊柱承受重力的变化密切相关（图3-36）。

（2）侧面观：可见脊柱有四个生理性弯曲，即颈曲、胸曲、腰曲和骶曲，其中颈曲、腰曲凸向前；胸曲、骶曲凸向后。颈曲和腰曲是出生后发育过程中，随着抬头、坐立而相继形成的。这些弯曲增强了脊柱的弹性，在行走和跳跃时，有减轻对脑和内脏器官的冲击与震荡的作用（图3-36）。

（3）后面观：可见棘突纵列成一条直线。各部棘突形态各异：颈椎棘突短，但第7颈椎棘突长而突出；胸椎棘突斜向后下方，呈叠瓦状，排列较紧密，棘突间隙窄；腰椎棘突呈板状，水平伸向后，棘突间隙较宽（图3-36）。

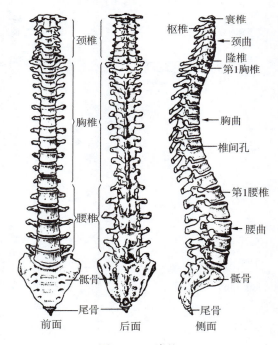

图3-36　脊柱

3. 脊柱的功能

（1）支持、保护功能：脊柱是人体的中轴，上承托颅，下连接下肢骨，具有支持和传递重力的作用；脊柱参与构成胸腔、腹腔和盆腔的后壁，有保护腔内器官的功能；

脊柱中央有椎管，容纳和保护脊髓及脊神经根。

（2）运动功能：脊柱是躯干运动的中轴和枢纽，能做各种方向的运动，脊柱的主要运动有前屈、后伸、侧屈和旋转等。脊柱的颈、腰部运动幅度较大，故脊柱的损伤也以这两处较为多见。

（2）胸廓

1. 胸廓的组成 胸廓（thorax）由 12 块胸椎、12 对肋、1 块胸骨和它们之间的连结共同组成。

12 对肋的后端与胸椎肋凹相关节。

12 对肋的前端均为肋软骨，第 1 对肋软骨与胸骨柄相连；第 2～7 对肋软骨分别与胸骨体外侧缘的肋切迹形成胸肋关节；第 8～10 对肋软骨不直接连于胸骨，而是依次连于上位肋软骨的下缘；第 11～12 对肋软骨游离于腹肌中。第 7～10 对肋软骨依次相连形成一条连续的软骨缘，称肋弓。

2. 胸廓的形态 成人胸廓呈前后略扁、上窄下宽的圆锥形（图 3－37）。胸廓有上、下两口：上口小，由第 1 胸椎、第 1 对肋和胸骨柄上缘围成；下口较大，由第 12 胸椎、第 12 对肋、第 11 对肋、肋弓和剑突围成。两侧肋弓之间的夹角称胸骨下角。相邻两肋之间的间隙称肋间隙。胸廓的内腔称胸腔，容纳心、气管、肺、食管、出入心的大血管、神经等。

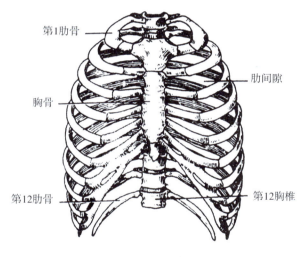

胸廓的形态与年龄、性别和健康状况等因素有关。新生儿的胸廓

图 3－37 胸廓

横径与前后径近似，呈桶状；老年人的胸廓更扁而长；成年女性的胸廓较男性略圆而短。

佝偻病患儿的胸廓前后径大，胸骨向前明显突出，形成所谓"鸡胸"。患慢性支气管炎、肺气肿和哮喘病病人的胸廓各径线均增大，形成"桶状胸"。

3. 胸廓的功能

（1）支持、保护功能：胸廓具有支持和保护胸腔和腹腔内器官的功能。

（2）运动功能：胸廓参与呼吸运动，在呼吸肌的作用下，肋的前端可上升或下降，肋上升时，胸廓的横径和前后径扩大，胸腔容积增大，助吸气；肋下降时，胸廓恢复原状，胸腔容积也随着缩小，助呼气。

三、四肢骨的连结

（一）上肢骨的连结

1. 胸锁关节（sternoclavicular joint）　　胸锁关节是上肢骨与躯干骨连结的惟一关节，由胸骨的锁切迹与锁骨的胸骨端构成（图3-38）。关节囊坚韧，周围有韧带加强，关节囊内有由纤维软骨构成的关节盘。胸锁关节可使锁骨外侧端做向上、下、前、后及旋转等运动。

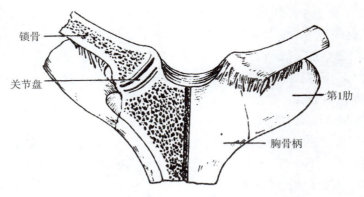

图3-38　胸锁关节

2. 肩锁关节（acromioclavicular joint）　　由肩胛骨的肩峰与锁骨的肩峰端构成，属微动关节。

3. 肩关节（shoulder joint）　　由肱骨头和肩胛骨的关节盂构成（图3-39）。

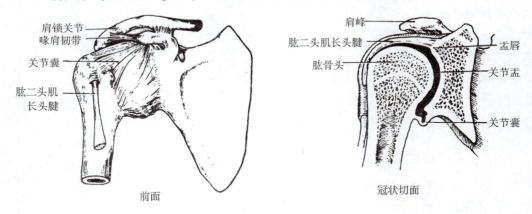

图3-39　肩关节

肩关节的结构特点是：肱骨头大，关节盂小而浅。关节囊薄而松弛，关节囊内有肱二头肌长头腱通过。关节囊的前壁、上壁和后壁有肌腱纤维加强，只有下壁较为薄弱，故肩关节脱位时，肱骨头常脱向前下方。

肩关节是人体运动幅度最大、运动最灵活的关节，能做前屈、后伸、外展、内收、旋内、旋外及环转运动。

4. 肘关节（elbow joint）　　由肱骨下端和桡、尺骨的上端连结而成。肘关节包括三个关节：即肱骨小头和桡骨头关节凹构成的肱桡关节（humeroradial joint），肱骨滑车和尺骨的滑车切迹构成的肱尺关节（humeroulnar joint），以及桡骨头环状关节面和尺骨的桡切迹构成的桡尺近侧关节（proximal radioulnar joint）（图3-40）。

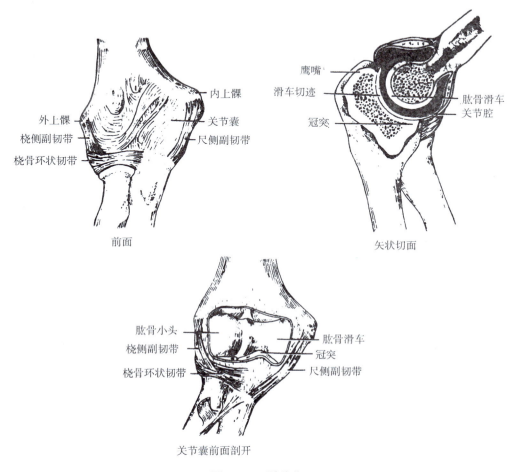

图3-40 肘关节

肘关节的结构特点是：三个关节包在一个关节囊内，具有一个共同的关节腔。关节囊的前、后壁都较薄而松弛，但内侧壁、外侧壁都较紧张，并有韧带加强，故肘关节脱位时，尺、桡骨常向后脱位。关节囊的下部有桡骨环状韧带，包绕桡骨头，可防止桡骨头脱出。小儿的桡骨头发育尚未完全，环状韧带较宽松，在肘关节伸直位前臂受到突然猛力牵拉时，桡骨头可部分从下方脱出，造成桡骨头半脱位。

肘关节可作前屈、后伸运动。

肱骨内上髁、外上髁和尺骨鹰嘴都易在体表摸到。伸肘关节时，肱骨内上髁、外上髁和尺骨鹰嘴三点在一条直线上；屈肘关节时，三点成一等腰三角形。在肘关节后脱位时，上述三点的位置关系发生改变；肱骨髁上骨折时，三点的位置关系不变。

5. 前臂骨的连结　桡骨和尺骨借桡尺近侧关节、前臂骨间膜和桡尺远侧关节相连（图3-41）。

桡尺近侧关节已于肘关节中叙述。前臂骨间膜（interosseous membrane of forearm）是一片致密结缔组织构成的薄膜，连结桡骨体和尺骨体。桡尺远侧关节（distal radioulnar joint）由桡骨的尺切迹和尺骨头构成。

桡尺近侧关节和桡尺远侧关节同时运动时，可使前臂作旋前和旋后运动。

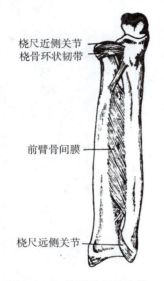

图 3 – 41　前臂骨间的连结

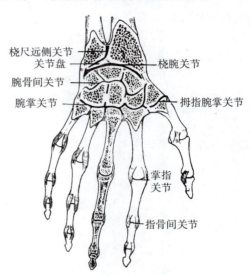

图 3 – 42　手关节

6. 手关节（joints of hand）　　包括桡腕关节、腕骨间关节、腕掌关节、掌指关节和指骨间关节（图 3 – 42），各关节的名称均与构成关节各骨的名称相应。

（1）桡腕关节（radiocarpal joint）：通常称腕关节（wrist joint），由桡骨下端的腕关节面、尺骨头下方的关节盘和手舟骨、月骨、三角骨共同构成。桡腕关节可作屈、伸、内收、外展和环转运动。

（2）腕骨间关节（intercarpal joints）：为相邻各腕骨之间构成的微动关节。

（3）腕掌关节（carpometacarpal joints）：由远侧列腕骨与 5 块掌骨的掌骨底构成。腕掌关节的运动幅度很小，只有拇指腕掌关节能作屈、伸、内收、外展和对掌运动。对掌运动是拇指与其他各指的掌面相对的运动，是人类手特有的重要功能。

（4）掌指关节（metacarpophalangeal joints）：共 5 个，由掌骨头与近节指骨底构成。掌指关节能作屈、伸、内收、外展等运动。手指的内收和外展是以中指为准，靠近中指为内收，远离中指为外展。

（5）指骨间关节（interphalangeal joints）：共 9 个，由上一节指骨的指骨滑车与下一节指骨的指骨底构成，能作屈、伸运动。

（二）下肢骨的连结

1. 髋骨的连结　　两侧髋骨的后部借骶髂关节、韧带与骶骨相连；前部借耻骨联合互相连结；两侧髋骨与骶骨和尾骨共同构成骨盆。

（1）骶髂关节（sacroiliac joint）：由骶骨的耳状面与髂骨的耳状面构成（图 3 – 43）。

骶髂关节的关节囊厚而坚韧，周围有韧带加强，运动范围很小。

在骶髂关节的后方，从骶、尾骨的侧缘到髋骨有两条强大的韧带：骶结节韧带（sacrotuberous ligament），是从骶、尾骨的侧缘连至坐骨结节的韧带；骶棘韧带（sacrospinous ligament），是从骶、尾骨的侧缘连至坐骨棘的韧带。骶结节韧带和骶棘韧带与坐骨大切迹围成坐骨大孔，与坐骨小切迹围成坐骨小孔。

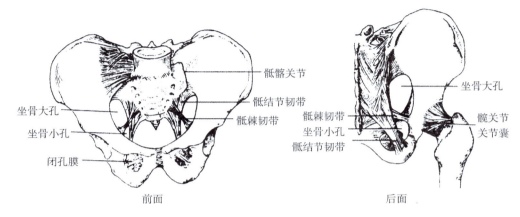

图 3 - 43　骨盆的连结

（2）耻骨联合（pubic symphsis）：由两侧耻骨联合面借耻骨间盘连结而成（图 3 - 43）。耻骨间盘由纤维软骨构成。女性在妊娠期，耻骨联合稍有活动性。

（3）骨盆（pelvis）：由左、右髋骨和骶骨、尾骨及其间的骨连结构成（图 3 - 44）。

骨盆以界线为界分为上部的大骨盆和下部的小骨盆，界线是由骶骨岬向两侧经弓状线、耻骨梳、耻骨结节至耻骨联合上缘构成的环行线。

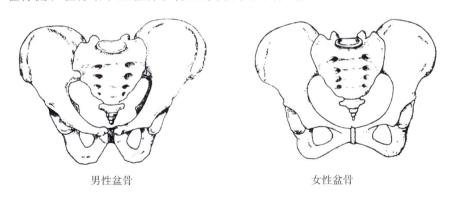

图 3 - 44　男性和女性骨盆

大骨盆的内腔是腹腔的一部分。

小骨盆可分为骨盆上口、骨盆下口和骨盆腔。骨盆上口由界线围成；骨盆下口由尾骨尖、骶结节韧带、坐骨结节、坐骨支、耻骨下支和耻骨联合下缘围成；骨盆上、下口之间的腔称骨盆腔。通常所说的盆腔是指小骨盆腔而言。两侧的坐骨支和耻骨下支连成耻骨弓，其间的夹角称耻骨下角。

　　骨盆具有保护骨盆腔内的器官和支持体重、传递重力的功能。女性的骨盆腔还是胎儿娩出的产道。

　　女性骨盆在功能上与妊娠和分娩有关，故在形态上与男性骨盆存在着明显的差别（表3－2）。

表3－2　男、女性骨盆形态的差别

项目	男性	女性
小骨盆上口	心形	较大，近似圆形
小骨盆下口	较狭窄	较宽大
骨盆腔	高而窄，呈漏斗形	短而宽，呈圆筒形
耻骨下角	70°～75°	90°～100°

　　2. 髋关节（hip joint）　　由髋臼和股骨头构成（图3－45）。

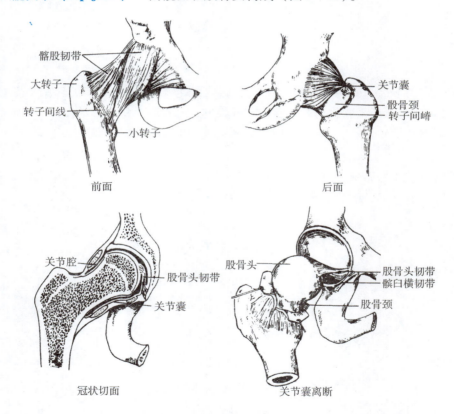

图3－45　髋关节

　　髋关节的结构特点是：髋臼窝深，股骨头有2/3容纳在窝内，且受韧带限制，故髋关节的运动幅度较肩关节小，但具有较大的稳固性。髋关节的关节囊厚而坚韧，股骨颈的大部分都被包入囊内。髋关节的关节囊外有韧带加强，其中位于关节囊前壁的髂股韧带强大，关节囊的后下壁薄弱，故髋关节脱位时，股骨头大多脱向后下方。髋关节的关节囊内有股骨头韧带（ligament of the head of the femur），连于髋臼与股骨头之间，内有营养股骨头的血管通过。

髋关节能作屈、伸、内收、外展、旋内、旋外和环转运动。

3. 膝关节（knee joint）　　膝关节由股骨下端、胫骨上端和髌骨共同构成（图 3 – 46，47）。

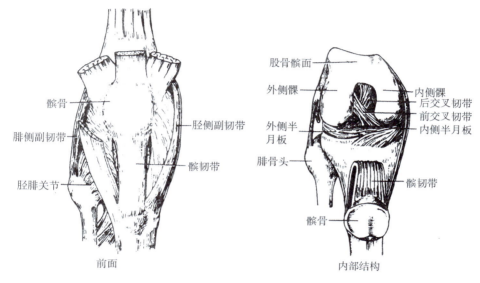

图 3 – 46　膝关节

膝关节的结构特点是：

（1）膝关节的关节囊宽阔而松弛，关节囊周围有韧带加强，关节囊的前壁有髌韧带（pathellar ligament），它自髌骨下缘至胫骨粗隆，是股四头肌腱的延续，临床上检查膝跳反射时，即叩击此韧带；关节囊的外侧有腓侧副韧带（fibular collateral ligament）；关节囊的内侧有胫侧副韧带（tibial collateral ligament）。

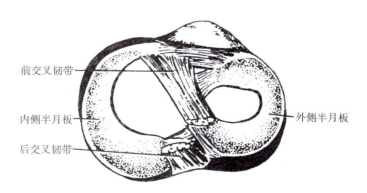

图 3 – 47　膝关节半月板（上面）

（2）膝关节囊内有连接股骨和胫骨的前交叉韧带（anterior cruciate ligament）和后交叉韧带（posterior cruciate ligament），前交叉韧带可限制胫骨向前移位，后交叉韧带可限制胫骨向后移位，如果前、后交叉韧带损伤，胫骨可被动前移或被动后移，这种现象即临床的"抽屉现象"。

（3）膝关节囊内有关节半月板，由纤维软骨构成，共有两块：内侧半月板（medial meniscus）较大，呈"C"形，外侧半月板（lateral meniscus）较小，近似"O"形。内、外侧半月板分别位于股骨和胫骨的同名髁之间，可使股骨、胫骨两骨的关节面更为适应，从而增强关节的稳固性，也能缓冲压力，起弹性垫的作用。

（4）膝关节囊的周围有许多滑膜囊，其中最大的是髌上囊，它位于髌骨的上方，在股骨和股四头肌腱之间，囊内充满滑液，可减少肌腱与骨的摩擦。滑膜囊常因外伤而发生滑膜囊炎或囊肿。

膝关节能作屈、伸运动；当膝关节处于半屈位时，还可作轻度的旋外和旋内运动。

4. 小腿骨的连结　胫、腓两骨之间，上端构成微动的胫腓关节（tibiofibular joint）；体之间借小腿骨间膜连结（crural interosseous joint）（图3－48）；下端由韧带相连。因此，胫、腓两骨之间的运动甚小。

5. 足关节（joints of foot）　包括距小腿关节（talocrural joint）、跗骨间关节（intertarsal joints）、跗跖关节（tarsometatarsal joints）、跖趾关节（metatarsophalangeal joints）和趾骨间关节（interphalangeal joints）（图3－49）。各关节的名称均以构成关节各骨的名称相应。

距小腿关节：通常称踝关节（ankle joint），由胫、腓骨的下端与距骨构成。关节囊的前、后壁松弛，两侧有韧带加强，其中内侧韧带（三角韧带）较为强厚；外侧韧带较为薄弱，在足过度内翻时，较易发生损伤。踝关节能作屈（跖屈）、伸（背屈）运动。

距小腿关节与跗骨间关节协同作用时，可使足内翻和外翻。足底朝向内侧的运动称足内翻，足底朝向外侧的运动称足外翻。

其他足关节的运动范围都较小。

6. 足弓（arch of foot）　跗骨和跖骨借其连结形成凸向上的弓，称为足弓（图3－50）。足弓增加了足的弹性，使足成为具有弹性的"三脚架"，从而保证直立时足底着地的稳固性，有利于行走和跳跃，可缓冲震荡；足弓可保护足底的血管、神经免受压迫。足弓的维持依靠连结足骨的

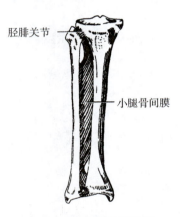

图3－48　小腿骨的连结

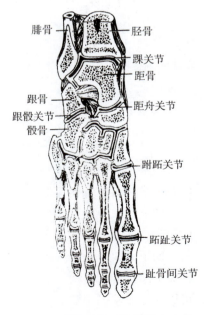

图3－49　足关节

韧带、足底肌和小腿长肌腱的牵拉等。如果这些韧带、肌和肌腱发育不良或损伤，可造成足弓低平或消失，足底平坦，称为扁平足。

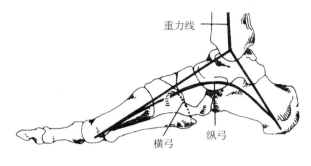

图 3 - 50　足弓

四、颅骨的连结

颅骨之间多数是以致密结缔组织或软骨直接相连，只有下颌骨与颞骨之间构成颞下颌关节。

颞下颌关节（temporomandibular joint）：通常称下颌关节，由颞骨的下颌窝、关节结节与下颌骨的下颌头构成（图 3 - 51）。

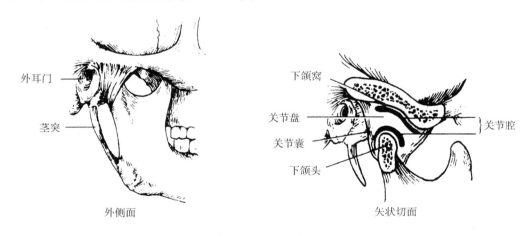

图 3 - 51　颞下颌关节

颞下颌关节的关节囊松弛，关节囊前部薄弱，后部厚，外侧有韧带加强。关节囊内有一个纤维软骨构成的关节盘，其周缘与关节囊相连，将关节腔分为上、下两部分。

颞下颌关节的运动是两侧颞下颌关节的联合运动，可使下颌骨上提（闭口）、下降（开口）、前移、后退及侧方运动。

颞下颌关节由于关节囊较松弛，当张口过大、过猛时，下颌头和关节盘可向前滑到关节结节的前方而不能退回下颌窝，形成颞下颌关节脱位。发生颞下颌关节脱位时，可用手法复位，手法复位时，先将下颌骨拉向下，超过关节结节，再将下颌骨向后上推，将下颌头纳回下颌窝内。

第四节 肌 学

一、概述

运动系统的肌是骨骼肌，人体全身的骨骼肌共有 600 多块，约占人体重量的 40%。每块肌都有一定的形态、结构和功能，都有丰富的血管分布和一定的神经支配，每块肌都是一个器官。

全身骨骼肌依其所在的部位可分为躯干肌、四肢肌和头肌。

（一）肌的形态

根据肌的外形，可将肌分为长肌、短肌、扁肌和轮匝肌（图 3-52）。

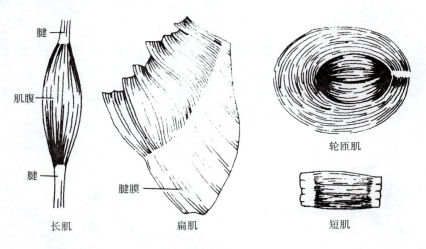

图 3-52 肌的形态

1. 长肌（long muscle） 呈长梭形或带状，多分布于四肢，收缩时长度显著缩短，可产生较大幅度的运动。

2. 短肌（short muscle） 短小，主要分布于躯干深部，收缩时运动幅度较小。

3. 扁肌（flat muscle） 扁薄宽阔，也称阔肌，多分布于胸腹壁，除运动功能外，还有保护体内器官的作用。

4. 轮匝肌（orbicular muscle） 呈环行，位于孔、裂的周围，收缩时可关闭孔、裂。

（二）肌的构造

每块骨骼肌都由肌腹和肌腱构成。

1. 肌腹（muscle belly） 位于肌的中部，主要由骨骼肌纤维构成，红色，柔软，具有收缩和舒张能力。

2. 肌腱（tendon） 位于肌的两端，主要由致密结缔组织构成，白色，强韧，无收缩能力。肌借肌腱附着于骨骼。长肌的腱多呈条索状，扁肌的腱多薄而宽阔，呈膜片状，称腱膜（aponeurosis）。

当肌受到突然暴力时，通常肌腱不致断裂而肌腹易断裂，或肌腹与肌腱的连接处或是肌腱的附着处易被拉开。

（三）肌的起止点和作用

肌通常以两端附于 2 块或多块骨的表面，越过 1 个或多个关节（图 3 – 53）。肌收缩时，一骨的位置相对固定，另一骨因受到肌的牵引而发生位置的移动。肌在固定骨上的附着点称为起点（origin）或定点（fixed attachment），在移动骨上的附着点称为止点（insertion）或动点（movale attachment）。

全身肌的起止点一般按如下规律确定：即躯干肌通常以其靠近正中矢状面的附着点为起点，远离正中矢状面的附着点为止点；四肢肌的起点在四肢的近侧端或靠近躯干侧的部位，止点则在四肢的远侧端或远离躯干侧的部位。在一般情况下，肌收缩时止点向起点方向移动。肌的定点和动点是相对的，在一定条件下可以互换。

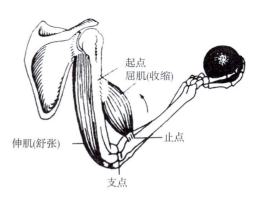

肌有两种作用：一种是动力作用，使身体完成各种运动，如伸手取物、行走和跑跳等；另一种是静力作用，通过肌内少量肌纤维轮流收缩，使肌具有一定的肌张力，以维持身体的平衡和保持一定姿势等，如站立、坐位等。

图 3 – 53　肌的附着和作用示意图

（四）肌的配布

骨骼肌大多成群配布在关节的周围。每一个关节至少配布有两组作用完全相反的肌。配布在关节相对侧的肌，它们可产生相反的作用，称为拮抗肌（antagonist），如肘关节前方的屈肌群和后方的伸肌群。配布在关节同一侧的肌，可产生相同的动作，称为协同肌（synergist），如肘关节前方的各块屈肌。拮抗肌在功能上既相互对抗，又相互协调和依存，使动作准确有序，例如屈肌收缩时，伸肌必须相应舒张，才能产生屈的动作；伸肌收缩时，屈肌必须相应舒张，才能完成伸的动作。

（五）肌的命名

肌的名称是依据其某一或某些特征予以命名的，主要有以下几种：

1. 依据形态命名　如三角肌、方肌、圆肌等。

2. 依据构造命名　如半腱肌、半膜肌等。

3. 依据功能命名　如屈肌、伸肌、收肌、展肌等。

4. 依据肌束方向命名　如直肌、斜肌、横肌等。

5. 依据所在位置命名　如肋间肌、冈上肌、冈下肌等。

6. 依据组成部分命名　如二头肌、三头肌、二腹肌等。

7. 依据起止点命名　如胸锁乳突肌、肱桡肌等。

体内多数肌是综合上述几个方面的特征命名的，如肱二头肌、拇长屈肌、腹外斜肌等。

（六）肌的辅助装置

在肌的周围有一些结构，具有保护肌和协助肌活动的作用，为肌的辅助装置。肌的辅助装置包括筋膜、滑膜囊及腱鞘等。

1. 筋膜（fascia） 分浅筋膜和深筋膜两种（图3-54）。

（1）浅筋膜（superficial fascia）：又称皮下组织、皮下脂肪或皮下筋膜，位于皮下，由疏松结缔组织构成，其内含有脂肪、浅静脉、皮神经以及浅淋巴结和淋巴管等。浅筋膜具有保护深部组织和保持体温等作用。

（2）深筋膜（deep fascia）：又称固有筋膜，位于浅筋膜深面，由致密结缔组织构成。深筋膜除能保护肌免受摩擦外，还有利于肌或肌群的独立活动。

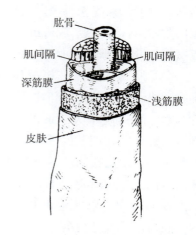

图3-54 筋膜

2. 滑膜囊（synovial bursa） 为密闭的结缔组织小囊，内含少量滑液。滑膜囊主要垫于肌腱和骨之间，可减少肌运动时的摩擦。滑膜囊炎症，可致局部疼痛和功能障碍。

3. 腱鞘（tendinous sheath） 为套在长肌腱周围的鞘管。多见于手关节和足关节附近的一些长肌腱。腱鞘为双层圆筒形结构，由外层的纤维层和内层的滑膜层组成。滑膜层又分为脏、壁两层，脏层贴附于肌腱表面，壁层贴于纤维层的内表面，两层相互移行，形成密闭腔隙，内含少量滑液（图3-55）。腱鞘可约束肌腱及减少肌腱在运动时的摩擦。

临床上常见的腱鞘炎，由于腱鞘损伤，可产生疼痛和影响肌腱的滑动，严重时局部呈结节性肿胀。

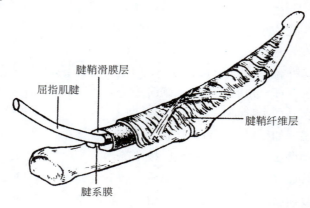

图3-55 腱鞘

二、躯干肌

躯干肌包括背肌、颈肌、胸肌、膈、腹肌和盆底肌。

（一）背肌

背肌（muscles of back）可分浅、深两群，浅群主要有斜方肌和背阔肌；深群主要有竖脊肌（图3-56）。

1. 斜方肌（trapezius）　位于项部和背上部，为三角形扁肌，两侧合在一起呈斜方形。斜方肌起自枕外隆凸、项韧带、全部胸椎棘突，肌束分上、中、下三部分，分别行向外下、外侧和外上，止于锁骨外侧段、肩峰和肩胛冈（图3-56）。

斜方肌的上部肌束收缩可上提肩胛骨；下部肌束收缩可下降肩胛骨；两侧同时收缩，可使肩胛骨向脊柱靠拢，呈挺胸姿势。如果肩胛骨固定，两侧斜方肌同时收缩，可使头后仰。

2. 背阔肌（latissimus dorsi）　位于背下部、腰部和胸侧壁，为全身最大的三角形扁肌。背阔肌起自下6个胸椎棘突和全部腰椎棘突、骶正中嵴和髂嵴后部，肌束向外上方集中，止于肱骨小结节嵴（图3-56）。

背阔肌收缩时，可使肱骨（肩关节、上臂）内收、旋内和后伸，形成背手姿势。当上肢上举固定时，可上提躯干。

3. 竖脊肌（erector spinae）（骶棘肌）　位于斜方肌、背阔肌的深面、全部椎骨棘突的两侧。竖脊肌起自骶骨背面和髂嵴的后部，向上分出许多肌束，分别止于椎骨、肋骨和枕骨（图3-56）。

竖脊肌收缩时使脊柱后伸和仰头，是维持人体直立姿势的重要肌。

竖脊肌的扭伤或劳损，即临床所谓的"腰肌劳损"，是腰痛的常见原因之一。破伤风患者，竖脊肌可痉挛性收缩，形成特有的"角弓反张"体征。

（二）颈肌

颈肌（muscles of neck）位于颅和胸廓之间，分浅、深两群。浅群主要有颈阔肌、胸锁乳突肌、舌骨上肌群和舌骨下肌群；深群主要有斜角肌。

1. 颈阔肌（platysma）　位于颈前部两侧浅筋膜中，为扁薄的皮肌。颈阔肌收缩时下拉口角和紧张颈部皮肤（图3-57）。

2. 胸锁乳突肌（sternocleidomastoid）
位于颈的外侧部。胸锁乳突肌以两个头起自胸骨柄和锁骨的胸骨端，两头会合后，肌束斜向后上方，止于颞骨乳突。

一侧胸锁乳突肌收缩，使头向同侧倾斜，面部转向对侧；两侧同时收缩，使头后

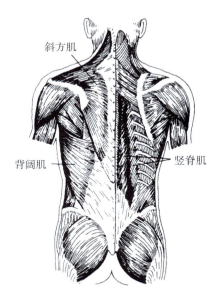

斜方肌
背阔肌
竖脊肌

图3-56　背肌

仰（图 3-58）。胸锁乳突肌的最主要作用是维持头的端正姿势以及使头在水平方向上做从一侧到另一侧的观察运动。当一侧胸锁乳突肌因病变挛缩时，可导致斜颈。

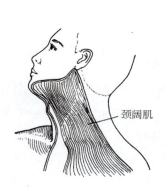

图 3-57　颈阔肌

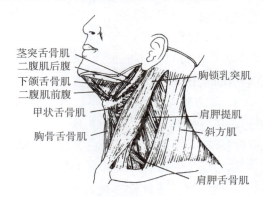

图 3-58　颈浅肌群（左侧）

3. 舌骨上肌群　位于舌骨与下颌骨之间，参与构成口腔的底。舌骨上肌群每侧有4块肌，包括二腹肌、下颌舌骨肌、颏舌骨肌和茎突舌骨肌。舌骨上肌收缩时，可上提舌骨；若舌骨固定，则可下降下颌骨（图 3-58、59）。

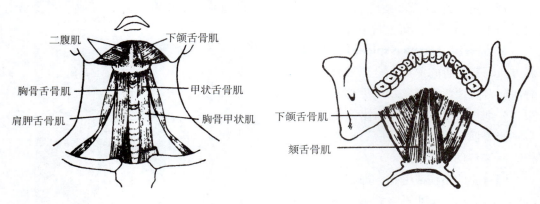

图 3-59　舌骨上肌群和舌骨下肌群

4. 舌骨下肌群　位于舌骨与胸骨柄之间，在颈前正中线两侧覆盖喉和气管等结构。舌骨下肌群每侧有4块肌，包括胸骨舌骨肌、肩胛舌骨肌、胸骨甲状肌和甲状舌骨肌。舌骨下肌群收缩时，可下降舌骨和使喉向上、下活动，协助完成吞咽运动。

5. 斜角肌　包括前斜角肌、中斜角肌和后斜角肌。各肌均起自颈椎横突，前斜角肌和中斜角肌止于第1肋，后斜角肌止于第2肋。一侧斜角肌收缩使颈

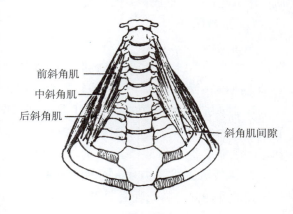

图 3-60　斜角肌和斜角肌间隙

侧屈；双侧同时收缩可使颈前屈（图 3 - 60）。

前斜角肌、中斜角肌与第 1 肋之间形成三角形裂隙，称斜角肌间隙（scalene fissure），有锁骨下动脉和臂丛神经等通过。

在病理情况下，前斜角肌肥厚或痉挛可引起斜角肌间隙狭窄，使臂丛神经和血管受压，产生相应的临床症状，称斜角肌综合征。临床上将麻醉药注入斜角肌间隙，可进行臂丛神经阻滞麻醉。

（三）胸肌

胸肌（muscles of thorax）可分为两群：一群为胸上肢肌，起自胸廓，止于上肢骨，运动上肢；另一群为胸固有肌，起、止均在胸廓，参与胸壁的组成，收缩时运动胸廓（图 3 - 61）。

1. 胸大肌（pectoralis major） 位于胸前壁的上部，位置表浅，呈扇形。胸大肌起自锁骨的内侧半、胸骨和第 1 ~ 6 肋软骨，肌束向外上方集中，止于肱骨大结节嵴。

胸大肌收缩，可使肱骨（肩关节、上臂）内收、旋内和前屈。如上肢上举固定时，可上提躯干（图 3 - 61），还可提肋助吸气。

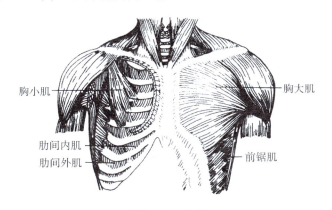

图 3 - 61　胸肌

2. 胸小肌（pectoralis minor） 位于胸大肌深面，呈三角形。胸小肌起自第 3 ~ 5 肋，止于肩胛骨的喙突。

胸小肌收缩，牵拉肩胛骨向前下方。

3. 前锯肌（serratus anterior） 位于胸廓侧壁（图 3 - 62）。前锯肌以锯齿状的肌束起自上 8 个肋的外面，肌束向后上内行，经过肩胛骨的前面，止于肩胛骨的内侧缘及下角。

前锯肌收缩，拉肩胛骨向前，并使肩胛骨的下角旋外，协助上肢上举。

4. 肋间外肌（intercostales externi） 共 11 对，位于各肋间隙的浅层，起自上位肋骨的下缘，肌束斜

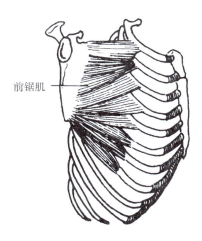

图 3 - 62　前锯肌（右侧）

向前下方，止于下位肋骨的上缘。

肋间外肌收缩，可提肋，助吸气。

5. 肋间内肌（intercostales interni） 位于肋间外肌的深面，起自下位肋骨的上缘，肌束斜向前上方，止于上位肋骨的下缘。

肋间内肌收缩，可降肋，助呼气。

（四）膈

膈（diaphragm）封闭胸廓下口，位于胸腔与腹腔之间，分隔胸腔和腹腔。

膈为向上膨隆的扁肌（图 3 – 63）。膈的周围部是肌质，中央部是腱膜，称中心腱（central tendon）。膈的肌纤维起自胸廓下口的周缘和上 2 ~ 3 个腰椎前面，肌束向中央集中移行为中心腱。

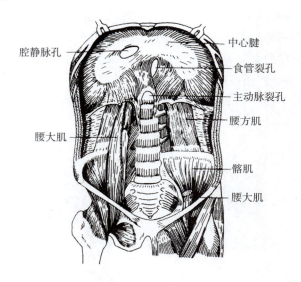

腔静脉孔　　中心腱　　食管裂孔　　主动脉裂孔　　腰方肌　　腰大肌　　髂肌　　腰大肌

图 3 – 63　膈和腹后壁肌

膈上有三个裂孔，即主动脉裂孔（aoctic hiatus）、食管裂孔（esophageal hiatus）和腔静脉孔（vena caval foramen）。主动脉裂孔在第 12 胸椎前方，有主动脉和胸导管通过；食管裂孔在主动脉裂孔的左前上方，约平第 10 胸椎，有食管和迷走神经通过；腔静脉孔在主动脉裂孔的右前上方，约平第 8 胸椎，有下腔静脉通过。

膈为主要的呼吸肌。膈收缩时，膈顶下降，胸腔容积扩大，引起吸气；膈舒张时，膈顶上升，恢复原位，胸腔容积缩小，引起呼气。膈与腹肌同时收缩，可增加腹压，协助排便、呕吐及分娩等活动。

（五）腹肌

腹肌（muscles of abdomen）位于胸廓下缘和骨盆上缘之间，参与腹壁的组成。腹肌分为前外侧群和后群（图 3 – 63、64）。前外侧群有腹直肌、腹外斜肌、腹内斜肌和腹横肌。后群有腰大肌和腰方肌。腰大肌在下肢肌中叙述。

1. 腹直肌（rectus abdominis） 位于腹前壁正中线的两侧。腹直肌呈纵行的长带状，表面被腹直肌鞘包裹，肌的全长被 3 ~ 4 条腱质构成的横行的腱划分成 4 ~ 5 个肌腹。腱划与腹直肌鞘前层结合紧密，不易分离。

2. 腹外斜肌（obliquus externus abdominis） 位于腹前外侧壁的浅层，为一宽阔的扁肌。大部分肌束从后外上方斜向前内下方，近腹直肌外缘时移行为腱膜。

腹外斜肌腱膜向内侧参与腹直肌鞘前层的组成，最后终于腹前壁正中的白线；腱膜的下缘卷曲增厚，附着于髂前上棘与耻骨结节之间，形成腹股沟韧带（inguinal ligament）；在耻骨结节外上方，腹外斜肌腱膜形成一略呈三角形的裂孔，称腹股沟管浅环（皮下环）。

3. 腹内斜肌（obliquus internus abdominis） 位于腹外斜肌深面，肌束呈扇形展开。大部分肌束从外下方斜向前上方，近腹直肌外侧缘时移行为腱膜，分前后两层包裹腹直肌，止于白线。

4. 腹横肌（transversus abdominis） 位于腹内斜肌深面，肌束横行向内侧，近腹直肌外侧缘时移行为腱膜，腱膜经过腹直肌后面参与组成腹直肌鞘后层，止于白线。

腹内斜肌和腹横肌的下部有少量肌束随精索入阴囊，包绕精索和睾丸，形成提睾肌（cremaster），收缩时可上提睾丸。

5. 腰方肌（quadratus lumborum） 位于腹后壁腰椎两侧，起自髂嵴，止于第 12 肋和腰椎横突（图 3 – 64）。

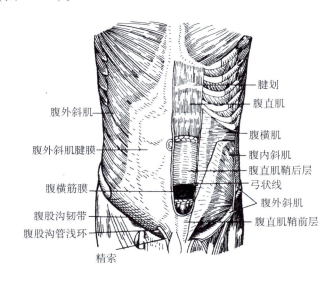

图 3 – 64 腹前外侧壁肌

腹肌的主要作用：保护、支持腹腔脏器；收缩时能增加腹压，协助完成排便、分娩、呕吐和咳嗽等活动；可降肋，助呼气；可使脊柱作前屈、侧屈和旋转运动。

6. 腹部的局部结构

（1）腹直肌鞘（sheath of rectus abdominis）：是腹前外侧群三块扁肌的腱膜包裹腹直肌而形成的腱膜鞘（图 3 – 65）。腹直肌鞘分前、后两层：前层由腹外斜肌腱膜与腹内斜肌腱膜的前层愈合而成；后层由腹内斜肌腱膜的后层与腹横肌腱膜愈合而成。

（2）白线（linea alba）：由两侧腹前外侧群三块扁肌的腱膜在腹前壁正中线处交织

而成（图3－65）。白线上端附于剑突，下端附于耻骨联合。白线坚韧而缺少血管。白线中部有一脐环，此处是腹壁薄弱点之一，若腹腔内容物由此膨出，则形成脐疝。

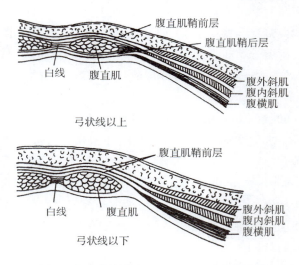

图3－65　腹前壁水平切面（示腹直肌鞘）

（3）腹股沟管（inguinal canal）：位于腹股沟韧带内侧半的上方，是腹前壁下部一个斜行的肌间隙（图3－66）。腹股沟管长4～5cm，管的内口称腹股沟管深环（腹环）（deep inguinal ring），位于腹股沟韧带中点上方约1.5cm处，为腹横筋膜向外的突口；外口即腹股沟管浅环（皮下环）（superfieial inguinal ring）。腹股沟管内男性有精索通过；女性有子宫圆韧带通过。

（4）腹股沟三角（inguinal tri-angle）（海氏三角）：位于腹前外侧壁的下部。它的内侧界是腹直肌的外侧缘，外侧界是腹壁下动脉，下界是腹股沟韧带。

腹股沟管和腹股沟三角是腹壁下部的薄弱区，在病理情况下，腹腔内容物可由此薄弱区突出，形成疝。若腹腔内容物经腹股沟管深环进入腹股沟管，再由腹股沟管浅环突出，下降入阴囊，形成腹股沟斜疝；若腹腔内容物不经腹股沟管深环，而是从腹股沟三角突出，则为腹股沟直疝。

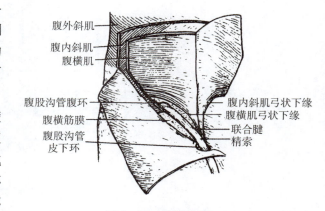

图3－66　腹股沟管

（5）腹部筋膜：包括浅筋膜和深筋膜。

①浅筋膜：在腹上部为一层，在腹下部为两层：浅层含有脂肪，称脂肪层（Camper筋膜）；深层含有弹性纤维，称膜性层（Scarpa筋膜）。

②深筋膜：分别包被腹壁各肌。其中贴附于腹横肌和腹直肌鞘腹腔面的深筋膜称

腹横筋膜，是一层重要的结构。

（六）盆底肌

盆底肌是封闭小骨盆下口所有肌的总称，其中主要有肛提肌、会阴浅横肌、会阴深横肌和尿道括约肌等（图3-67、68）。

1. 肛提肌（levator ani） 起自小骨盆前外侧壁的内面，肌束行向后、内，止于直肠壁、阴道壁和尾骨尖（图3-67）。肛提肌呈漏斗形，封闭小骨盆下口的大部分。肛提肌构成盆底，承托盆腔器官，并对肛管和阴道有括约作用。

2. 会阴深横肌（deep transverse muscle of perineum） 位于小骨盆下口的前下部（图3-68），肌束横行，两侧附着于坐骨支。

3. 尿道括约肌（sphincter of urethra） 位于会阴深横肌的前方，环绕在尿道周围，在女性则环绕尿道和阴道。尿道括约肌有紧缩尿道和阴道的作用。

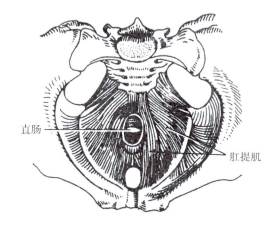

图3-67 肛提肌

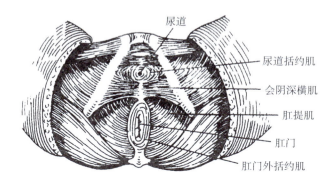

图3-68 盆底肌

4. 会阴的局部结构

（1）盆膈（pelvic diaphragm）：肛提肌与覆盖在其上面的盆膈上筋膜和覆盖在其下面的盆膈下筋膜共同构成盆膈。盆膈封闭小骨盆下口的大部分，对承托盆腔器官脏器有重要作用。盆膈中部有直肠穿过。

（2）尿生殖膈（uroogenital diaphragm）：会阴深横肌和尿道括约肌与覆盖在其上面的尿生殖膈上筋膜和和覆盖在其下面的尿生殖膈下筋膜共同构成尿生殖膈。尿生殖膈位于盆膈的前下方，在前下方封闭小骨盆下口。在男性，尿生殖膈中部有尿道穿过；在女性有尿道和阴道穿过。

躯干部的重要肌性标志：斜方肌、背阔肌、竖脊肌、胸锁乳突肌、胸大肌、前锯肌、腹直肌、腱划。

三、四肢肌

（一）上肢肌

上肢肌可分为肩肌、上臂肌、前臂肌和手肌。

1. 肩肌　配布在肩关节周围，能运动肩关节，并增强肩关节的稳固性。肩肌主要有三角肌、肩胛下肌、冈上肌、冈下肌、小圆肌、大圆肌等（图3-69、70）。

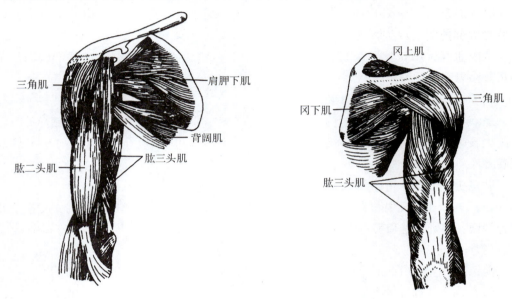

图3-69　肩肌和上臂肌前群　　　　　　　图3-70　肩肌和上臂肌后群

（1）三角肌（deltoid）：位于肩部，略呈三角形。三角肌起自锁骨的外侧份、肩峰和肩胛冈，肌束从前面、外侧面和后面三面包围肩关节，集中止于肱骨的三角肌粗隆。

三角肌收缩，可使肩关节（肱骨、上臂）外展。

肱骨上端由于三角肌的覆盖，使肩关节呈圆隆状。肩关节脱位时，就变成"方肩"外形。

（2）肩胛下肌（subscapularis）：位于肩胛下窝和肩关节的前方，收缩时可使肩关节内收和旋内。

（3）冈上肌（supraspinatus）：位于冈上窝和肩关节的上方，收缩时可使肩关节外展。

（4）冈下肌（infraspinatus）：位于冈下窝和肩关节的后方，收缩时可使肩关节旋外。

（5）小圆肌（teres minor）：位于冈下肌的下方，收缩时可使肩关节旋外。

（6）大圆肌（teres major）：位于小圆肌的下方，收缩时可使肩关节内收和旋内。

2. 上臂肌　配布在肱骨周围，主要作用于肘关节。上臂肌分前、后两群，前群是屈肌，后群是伸肌。

（1）前群：有肱二头肌、喙肱肌和肱肌（图3-69）。

①肱二头肌（biceps brachii）：位于肱骨前方，呈梭形。肱二头肌起端有长、短两个头：长头起自肩胛骨关节盂的上方，经肩关节囊内下降；短头起自肩胛骨喙突。两头向下合成一个肌腹，在上臂前面的中部形成明显的隆起，经肘关节前方，以肌腱止于桡骨粗隆。

肱二头肌收缩，可屈肘关节（前臂），同时也有屈肩关节和使前臂旋后的作用。

②喙肱肌（coracobrachialis）：位于肱二头肌短头的后内侧，起自肩胛骨喙突，止于肱骨中部内侧。喙肱肌收缩，可屈和内收肩关节。

③肱肌（brachialis）：位于肱二头肌下半部的深面，起自肱骨体下半部的前面，止于尺骨粗隆。肱肌收缩，可屈肘关节。

（2）后群：主要有肱三头肌（图3-70）。

肱三头肌（triceps brachii）位于肱骨后方。起端有三个头，长头起自肩胛骨关节盂的下方，内侧头和外侧头起自肱骨的后面，三头会合为一个肌腹，以扁腱止于尺骨鹰嘴。

肱三头肌收缩，可伸肘关节（前臂），长头还可使肩关节后伸和内收。

3. 前臂肌　位于桡、尺骨的周围，多数起于肱骨的下端，少数起自桡、尺骨及前臂骨间膜；多数肌的肌腹位于前臂的近侧部，向远侧移行为细长的腱，止于腕骨或掌骨、指骨。

前臂肌分前、后两群，前群主要是屈肌和旋前肌，后群主要是伸肌和旋后肌。

（1）前群：位于前臂骨的前面，包括屈肘、屈腕、屈指和前臂旋前的肌。分浅、深两层排列（图3-71、72）。

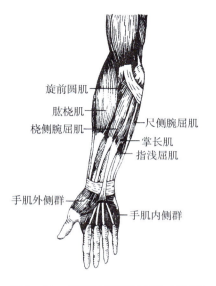

图3-71　前臂肌前群和手肌（浅层）

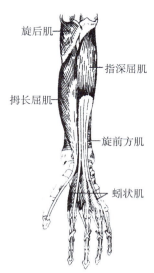

图3-72　前臂肌前群和手肌（深层）

①浅层：有 6 块肌，由桡侧向尺侧依次有肱桡肌（brachioradialis）、旋前圆肌（pronator teres）、桡侧腕屈肌（flexor carpi radialis）、掌长肌（palmaris longus）、指浅屈肌（flexor digitorum superficialis）和尺侧腕屈肌（flexor carpi ulnaris）。

②深层：有 3 块肌，即拇长屈肌（flexor digitorum superficialis）、指深屈肌（flexor digitorum profundus）和旋前方肌（pronator quadratus）。

前臂前群浅层肌除肱桡肌起自肱骨外上髁外，其他都起自肱骨内上髁；深层肌多起自尺骨和桡骨的前面。它们向下分别止于桡骨、腕骨、掌骨和指骨的前面。

各肌的作用多数和肌的名称相当。其中拇长屈肌止于拇指的远节指骨，主要作用是屈拇指。指浅屈肌和指深屈肌的肌腹向下都分成四条腱，指浅屈肌腱止于第 2～5 指的中节指骨，指深屈肌腱止于第 2～5 指的远节指骨，两肌的主要作用是屈第 2～5 指，还兼有屈腕和屈掌指关节的功能。

（2）后群：位于前臂骨的后面，包括伸肘、伸腕、伸指和前臂旋后的肌肉，也分浅、深两层排列（图 3－73，图 3－74）。

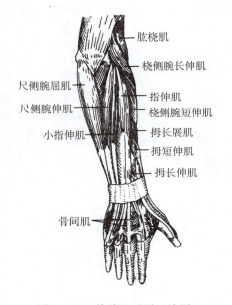

图 3－73　前臂肌后群（浅层）

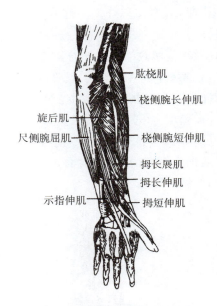

图 3－74　前臂肌后群（深层）

①浅层：有 5 块肌，由桡侧向尺侧依次为桡侧腕长伸肌（extensor carpi radialis longus）、桡侧腕短伸肌（extensor carpi radialis brevis）、指伸肌（extensor digitorum）、小指伸肌（extensor digiti minimi）和尺侧腕伸肌（extensor carpi ulnaris）。

②深层：有 5 块肌，由外上向内下依次为旋后肌（supinator）、拇长展肌（abductor pollicis longus）、拇短伸肌（extensor pollicis brevis）、拇长伸肌（extensor pollicis longus）和示指伸肌（extensor indicis）。

前臂后群浅层肌多起自肱骨外上髁，深层肌多起自桡、尺骨的后面。它们分别向下止于腕骨、掌骨、指骨的背面。

各肌的作用多数和肌的名称相当。其中指伸肌向下分成四条腱，止于第 2～5 指的中节指骨和远节指骨，主要作用是伸第 2～5 指。

4. 手肌　位于手掌，可分为外侧群、内侧群和中间群三群（图 3－75）。

（1）外侧群：位于手掌的拇指侧，形成一丰满隆起，称鱼际。此群肌有 4 块肌：拇短展肌（abductor pollicis brevis）、拇短屈肌（flexor pollicis brevis）、拇对掌肌（opponens pollicis）和拇收肌（adductor pollicis）。外侧群肌可使拇指外展、屈、对掌、和内收等。

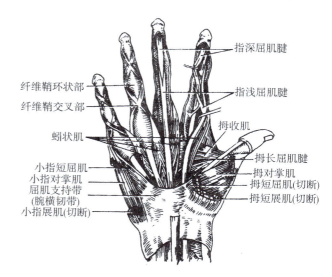

图 3－75　手肌（前面）

（2）内侧群：位于手掌小指侧，形成小鱼际。此群肌有 3 块肌：小指展肌（abductor digiti minimi）、小指短屈肌（flexor digiti minimi brevis）和小指对掌肌（opponens digiti minimi）。内侧群肌可使小指外展、屈和对掌等。

（3）中间群：位于掌心和掌骨之间，共 11 块肌，包括 4 块蚓状肌（lumbricales）、3 块骨间掌侧肌（palmar interossei）和 4 块骨间背侧肌（dorsal interossei）。蚓状肌的作用是屈掌指关节、伸手指间关节；骨间掌侧肌使手指内收；骨间背侧肌使手指外展（图 3－76）。

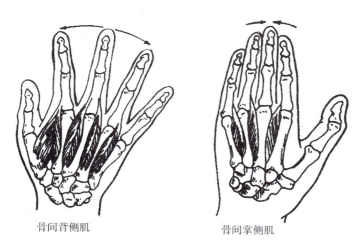

骨间背侧肌　　　　　　　骨间掌侧肌

图 3－76　骨间肌及其作用

5. 上肢的局部结构

（1）腋窝（axillary fossa）：是位于上臂上部与胸外侧壁之间的一个锥体形腔隙。

腋窝内有血管、神经和淋巴结等结构。

（2）肘窝（cubital fossa）：是位于肘关节前方呈三角形的浅窝。肘窝的上界为肱骨内上髁、外上髁之间的连线；外侧界为肱桡肌；内侧界为旋前圆肌。肘窝内有血管、神经和淋巴结等结构。

（二）下肢肌

下肢肌可分为髋肌、大腿肌、小腿肌和足肌。

1. 髋肌　分布于髋关节周围，起自骨盆壁内面或外面，跨越髋关节，止于股骨上端，是运动髋关节的肌。髋肌分前、后两群。

（1）前群：主要有髂腰肌（iliopsoas）（图3-77）。髂腰肌由髂肌和腰大肌组成，髂肌（iliacus）起于髂窝，腰大肌（psoas major）起自腰椎体侧面，两肌合并下行，经腹股沟韧带深面和髋关节前内方，止于股骨小转子。

髂腰肌收缩，可使髋关节（股骨、大腿）前屈和旋外；下肢固定时，可使躯干前屈，如仰卧起坐。

（2）后群：位于臀部，又称臀肌，主要有臀大肌、臀中肌、臀小肌和梨状肌（图3-78）。

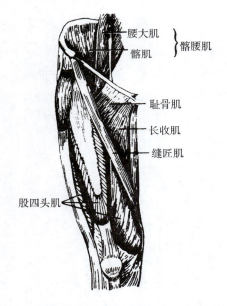

图3-77　髋肌和大腿肌前群

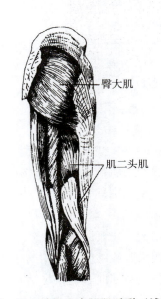

图3-78　髋肌和大腿肌后群（浅层）

①臀大肌（gluteus maximus）：位于臀部浅层，略呈四边形。臀大肌起自髂骨和骶骨的背面，肌束斜向外下，止于股骨的臀肌粗隆。

臀大肌收缩，可使髋关节后伸和旋外；在人体直立时，可固定骨盆，防止躯干前倾，对维持人体的直立有重要作用。

②臀中肌（gluteus medius）和臀小肌（gluteus minimus）：臀中肌位于臀部外上份，大部被臀大肌覆盖。臀小肌位于臀中肌深面。两肌收缩可使髋关节外展（图3-79、

80）。

3）梨状肌（piriformis）：位于臀大肌的深面、臀中肌的下方。梨状肌起自骶骨的前面，穿坐骨大孔出盆腔至臀部，止于股骨大转子。梨状肌收缩可使髋关节外展和旋外（图3-79）。

坐骨大孔被梨状肌分隔成梨状肌上孔和梨状肌下孔，孔内有血管、神经通过。

2. 大腿肌　配布于股骨周围，可分前群、内侧群和后群。

（1）前群：有缝匠肌和股四头肌（图3-77）。

①缝匠肌（sartorius）：是全身最长的肌，呈长扁带状，起自髂前上棘，经大腿前面，斜向内下方，经膝关节内侧，止于胫骨上端的内侧面。

缝匠肌收缩，可屈髋关节和屈膝关节（小腿）。

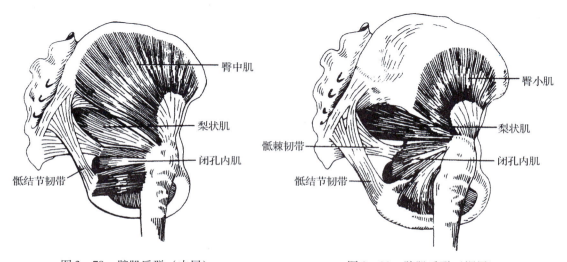

图3-79　髋肌后群（中层）　　　　　图3-80　髋肌后群（深层）

②股四头肌（quadriceps femoris）：是全身体积最大的肌，位于股前部。股四头肌有4个头，分别称为股直肌、股内侧肌、股外侧肌和股中间肌。股直肌起自髂前下棘，其他均起自股骨，4个头合并，向下形成一个腱，包绕髌骨的前面和两侧，继而向下延续为髌韧带，止于胫骨粗隆。

股四头肌收缩，可伸膝关节，股直肌还有屈髋关节的作用。

当膝关节屈曲小腿自然下垂时，叩击髌韧带，可引出膝跳反射（小腿前伸）。

（2）内侧群：位于大腿内侧（图3-77）。内侧群共有5块肌，浅层自外侧向内侧依次为耻骨肌（pectineus）、长收肌（adductor longus）和股薄肌（gracilis）；中层有位于长收肌深面的短收肌（adductor brevis）；深层有大收肌（adductor magnus）。其中较重要的是长收肌和大收肌。内侧群肌起自坐骨和耻骨，大多止于股骨体后面。内侧群肌有内收髋关节的作用。

（3）后群：位于大腿后部，有3块肌，包括股二头肌、半腱肌和半膜肌（图3-78）。

①股二头肌（biceps femoris）：位于大腿后部外侧。股二头肌有长、短两个头，长

头起自坐骨结节，短头起自股骨粗线，两头会合，以长腱止于腓骨头。

②半腱肌（semitendinosus）和半膜肌（semimembranosus）：位于大腿后部内侧。两肌均起自坐骨结节，向下止于胫骨上端的内侧面。

大腿后群3块肌收缩，可伸髋关节和屈膝关节。

3. 小腿肌　小腿肌配布于胫骨、腓骨周围。可分为前群、外侧群和后群。

（1）前群：位于小腿骨的前方。前群有三块肌，从内侧向外侧依次为胫骨前肌（tibialis anterior）、姆长伸肌（extensor hallucis longus）和趾长伸肌（extensor digitorum longus）（图3–81）。3块肌均起自胫、腓骨的上端和小腿骨间膜，下行经踝关节的前方到足背，胫骨前肌止于内侧楔骨和第1跖骨，姆长伸肌止于姆趾远节趾骨，趾长伸肌分成四条腱止于第2~5趾的中、远节趾骨底。

小腿前群肌收缩，可伸踝关节（足背屈）。此外，胫骨前肌可使足内翻；姆长伸肌能伸姆趾；趾长伸肌能伸第2~5趾。

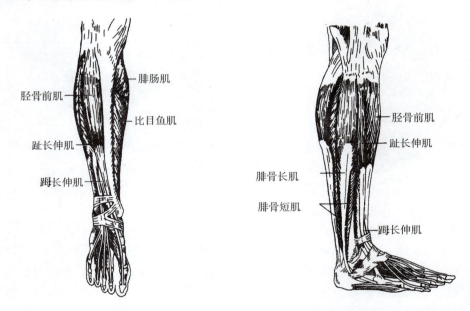

图3–81　小腿肌前群　　　　　图3–82　小腿肌外侧群

（2）外侧群：位于腓骨的外侧。外侧群有2块肌，浅层为腓骨长肌（peroneus longus），深层为腓骨短肌（peroneus brevis）（图3–82）。两肌均起自腓骨外侧面，其腱经过外踝后方到足底，腓骨长肌止于第1跖骨底，腓骨短肌止于第5跖骨底。

腓骨长肌和腓骨短肌收缩，可使足外翻和屈踝关节（足跖屈）。

（3）后群：位于小腿骨后方。小腿肌后群分浅、深两层（图3–83、84）。

①浅层：为小腿三头肌（triceps surae），由浅层的腓肠肌和深层的比目鱼肌合成（图3–83）。腓肠肌（gastrocnemius）以内、外侧头起自股骨内、外侧髁的后面，比目鱼肌（soleus）起自胫、腓骨上端的后面，三个头会合，在小腿的上部形成膨隆的"小腿肚"，向下续为跟腱，止于跟骨结节。

小腿三头肌收缩，可屈踝关节（足跖屈）和屈膝关节。在站立时，能固定踝关节和膝关节，以防止身体向前倾斜，对维持人体直立姿势有重要作用。

②深层：有三块肌，由内侧向外侧依次为趾长屈肌（flexor digitorum longus）、胫骨后肌（tibialis posterior）和蹈长屈肌（flexor hallucis longus）（图 3 - 84）。3 块肌都起自胫、腓骨后面和小腿骨间膜，向下移行为肌腱，经内踝后方到足底，胫骨后肌止于足舟骨，趾长屈肌分成 4 条腱，分别止于第 2 ~ 5 趾骨的远节趾骨，蹈长屈肌止于蹈趾。

小腿后群深层的三块肌收缩，可屈踝关节（足跖屈）。此外，胫骨后肌还能使足内翻、蹈长屈肌和趾长屈肌还分别有屈蹈趾和屈第 2 ~ 5 趾的作用。

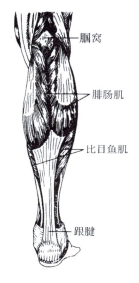

图 3 - 83　小腿肌后群（浅层）

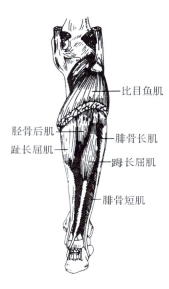

图 3 - 84　小腿肌后群（深层）

4. 足肌　可分为足背肌和足底肌。

（1）足背肌：比较弱小，为伸蹈趾和伸第 2 ~ 4 趾的小肌。

（2）足底肌：足底肌的配布情况和作用与手掌肌相似，也可分内侧群、中间群、外侧群三群，但没有对掌肌（图 3 - 85）。足底肌主要有屈趾和维持足弓的作用。

5. 下肢的局部结构

（1）股三角（femoral triangle）：位于大腿前面的上部，呈倒置的三角形。股三角由腹股沟韧带、长收肌内侧缘和缝匠肌内侧缘围成。股三角内有股神经、股动脉、股静脉和淋巴结等。

（2）腘窝（popliteal fossa）：位于膝关节后方，呈菱形。窝的上外侧界为股二头肌，上内侧界为半腱肌和半膜肌，下外侧界和下内侧界分别为腓肠肌外侧头和腓肠肌内侧头。腘窝内有腘动脉、腘静脉、胫神经、腓总神经和淋巴结等结构。

四肢的重要肌性标志：三角肌、肱二头肌、肱二头肌腱、肱三头肌、肱三头肌腱、肱桡肌、桡侧腕屈肌、掌长肌、指浅屈肌、尺侧腕屈肌、拇长展肌、拇短伸肌、拇长伸肌、指伸肌、臀大肌、股四头肌、髌韧带、股二头肌、半腱肌、半膜肌、胫骨前肌、蹬长伸肌、趾长伸肌、小腿三头肌、跟腱。

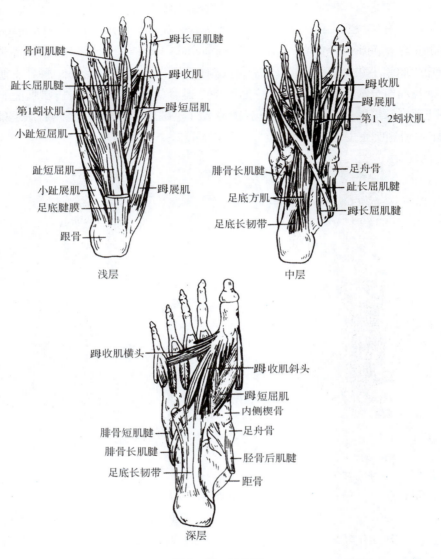

图 3 – 85　足底肌

四、头肌

头肌可分为面肌和咀嚼肌两部分。

（一）面肌

面肌（facial muscles）为扁薄的皮肌，大多数起自颅骨的不同部位，止于面部皮肤，主要分布在睑裂、口裂和鼻孔周围，有环形肌和辐射状肌两种。面肌收缩时，使面部孔裂开大或闭合，同时能牵动面部皮肤显示出喜怒哀乐等各种表情，故又称表情肌。

面肌主要有口轮匝肌、眼轮匝肌、枕额肌和颊肌（图 3 – 86）等。

1. 口轮匝肌（orbicularis oris） 位于口裂周围，收缩时，可闭口。

2. 眼轮匝肌（orbicularis oculi） 位于睑裂周围，收缩时，可使睑裂闭合。

3. 枕额肌（occipitofrontalis） 位于颅顶部，左右各一块，几乎覆盖颅顶的全部。每块枕额肌均由后面枕部皮下的枕腹、前面额部皮下的额腹和两腹之间的帽状腱膜构成。枕腹收缩时，可向后牵拉帽状腱膜；额腹收缩时，可提眉，并使额部皮肤出现皱纹。

4. 颊肌（buccinator） 位于口角两侧面颊深部，收缩时，使唇颊部紧贴牙和牙龈，协助咀嚼和吸吮。

在口裂周围还有一些辐射状肌，收缩时可向各方牵引口唇和口角。

（二）咀嚼肌

咀嚼肌（masticatory muscles）位于颞下颌关节周围，参与咀嚼运动，主要有咬肌和颞肌（图 3 – 87）。

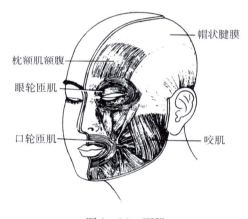
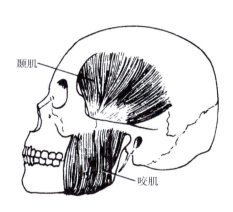

图 3 – 86 面肌　　　　　　　　图 3 – 87 咬肌和颞肌

1. 咬肌（masseter） 位于下颌支的外面，呈长方形，起自颧弓，止于下颌角的外面。

2. 颞肌（temporalis） 位于颞窝内，呈扇形，起自颞窝，肌束向下止于下颌骨的冠突。

咬肌和颞肌的共同作用是上提下颌骨，使上、下颌牙咬合。

（三）颅顶软组织

颅顶软组织由浅入深可分为皮肤、浅筋膜、帽状腱膜、腱膜下疏松组织、颅骨外膜等五层。前三层紧密相连，不易分离，当头皮撕裂时，三层可一并撕脱，因此，临床上视为一层，叫"头皮"。

腱膜下疏松组织是"头皮"与颅骨外膜之间的一层疏松结缔组织，又称腱膜下间隙，间隙内有通向颅内的导血管，头皮的感染，可扩散到全部颅顶，也可经导血管向颅内扩散，因而把腱膜下间隙称为颅顶的"危险区"。

头部的重要肌性标志：咬肌、颞肌。

骨髓穿刺术的相关解剖学知识

　　骨髓穿刺术是用骨髓穿刺针穿至骨松质内，抽出红骨髓作细胞学检查、骨髓培养或寄生虫检查等的诊断技术。骨髓穿刺术适用于各种原因不明的贫血、全血细胞减少、粒细胞减少或血小板减少检查；白血病或白血病治疗过程中的病情观察；骨髓腔注射药物治疗白血病；骨髓干细胞培养或骨髓移植；原因不明的发热需作骨髓检查者。

　　骨髓穿刺的选择部位主要有：①髂后上棘：在骶椎两侧，臀部上方突出的部位。②髂前上棘：在髂前上棘后 1～2cm 处，此处骨面较平，易于固定，操作方便，无危险。③胸骨：在胸骨柄或胸骨体相当于第 1～2 肋间隙与前正中线相交处。胸骨内骨髓含量丰富，当其他部位穿刺失败时，需作胸骨穿刺。胸骨较薄（约 1.0cm），其后方为心房和大血管，穿刺时应严防穿通胸骨发生意外。④腰椎棘突：在腰椎棘突处，一般取第 3、4 腰椎棘突为穿刺点。腰椎棘突后缘钝圆，穿刺时可从棘突侧方刺入或背部中线垂直刺入。

前、后囟穿刺术的相关解剖学知识

　　在对新生儿疾病诊断时，如果在其他部位采集血液困难，可作前、后囟穿刺，进针于上矢状窦内采集血液。此方法简便，成功率高。

　　前囟穿刺时，穿刺针由前囟后角进针，针尖指向眉间，与头皮呈 45° 刺入上矢状窦内，穿刺深度为 4～5mm。后囟穿刺时，穿刺针由后囟中央点进针，针尖指向前上方，与头皮呈 35°～40° 刺入上矢状窦内，穿刺深度为 4～5mm。

　　囟穿刺时，穿刺针穿经层次由浅入深为皮肤、浅筋膜、帽状腱膜、囟的膜状结构、硬脑膜外层至上矢状窦。

腰椎穿刺术的相关解剖学知识

　　腰椎穿刺术是用腰穿针经腰椎间隙刺入椎管的技术操作。腰椎穿刺术常用于脑炎、脑脊髓膜炎、脑血管病变、脑瘤等中枢神经系统疾病的诊断；测定颅内压力；药物鞘内注射；了解蛛网膜下隙是否阻塞等。

　　腰椎穿刺常以髂后上棘与后正中线的交点作为穿刺点，此处约相当于第 3、4 腰椎间隙，有时也可在第 2、3 腰椎间隙或第 4、5 腰椎间隙进行。

　　腰椎穿刺时，穿刺针由浅入深依次经过皮肤、皮下组织、棘上韧带、棘间韧带、黄韧带进入椎管硬膜外隙；再经硬脊膜、蛛网膜进入蛛网膜下隙。

肌内注射的相关解剖学知识

肌内注射是将药液注入肌肉组织内的方法。注射部位多选择肌肉较丰厚、远离大血管和神经的部位。最常用的部位是臀大肌、臀中肌、臀小肌、三角肌和股外侧肌。

1. 臀肌注射术 臀大肌肌内注射的定位方法有两种：①十字法：从臀裂顶向左或右划一水平线，再从髂嵴最高点作一垂直线，将臀部分为 4 个象限，其外上象限避开内角为臀大肌肌内注射最佳部位。②连线法：取髂前上棘与尾骨连线的外 1/3 处为注射部位。

臀中肌、臀小肌肌内注射的定位方法有两种：①构角法：术者将示指指尖、中指指尖分别值于髂前上棘和髂嵴下缘处，这样示指、中指和髂嵴构成的三角区即为注射部位。②三指法：以患者手指的宽度为标准，髂前上棘后三横指处为注射部位。

臀肌注射的穿经层次为皮肤、浅筋膜、臀肌筋膜至臀肌。

2. 三角肌注射术 三角肌前、后部的深面均有较大血管和神经走行，中部深面无大的血管和神经。在上臂外侧、肩峰下 2～3 横指处为三角肌注射部位。

三角肌注射的穿经层次为皮肤、浅筋膜、深筋膜至三角肌。

3. 股外侧肌注射术 股外侧肌是股四头肌四个头中最宽厚的部分，位于大腿的外侧及后部，其内侧为股直肌和股中间肌。股外侧肌注射的注射部位选择在大腿中段外侧，相当于股外侧肌中部。2 岁以内的婴幼儿臀肌不发达，宜选用股外侧肌注射。

股外侧肌注射的穿经层次为皮肤、浅筋膜、髂胫束至股外侧肌。

1. 简述运动系统的组成和主要功能。

2. 简述全身骨的组成、名称和数目。

3. 简述关节的基本结构和主要运动形式。

4. 脊柱、胸廓的组成和运动如何？肩关节、肘关节、腕关节、髋关节、膝关节、踝关节、颞下颌关节的组成、特点和运动如何？

5. 竖脊肌、胸锁乳突肌、胸大肌、肋间外肌、膈、三角肌、肱二头肌、肱三头肌、臀大肌、股四头肌、小腿三头肌、口轮匝肌、咬肌的位置、起止和作用如何？

6. 指出全身重要的骨性标志和肌性标志。

7. 临床上行腰椎穿刺术常在何处进行？穿刺针由浅入深依次经过哪些结构？

8. 解释名词：椎管、椎间孔、胸骨角、翼点、鼻旁窦、颅囟、椎间盘、腱鞘、斜角肌间隙。

（施荣庆 盖一峰）

第四章 | 消化系统

学习目标

1. 掌握消化系统的组成和主要功能；上、下消化道的概念；消化管的一般结构；口腔的构造和分部；咽的位置、分部和结构；食管的位置、分部和狭窄；胃的形态、位置和胃壁的微细结构；小肠的分部；小肠壁的微细结构；大肠的分部及形态特点；盲肠、阑尾的位置和阑尾根部的体表投影；直肠的位置；大唾液腺的名称及其位置；肝的形态、位置、体表投影和微细结构；胆囊的位置、形态和胆囊底的体表投影；输胆管道的组成和胆汁的排出途径；胰的位置、形态和微细结构；腹膜和腹膜腔的概念。

2. 熟悉胸腹部标志线和腹部分区；舌、牙的形态和构造；十二指肠的位置和分部；直肠的弯曲；肛管的形态；腹膜与腹盆腔器官的关系；腹膜形成的主要结构。

3. 了解牙周组织；胃的毗邻；腹膜的功能。

第一节　概　述

一、消化系统的组成

消化系统（alimentary system）由消化管和消化腺组成（图 4-1）。

消化管（alimentary canal）是从口腔到肛门粗细不等、迂曲的管道，包括口腔、咽、食管、胃、小肠（十二指肠、空肠和回肠）和大肠（盲肠、阑尾、结肠、直肠和肛管）。临床上通常把从口腔到十二指肠的一段消化管称为上消化道；把空肠以下的消化管称为下消化道。

消化腺（alimentary gland）包括大消化腺和小消化腺两种。大消化腺是肉眼可见、独立存在的器官，如大唾液腺、肝、胰；小消化腺是位于消化管壁内的小腺体，如唇腺、

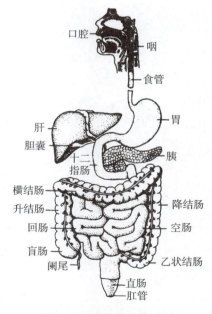

图 4-1　消化系统模式图

食管腺、胃腺和肠腺等。

二、消化系统的主要功能

消化系统的主要功能是消化食物，吸收营养物质，排出食物残渣。此外，口腔、咽还与呼吸、发音和语言等活动有关。

三、胸部标志线和腹部分区

内脏器官大部分位于胸腔和腹腔内，为了便于描述内脏各器官的正常位置和体表投影，通常在胸、腹部体表确定若干标志线和分区（图4-2，图4-3）。

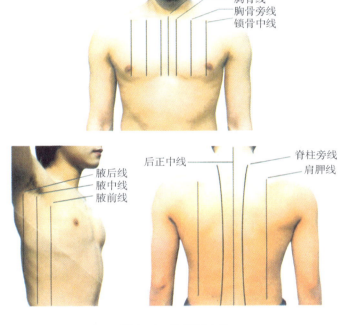

前正中线
胸骨线
胸骨旁线
锁骨中线

腋后线
腋中线
腋前线

后正中线
脊柱旁线
肩胛线

图 4-2　胸部标志线

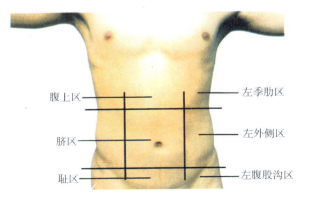

腹上区
脐区
耻区

左季肋区
左外侧区
左腹股沟区

图 4-3　腹部分区

（一）胸部标志线

1. 前正中线（anterior median line）　通过身体前面正中所作的垂直线。

2. 胸骨线（sternal line）　通过胸骨外侧缘所作的垂直线。

3. 锁骨中线（midclavicular line）　通过锁骨中点所作的垂直线。

4. 胸骨旁线（parasternal line）　通过胸骨线与锁骨中线之间中点所作的垂直线。

5. 腋前线（anterior axillary line）　通过腋窝前缘（腋前襞）所作的垂直线。

6. 腋后线（posterior axillary line）　通过腋窝后缘（腋后襞）所作的垂直线。

7. 腋中线（midaxillary line）　通过腋前线、腋后线之间中点所作的垂直线。

8. 肩胛线（scapular line）　通过肩胛骨下角所作的垂直线。

9. 后正中线（posterior median line）　通过身体后面正中（沿各椎骨棘突）所作的垂直线。

（二）腹部分区

通常用 2 条横线和 2 条纵线将腹部分为 9 个区。上横线是通过两侧肋弓最低点的连线；下横线是通过两侧髂结节的连线。两条纵线是分别通过左、右腹股沟韧带中点向上所作的垂直线。以此将腹部分成 9 个区，即左季肋区、腹上区、右季肋区、左腹外侧区（左腰区）、脐区、右腹外侧区（右腰区）、左髂区（左腹股沟区）、腹下区（耻区）和右髂区（右腹股沟区）。

临床工作中，常以前正中线（垂直线）和通过脐的水平线（横线），将腹部分为左上腹部、右上腹部、左下腹部和右下腹部四个区。

第二节　消化管

一、消化管的一般结构

除口腔外，消化管壁一般可分为四层，由内向外依次为黏膜、黏膜下层、肌层和外膜（图 4-4）。

（一）黏膜

黏膜（mucosa）是消化管壁的最内层。黏膜表面润滑，有利于食物的运输、消化和吸收。黏膜自内向外由上皮、固有层和黏膜肌层组成。

1. 上皮　构成黏膜的表层。口腔、咽、食管和肛管下部的上皮为复层扁平上皮，耐摩擦，具有保护功能；胃、小肠和大肠的上皮为单层柱状上皮，以消化、吸收功能为主。

2. 固有层（lamina propria）　由细密的结缔组织构成。固有层内含有小腺体、血管、淋巴管和淋巴组织。

3. 黏膜肌层（muscularis mucosa）　由 1~2 层平滑肌构成。平滑肌的收缩和舒张可以改变黏膜形态，促进腺体分泌物的排出和促进血液、淋巴的运行，有助于食物的消化和营养物质的吸收。

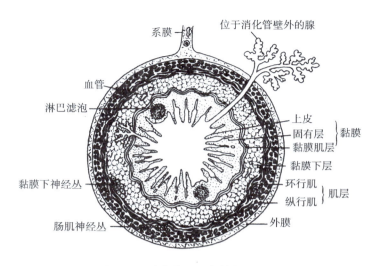

图 4-4　消化管壁一般结构模式图

（二）黏膜下层

黏膜下层（submucosa）由疏松结缔组织构成，内含较大的血管、淋巴管和神经丛。

食管、胃和小肠等部位的黏膜和黏膜下层共同向管腔内突出，形成纵行或环形皱襞，扩大了黏膜的表面积。

（三）肌层

肌层（muscularis）在口腔、咽、食管上段和肛门外括约肌为骨骼肌，其余各段为平滑肌。平滑肌的肌层一般可分为内环行、外纵行两层。某些部位环行肌增厚，形成括约肌。肌层的收缩和舒张运动，可使消化液与食物充分混合，并将食物不断推进。

（四）外膜

外膜（adventitia）是消化管的最外层，有纤维膜和浆膜之分。咽、食管、直肠下部和肛管的外膜，由疏松结缔组织构成，称纤维膜（fibrosa）；胃、小肠和大肠大部分的外膜由疏松结缔组织及其表面的间皮共同构成，称浆膜（serosa）。浆膜表面光滑，可减少器官之间的摩擦，有利于器官的活动。

二、口腔

（一）口腔的构造和分部

1. 口腔的构造　口腔（oral cavity）是消化管的起始部，向前经口裂与外界相通，向后经咽峡通咽腔（图 4-5）。口腔的前壁为口唇，侧壁为颊，上壁为腭，下壁为口腔底。

（1）口唇（oral lips）：口唇由皮肤、口轮匝肌及黏膜等构成。口唇分为上唇和下唇，上、下唇之间的裂隙称口裂，口裂的两端称口角。上唇表面正中线上有一浅沟，称人中（philtrum），为人类所特有。人中的上、中1/3交界处为"人中穴"，临床上常用针刺该穴或指压该穴的方法抢救昏迷病人。从鼻翼两旁至口角两侧各有一浅沟，称鼻唇沟（nasolabial sulcus），是唇与颊的分界线。正常人，两侧鼻唇沟深度对称，面肌瘫痪的病人，患侧鼻唇沟变浅或消失。上、下唇的游离缘，上皮较薄，呈红色，当机体缺氧时，可变成暗红色，临床上称紫绀。

（2）颊（cheek）：颊由皮肤、颊肌和黏膜等构成。在平对上颌第二磨牙的颊黏膜处有腮腺管的开口。

（3）腭（palate）：分隔鼻腔与口腔，分硬腭和软腭两部分。腭的前2/3以骨为基础，表面覆以黏膜，称硬腭（hard palate）；后1/3由骨骼肌和黏膜构成，称软腭（soft palate）。软腭的后缘游离，中央有一向下悬垂的突起称腭垂（uvula）或称悬雍垂。自腭垂两侧向下各有两条弓形黏膜皱襞，其前方的一条向下连于舌根，称腭舌弓（palatoglossal arch）；后方的一条向下连于咽的侧壁，称腭咽弓（palatopharygeal arch）。

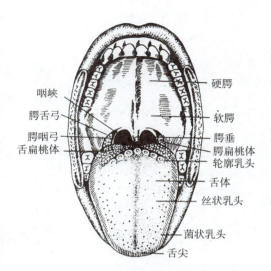

图 4-5　口腔与咽峡

腭垂，左、右腭舌弓和舌根共同围成咽峡（isthmus of fauces）（图4-5），它是口腔通向咽的门户，是口腔与咽的分界处。

（4）口腔底：由舌和封闭口腔底的软组织构成。

2. 口腔的分部　口腔以上、下牙弓为界分为口腔前庭和固有口腔两部分。牙弓与唇和颊之间的蹄铁形腔隙，为口腔前庭；牙弓以内的腔隙为固有口腔。

当上、下牙咬合时，口腔前庭和固有口腔借最后磨牙后方的间隙相通。临床上对牙关紧闭的病人，可经最后磨牙后方的间隙插管入固有口腔，再向下至咽腔、食管和胃，注入营养物质或作急救灌药等。

（二）口腔内结构

口腔内的主要器官是舌和牙。

1. 舌（tongue）　位于口腔底，具有协助咀嚼和吞咽食物、辅助发音和感受味觉等功能。

（1）舌的形态：舌分舌根、舌体和舌尖三部分。舌根占舌的后1/3，舌体占舌的前2/3，两者在舌背以"人"字形的界沟为界。舌体的前端称舌尖。

舌有上、下两面。舌的上面称舌背。

（2）舌的构造：舌由表面的黏膜和深面的舌肌构成。

①舌黏膜：呈淡红色，覆于舌的表面。

舌背的黏膜上有许多小突起，称为舌乳头（papillae of tougue）。舌乳头按其形状可分为丝状乳头、菌状乳头和轮廓乳头等。丝状乳头数量最多，体积最小，呈白色丝绒状，遍布于舌背，具有一般感觉功能；菌状乳头数量较少，为红色圆点状，散在于丝状乳头之间，以舌尖部最多；轮廓乳头最大，有 7～11 个，排列于界沟前方。菌状乳头和轮廓乳头含有味蕾。味蕾是味觉感受器，能感受酸、甜、苦、咸等味觉刺激。舌根上面的黏膜表面有许多丘状隆起，其深部有淋巴滤泡组成的结节，称舌扁桃体（lingual tonsil）（图 4 - 5）。

舌下面的黏膜在舌的正中线处有一连于口腔底的黏膜皱襞，称舌系带（frenulum of tongue）。在舌系带根部的两侧各有一小黏膜隆起，称舌下阜（sublingual carunle）。舌下阜的顶端有下颌下腺和舌下腺大管的共同开口。由舌下阜向后外侧延续形成的黏膜皱襞，称舌下襞（sublingual fold），其深面有舌下腺等结构（图 4 - 6）。

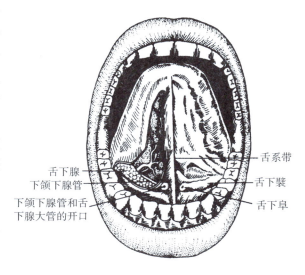

图 4 - 6　口腔底和舌下面的黏膜

舌黏膜表面的上皮细胞不断角化、脱落并与食物残渣、黏液、细菌和渗出的白细胞等混合在一起，附着于舌黏膜的表面，形成舌苔。舌苔正常呈淡薄白色。舌苔厚薄、色泽的改变可反映人体的健康与疾病状况，因而可作为诊断疾病的依据。

②舌肌：为骨骼肌，可分为舌内肌（intrinsic lingual muscles）和舌外肌（extrinsiclingual muscles）（图 4 - 7）。

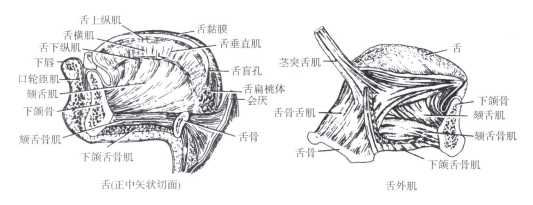

图 4 - 7　舌肌

舌内肌的起、止点均在舌内，构成舌的主体，其肌束分纵行、横行和垂直三种，收缩时可以改变舌的形状，分别使舌缩短、变窄和变薄。

舌外肌起自舌周围的结构，止于舌内，收缩时可改变舌的位置。舌外肌每侧有 4 块，其中较为重要的是颏舌肌（genioglossus）。

颏舌肌（genioglossus）：起自下颌骨体内面中线的两则，向后上呈扇形止于舌。两侧颏舌肌同时收缩时，拉舌向前下方，即伸舌；一侧收缩时，舌尖伸向对侧。如果一侧颏舌肌瘫痪，伸舌时，舌尖歪向患侧。

2. 牙（teeth）　　牙是人体最坚硬的器官，镶嵌在上、下颌骨的牙槽内。牙的主要功能是咬切、磨碎食物和辅助发音等。

（1）牙的名称和排列：人的一生有两组牙发生，按萌出先后，分乳牙（deciduous teeth）和恒牙（permanent teeth）。

乳牙共20个，上、下颌的左、右侧各5个，按牙的形态和功能，分为乳切牙2个；乳尖牙1个；乳磨牙2个。

恒牙共32个，上、下颌的左、右侧各8个，按牙的形态和功能，分为切牙（incisors）2个；尖牙（canine teeth）1个；前磨牙（premolars）2个；磨牙（molars）3个（图4-8，图4-9）。

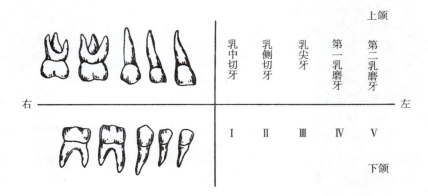

图4-8　乳牙的名称及符号

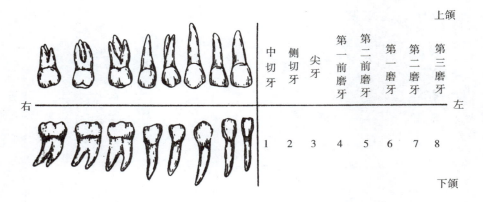

图4-9　恒牙的名称及符号

临床上为迅速、准确而简便地记录各个牙在口腔中的位置，通常用"＋"符号记录牙的位置，横线表示上、下牙列的分界，纵线表示左、右侧的分界。用罗马数字表示乳牙，以阿拉伯数字表示恒牙。

例如，病历记录中如出现"╚V"，表示左上颌第二乳磨牙；"7╝"则表示右上颌恒牙第二磨牙。

（2）牙的形态：每个牙都分为牙冠（crown of tooth）、牙根（root of tooth）和牙颈（nack of tooth）三部分（图4-10）。牙冠洁白，露于口腔内；牙根嵌入牙槽内；牙颈为牙冠和牙根之间稍细的部分，外包以牙龈。

切牙和尖牙有1个牙根；前磨牙一般也只有1个牙根；下颌磨牙有2个牙根；上颌磨牙有3个牙根。

（3）牙的构造：牙主要由牙质（dentine）、釉质（enamel）、牙骨质（cement）和牙髓（dental pulp）构成（图4-10）。牙质位于牙的内部，构成牙的主体。在牙冠，牙质的表面覆盖有洁白坚硬的釉质。

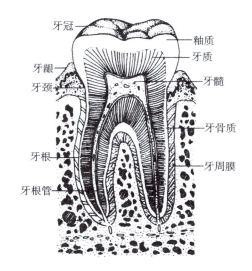

图4-10 牙的形态及构造

在牙颈和牙根，牙质的表面包有一层牙骨质（黏合质）。牙的中央有一空腔，称牙腔，腔内容纳牙髓。牙髓由结缔组织、神经、血管和淋巴管组成。贯穿牙根的小管，称为牙根管。牙腔借牙根管，经牙根尖端的牙根尖孔与牙槽相通。

牙虽坚硬，但如不注意保护，则易形成龋齿。若龋齿不断加深，波及牙髓时，可引起牙髓炎，导致剧烈的疼痛。

（4）牙的萌出：乳牙一般在出生后6个月开始萌出，至3岁左右全部出齐，6岁左右乳牙脱落。在6岁左右开始萌出恒牙，逐渐替换乳牙，至14岁左右基本出齐。第三磨牙一般在18~25岁方能萌出或终生不出，故又名迟牙（智牙）。因此，成年人恒牙数为28~32个均属正常。

（5）牙周组织：包括牙槽骨（alveolar bone）、牙周膜（periodontal membrane）和牙龈（gingiva）。牙槽骨即构成牙槽的骨质；牙周膜相当于牙槽骨的骨膜，是牙根与牙槽骨之间的致密结缔组织；牙龈是覆盖在牙槽弓和牙颈表面的口腔黏膜，富含血管，色淡红，坚韧而有弹性。牙周组织对牙具有固定、支持和保护作用。

三、咽

（一）咽的形态和位置

咽（pharynx）为上宽下窄、前后略扁的漏斗形肌性管道（图4-11）。

咽位于第1~6颈椎的前方，在鼻腔、口腔和喉腔的后方，上端起自颅底，下端约在第6颈椎体下缘高度连于食管，全长约12cm（图4-12）。

（二）咽腔的分部和结构

咽的后壁和侧壁完整，而前壁不完整，分别与鼻腔、口腔和喉腔相通，因此咽腔相应地分为鼻咽、口咽和喉咽三部分（图4-12）。

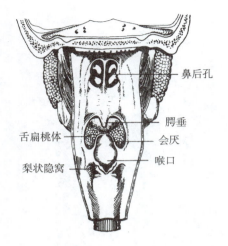

图 4 – 11　咽（后壁切开）

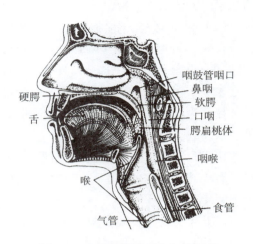

图 4 – 12　头颈部的正中矢状切面

1. 鼻咽（nasopharynx）　位于鼻腔的后方，介于颅底与软腭之间。鼻咽向前经鼻后孔与鼻腔相通。在鼻咽的侧壁上正对下鼻甲后方约 1cm 处，有咽鼓管咽口（pharyngeal opening of auditory tube），经咽鼓管通中耳鼓室。咽鼓管咽口平时是关闭的，当用力张口或吞咽时，空气通过咽鼓管进入中耳鼓室，以维持鼓膜两侧气压的平衡。在咽鼓管咽口的后上方，有一纵行深窝，称咽隐窝（pharygeal recess），该处是鼻咽癌的好发部位。咽部感染时，炎症可经咽鼓管蔓延到中耳鼓室，引起中耳炎。

鼻咽上壁后部的黏膜内有丰富的淋巴组织，称咽扁桃体（pharygeal tonsil）。

2. 口咽（oropharynx）　位于口腔的后方，介于软腭与会厌上缘之间。口咽向前经咽峡与口腔相通。在口咽的侧壁上，腭舌弓与腭咽弓之间有一凹窝，叫扁桃体窝，窝内容纳腭扁桃体。

腭扁桃体（palatine tonsil）是淋巴器官，呈卵圆形，具有防御功能。腭扁桃体易感染化脓。

咽扁桃体、腭扁桃体和舌扁桃体等共同构成咽淋巴环，是消化管和呼吸道上端的防御结构，具有重要的防御功能。

3. 喉咽（larygopharynx）　位于喉的后方，为会厌上缘平面至第 6 颈椎下缘之间的一段。喉咽向前经喉口通喉腔，向下续于食管。在喉口的两侧各有一深窝，称梨状隐窝（piriform recess），是异物易滞留的部位。

咽是消化管和呼吸道的共同通道，食物经口腔、咽和食管进入胃；空气经鼻腔、咽和喉、气管、主支气管进入肺。

四、食管

（一）食管的位置和分部

食管（esophagus）上端在平第 6 颈椎体下缘处续于咽，向下沿脊柱前方下行，经胸廓上口入胸腔，穿过膈的食管裂孔入腹腔，末端在第 11 胸椎体的左侧与胃的贲门相连。

食管依其行程分为颈部、胸部和腹部三段（图4－13）。颈部较短，长约5cm，位于颈椎之前，气管之后，两侧有颈部的大血管；胸部较长，约18～20cm，前方自上而下依次有气管、左主支气管和心包；腹部最短，长仅1～2cm，在膈的下方与贲门相续。

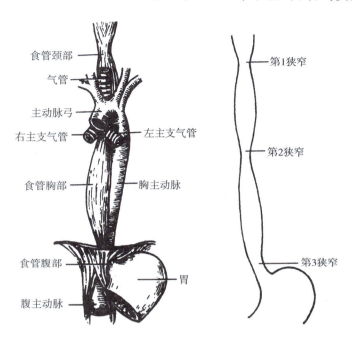

图4－13　食管的位置和狭窄

（二）食管的形态和狭窄

食管是前后略扁的肌性管道，长约25cm。食管全长有三处生理性狭窄（图4－13）。第1处狭窄在食管的起始处，正对第6颈椎体下缘平面，距中切牙约15cm；第2处狭窄在食管与左主支气管交叉处，约平第4、5胸椎之间，距中切牙约25cm；第3处狭窄在食管穿过膈的食管裂孔处，约平第10胸椎平面，距中切牙约40cm。

食管的生理性狭窄是食管异物易滞留的部位，也是食管炎症、食管肿瘤的的好发部位。

临床上进行食管插管时，要注意食管的狭窄处，根据食管镜插入的距离可推知器械已到达的部位。

（三）食管壁的微细结构

食管壁具有消化管典型的4层结构，由黏膜、黏膜下层、肌层和外膜构成（图4－14）。

1. 黏膜　上皮为复层扁平上皮，具有保护作用。固有层为疏松结缔组织，含有血管和淋巴管。黏膜肌层由一层纵行的平滑肌构成。

2. 黏膜下层　为疏松结缔组织，含有血管、淋巴管和大量的食管腺（esophagus gland）。食管腺分泌黏液，经导管开口于食管腔，润滑食管内表面，使食团易于下行。

3. 肌层　食管壁的肌层分内环行、外纵行两层。食管壁的肌层上1/3段为骨骼肌；中1/3段由骨骼肌与平滑肌混合组成；下1/3段为平滑肌。

4. 外膜　为纤维膜，由疏松结缔组织构成。

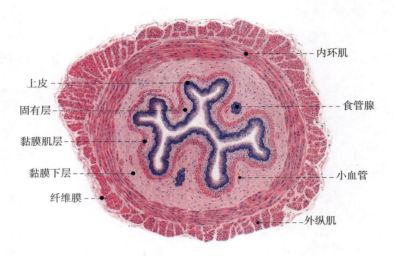

上皮
固有层
黏膜肌层
黏膜下层
纤维膜

内环肌
食管腺
小血管
外纵肌

图 4 - 14   食管壁的微细结构

五、胃

胃（stomach）是消化管中最膨大的部分，具有受纳食物、分泌胃液和初步消化食物的功能。成人胃的容量约 1500ml，新生儿的胃容量约为 30ml。

（一）胃的形态和分部

胃的形态可受体位、体型、性别、年龄和胃的充盈状态等多种因素的影响。胃在完全空虚时略呈管状，高度充盈时呈球囊状。

胃有两壁、两口和两缘。两壁即前壁和后壁，胃前壁朝向前上方；胃后壁朝向后下方。胃的入口称贲门（cardia），与食管相续；出口称幽门（pylorus），与十二指肠相接。胃的上缘凹而短，朝向右上方，称胃小弯（lesser curvature of stomach），其最低处形成一切迹，称角切迹（angular incisure）；下缘凸而长，朝向左下方，称胃大弯（greater curvature of stomach）（图 4 - 15）。

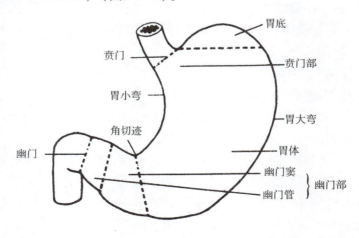

贲门
胃小弯
角切迹
幽门

胃底
贲门部
胃大弯
胃体
幽门窦
幽门管
幽门部

图 4 - 15   胃的形态和分部

胃可分为四部分：①贲门部（cardiac part），是位于贲门附近的部分，与其他部分无明显界限；②胃底（fundus of stomach），是位于贲门平面左侧向上膨出的部分；③胃体（body of stomach），是胃的中间部，系指胃底与角切迹之间的部分，是胃的主体部分；④幽门部（pyloric part），是位于角切迹与幽门之间的部分，临床上常称此部为胃窦。幽门部大弯侧有一不明显的浅沟称中间沟，此沟把幽门部又分为左侧的幽门窦（pyloric antrum）和右侧的幽门管（pyloric panal）。

胃小弯和幽门部是胃溃疡和胃癌的好发部位。

（二）胃的位置和毗邻

胃的位置随体型、体位和胃的充盈程度不同而有所变化。

胃在中等程度充盈时，大部分位于左季肋区，小部分位于腹上区。胃的贲门和幽门的位置比较固定，贲门位于第11胸椎体左侧，幽门约在第1腰椎体右侧。

胃前壁的右侧份与肝左叶相邻；左侧份与膈相邻，并为左肋弓所遮盖；剑突下方的胃前壁直接与腹前壁相贴，该处是临床上胃的触诊部位（图4-16）。胃后壁邻近左肾、左肾上腺、横结肠、胰、脾等器官。胃底与膈、脾相邻。

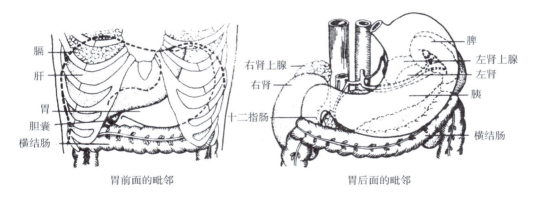

图4-16 胃的毗邻

（三）胃壁的微细结构

胃壁由黏膜、黏膜下层、肌层和外膜构成（图4-17，图4-18）。

1. 黏膜 胃黏膜较厚，肉眼观察为桔红色，有光泽。黏膜表面有许多针孔样小窝，称胃小凹（gastric pit），凹底有胃腺开口。胃空虚时，黏膜与黏膜下层隆起形成皱襞，充盈时皱襞变低或展平，但胃小弯处有4~5条纵行皱襞较恒定。幽门处的黏膜皱襞呈环形，称幽门瓣，此瓣可调节胃内容物进入十二指肠的速度。

（1）上皮：为单层柱状上皮，能分泌黏液，保护胃黏膜。

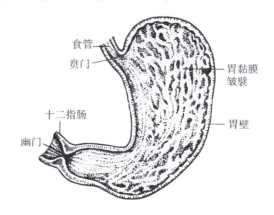

图4-17 胃的黏膜

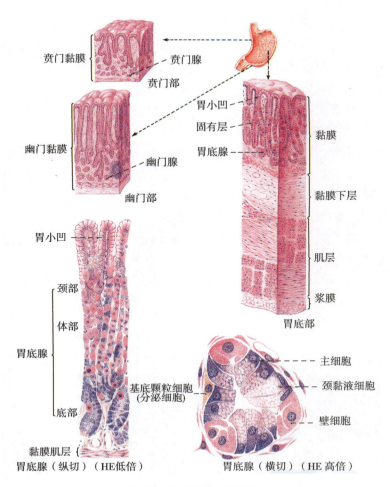

贲门黏膜　——贲门腺
贲门部
幽门黏膜　——幽门腺
幽门部

胃小凹——
固有层——
胃底腺——
黏膜
黏膜下层
肌层
浆膜
胃底部

胃小凹——
颈部
体部
胃底腺
底部
黏膜肌层
基底颗粒细胞
(分泌细胞)
胃底腺（纵切）（HE低倍）

主细胞
颈黏液细胞
壁细胞
胃底腺（横切）（HE高倍）

图 4-18　胃的微细结构

（2）固有层：由疏松结缔组织构成，内有许多管状的胃腺。胃腺根据其所在部位不同，可分为贲门腺、幽门腺和胃底腺。

贲门腺、幽门腺分别位于贲门部和幽门部，分泌黏液和溶菌酶等。

胃底腺位于胃底和胃体部，是分泌胃液的主要腺体。胃底腺主要有三种细胞组成。

①颈黏液细胞（mucous neck cell）：数量少，主要分布于腺的颈部。细胞呈柱状，细胞核扁圆形，位于基底部。颈黏液细胞分泌黏液。

②主细胞（chief cell）：又称胃酶细胞（zymogenic cell），数量最多，分布于腺的中、下部。细胞呈柱状，核圆形，位于细胞基底部，细胞质呈嗜碱性。主细胞分泌胃蛋白酶原。胃蛋白酶原经盐酸作用后成为有活性的胃蛋白酶，参与蛋白质的分解。

③壁细胞（parietal cell）：又称泌酸细胞（oxyntic cell），分布于腺的上、中部。细胞较大，呈圆形或锥体形，细胞核呈圆形，位于细胞的中央，细胞质呈嗜酸性。壁细胞有合成和分泌盐酸的功能。盐酸是胃液的重要组成成分，有杀菌作用，还能激活胃蛋白酶原成为胃蛋白酶。壁细胞还能分泌一种糖蛋白，称内因子（intrinsic factor），内因子能促进回肠对维生素 B_{12} 的吸收，供红细胞生成所需。患萎缩性胃炎时，内因子缺

乏，维生素 B_{12} 吸收障碍，影响骨髓内红细胞的生成过程，可导致恶性贫血。

（3）黏膜肌层：由内环行和外纵行两层平滑肌组成。

2. 黏膜下层 由疏松结缔组织构成，含有较大的血管、淋巴管和神经丛。

3. 肌层 较厚，由内斜行、中环行、外纵行三层平滑肌构成。环行肌在幽门处增厚形成幽门括约肌（pyloric sphincter），它能调节胃内容物进入小肠的速度，也可防止小肠内容物逆流至胃（图 4 - 19）。在婴儿，如果幽门括约肌肥厚，可形成先天性幽门梗阻。

4. 外膜 为浆膜。

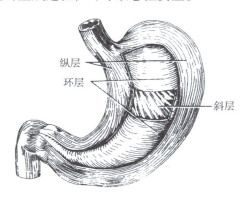

图 4 - 19 胃壁的肌层

六、小肠

小肠（small intestine）为消化管中最长的一段，长 5～7m，是消化食物与吸收营养物质的主要器官。

小肠盘曲在腹腔的中、下部，上接胃的幽门，下续盲肠，从上向下依次分为十二指肠、空肠和回肠三部分。

（一）十二指肠

十二指肠（duodenum）为小肠的起始段，长约 25cm，约相当于十二个手指并列的长度，故得名。十二指肠介于胃和空肠之间，上端起于幽门，下端至十二指肠空肠曲与空肠相连。十二指肠呈"C"形包绕胰头，紧贴腹后壁。十二指肠按其位置不同可分为上部、降部、水平部和升部四部分（图 4 - 20）。

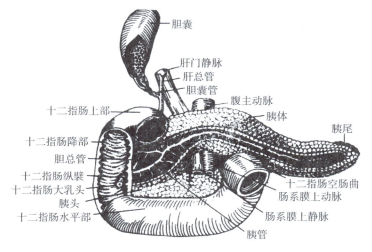

图 4 - 20 十二指肠和胰

1. 上部（superior part） 长约5cm，在第1腰椎右侧起于幽门，行向右后，至肝门下方、胆囊颈的附近转向下，移行为降部。上部靠近幽门约2.5cm的一段肠管，壁较薄，黏膜面较光滑，在X线下观察呈球形，称十二指肠球（duodenal bulb），是十二指肠溃疡的好发部位。

2. 降部（descending part） 长7~8cm，在第1~3腰椎、胰头的右侧下降，至第3腰椎下缘平面弯向左，续接水平部。在十二指肠降部的后内侧壁上有一纵行皱襞，称十二指肠纵襞（longitudinal fola of duodenum），其下端有一圆形突起，称十二指肠大乳头（major duodenal papilla），为胆总管和胰管的共同开口处，它距中切牙约75cm。

3. 水平部（horizontal part） 又称下部，长约10cm，自右向左横行，越过下腔静脉、腹主动脉前方，至第3腰椎左侧移行于升部。

4. 升部（ascending part） 长2~3cm，自第3腰椎左侧斜向左上方，至第2腰椎左侧转折向前下方续于空肠。十二指肠与空肠转折处形成的弯曲称十二指肠空肠曲（duodenojejunal flexure）。十二指肠空肠曲被十二指肠悬肌（suspensory muscle of duodenum）固定于腹后壁。十二指肠悬肌和包绕于其下段表面的腹膜皱襞共同构成十二指肠悬韧带，又称Treitz韧带，在手术时可作为确认空肠起始部的重要标志。

（二）空肠和回肠

空肠（jejunum）上接十二指肠，回肠（ileum）下连盲肠，迂回盘曲于腹腔中、下部。空肠和回肠均由肠系膜连于腹后壁，其活动度较大。

空肠与回肠无明显分界，空肠约占空回肠全长近侧的2/5，位于腹腔的左上部，管径较大，管壁较厚，血供丰富，在活体呈淡红色；回肠约占空回肠全长远侧的3/5，位于腹腔的右下部，管径略小，管壁较薄，血管不如空肠丰富，颜色较淡。

（三）小肠壁的微细结构

小肠壁的结构分黏膜、黏膜下层、肌层和外膜四层（图4-21，图4-22）。

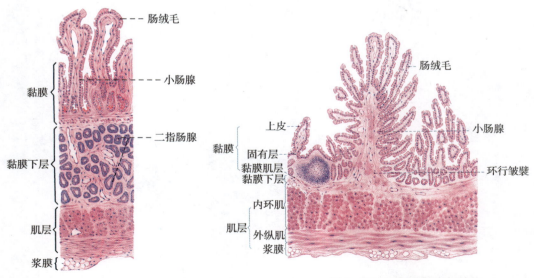

图4-21 十二指肠的微细结构　　　　图4-22 空肠壁的微细结构

1. 黏膜　上皮为单层柱状上皮；固有层由富含血管和淋巴管的细密结缔组织构成；黏膜肌层由内环行和外纵行两层平滑肌组成。

小肠黏膜形态和结构的主要特点是腔面有许多环行皱襞和肠绒毛，固有层中有大量小肠腺和淋巴组织。

（1）环形皱襞：小肠的内面，除十二指肠球和回肠末端外，其余各部都有环形皱襞。环形皱襞由黏膜和黏膜下层向肠腔内突出而成。

（2）肠绒毛（intestinal villus）：小肠黏膜的游离面有许多细小的指状突起，称肠绒毛。肠绒毛由黏膜上皮和固有层向肠腔内突出而成（图4-23）。绒毛的上皮主要由柱状细胞和杯形细胞构成，柱状细胞表面有密集而整齐排列的微绒毛。固有层形成绒毛的中轴，内含毛细血管网、毛细淋巴管（中央乳糜管）和散的平滑肌纤维等。

小肠的皱襞、绒毛和微绒毛等结构，扩大了小肠的吸收面积，有利于小肠的吸收功能。

（3）小肠腺（small intestinal gland）：是黏膜上皮下陷至固有层而形成的管状腺，腺管开口于相邻肠绒毛根部之间（图4-24）。小肠腺主要由柱状细胞、杯形细胞和帕内特细胞构成。其中柱状细胞（吸收细胞）最多，分泌多种消化酶；杯形细胞分泌黏液，对小肠黏膜起润滑和保护作用；帕内特细胞（Panth cell）常三五成群，分布在小肠腺的基部，呈锥体形，细胞质内含有粗大的嗜酸性颗粒，内含溶菌酶等，颗粒内容物释放入小肠腺腔，对肠道微生物有杀灭作用，故帕内特细胞是一种具有免疫功能的细胞。

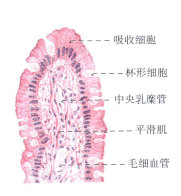

图4-23　小肠绒毛

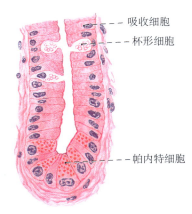

图4-24　小肠腺

（4）淋巴组织：小肠黏膜固有层内散布有许多淋巴组织，是小肠壁重要的防御结构。在十二指肠和空肠中含有散在的淋巴组织，称孤立淋巴滤泡。回肠中的淋巴组织常聚集成群，称集合淋巴滤泡（图4-25）。患肠伤寒时细菌常侵犯集合淋巴滤泡，引起局部坏死，并发肠出血或肠穿孔。

2. 黏膜下层　由疏松结缔组织构成，内含较大的血管、淋巴管和神经丛。

3. 肌层　由内环行和外纵行两层平滑肌构成。

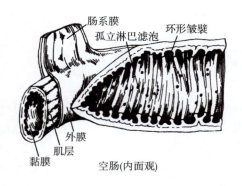
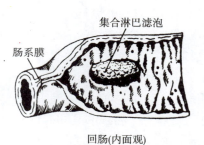

空肠(内面观)　　　　　　回肠(内面观)

图4-25　小肠黏膜的淋巴滤泡

4. 外膜　十二指肠后壁为纤维膜，其余小肠均覆以浆膜。

七、大肠

大肠（large intestine）是消化管的下段，全长约1.5m。大肠的主要功能是吸收水分、维生素和无机盐，分泌黏液，并将食物残渣形成粪便排出体外。

大肠可分为盲肠、阑尾、结肠、直肠和肛管五部分。

除直肠、肛管和阑尾外，盲肠和结肠在外形上有三种特征性结构（图4-26）：①结肠带（colic bands）：有3条，是肠壁的纵行肌聚集而成的带状结构，在肠管表面纵行排列。②结肠袋（haustra of colon）：由于结肠带较肠管短，使肠管形成许多由横沟隔开的袋状膨出，称为结肠袋。③肠脂垂（epiploicae appendices）：在结肠带的附近，是脂肪组织聚集成的大小不等的突起。这三种特征性结构是肉眼区别盲肠、结肠与小肠的重要依据。

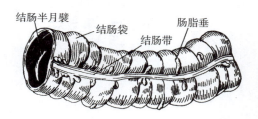

图4-26　结肠的特征

（一）盲肠

盲肠（caecum）是大肠的起始部，长6～8cm。盲肠位于右髂窝内，下端呈盲囊状，左接回肠，向上连于升结肠。回肠末端开口于盲肠，开口处有上、下两片唇状黏膜皱襞，称回盲瓣（ileocecal valve）。此瓣既可控制小肠内容物进入盲肠的速度，使食物在小肠内充分消化吸收，又可防止大肠内容物逆流入小肠。在盲肠末端的后内侧壁，回盲瓣下方约2cm处，有阑尾的开口（图4-27）。

（二）阑尾

阑尾（vermiform appendix）为一蚓状盲管，长6～8cm。阑尾位于右髂窝内（图

4-27），以根部连于盲肠的后内侧壁，远端游离。

阑尾的位置变化很大，可有盆位、盲肠后位、盲肠下位、回肠前位和回肠后位等（图4-27）。阑尾根部位置较固定，恰在盲肠的三条结肠带的汇合处，临床上作阑尾手术时，可沿结肠带向下寻找阑尾。

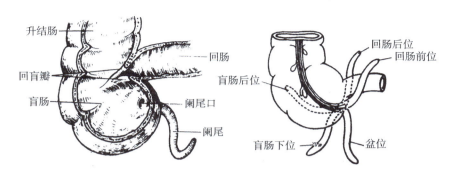

图4-27 盲肠与阑尾

阑尾根部的体表投影，约在脐与右髂前上棘连线的中、外1/3交点处，此点称麦氏（McBurney）点。急性阑尾炎时，此处可有明显的压痛。

（三）结肠

结肠（colon）始于盲肠，终于直肠，围绕在空肠和回肠的周围。结肠按其位置和形态，可分为升结肠、横结肠、降结肠和乙状结肠四部分（图4-28）。

1. 升结肠（ascending colon）
长约15cm，在右髂窝始于盲肠，沿腹后壁右侧上升，至肝右叶下方转向左，形成结肠右曲（right colic flexure）（或称肝曲），移行于横结肠。升结肠借结缔组织贴附于腹后壁，活动性甚小。

2. 横结肠（transverse colon）
长约50cm，始于结肠右曲，向左横行至脾下方转折向下，形成结肠左曲（left colic flexure）（或称脾曲），移行于降结肠。横结肠由横结肠系膜连于腹后壁，活动度较大，其中间部可下垂至脐或脐平面以下。

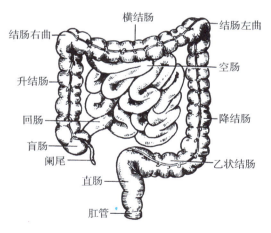

图4-28 小肠和大肠

3. 降结肠（descending colon） 长约20cm，始于结肠左曲，沿腹后壁左侧下降，至左髂嵴平面移行于乙状结肠。降结肠借结缔组织贴附于腹后壁，活动性甚小。

4. 乙状结肠（sigmoid colon） 长约45cm，在左髂区内，上接降结肠，呈乙字形弯曲，向下进入盆腔，至第3骶椎平面续于直肠。乙状结肠由乙状结肠系膜连于盆腔左后壁，活动度较大。

(四) 直肠

直肠 (rectum) 长 10～14cm, 位于盆腔内, 其上端在第 3 骶椎平面与乙状结肠相连, 沿骶骨和尾骨的前面下行, 穿过盆膈, 移行于肛管 (图4-29)。

直肠并非直管, 在矢状面上有两个弯曲: 上部弯曲沿着骶骨盆面凸向后, 称骶曲; 下部弯曲绕尾骨尖凸向前, 称会阴曲 (图4-29)。临床上进行直肠镜或乙状结肠镜检查时, 须注意直肠的弯曲, 以避免损伤肠壁。

直肠下段肠腔膨大, 称直肠壶腹 (ampulla of rectum)。直肠壶腹内面有 3 个半月形皱襞, 称直肠横襞。其中中间

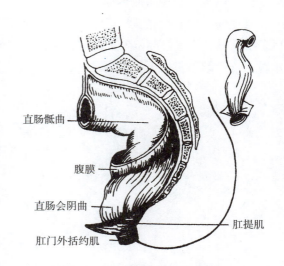

图 4-29　直肠的位置和弯曲

的直肠横襞最大, 位置恒定, 位于直肠右前壁, 距肛门约 7cm, 可作为直肠镜检查的定位标志。

直肠的毗邻男女不同, 男性直肠的前方有膀胱、前列腺和精囊; 女性直肠的前方有子宫和阴道。直肠指诊可触及这些器官。

(五) 肛管

肛管 (anal canal) 是盆膈以下的消化管, 上接直肠, 末端终于肛门 (anus), 长约 4cm (图4-30)。

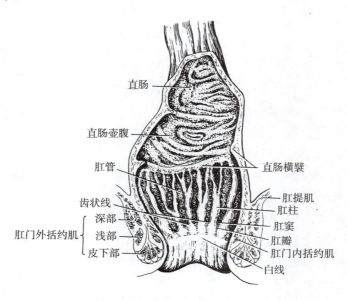

图 4-30　直肠和肛管的内面观

肛管内面的黏膜形成 6～10 条纵行的黏膜皱襞, 称肛柱 (anal columns)。各肛柱下

端之间连有半月形的黏膜皱襞，称肛瓣（anal valves）。两个相邻肛柱下端与肛瓣围成袋状小陷窝，称肛窦（anal sinuses），窦内常积存粪便，易发生感染引起肛窦炎。

各肛瓣和肛柱的下端共同连成一锯齿状的环形线，称为齿状线（dentate line）或肛皮线，是皮肤和黏膜的分界线。齿状线下方有一宽约 1cm 的环状带，表面光滑而略有光泽，称肛梳（anal pecten）。肛梳的下缘距肛门约 1.5cm 处有一环状浅沟，称白线（white line），此线恰为肛门内括约肌和肛门外括约肌的交界处，肛门指检时可以触到。肛管的下口是肛门。

在肛管的黏膜下层和皮下组织中有丰富的静脉丛，病理情况下静脉丛瘀血曲张，向肠腔内突起，称为痔。发生在齿状线以上的称内痔，齿状线以下的称外痔，跨越于齿状线上、下的称混合痔。

肛管周围有肛门内括约肌和肛门外括约肌环绕。肛门内括约肌（sphincter ani internus）属平滑肌，由直肠壁的环行肌增厚而成，有协助排便的作用。肛门外括约肌（sphincter ani externus）是骨骼肌，位于肛门内括约肌围周，它受意识支配，有括约肛门、控制排便的作用。手术时应防止损伤肛门外括约肌，以免造成大便失禁。

（六）大肠壁的微细结构

盲肠、结肠和直肠这三部分肠管的微细结构基本相同，无绒毛，肠腺多，杯形细胞多。

1. 黏膜 上皮为单层柱状上皮，由柱状细胞（吸收细胞）和杯形细胞组成。固有层内有大量排列密集的肠腺。黏膜上皮和腺上皮杯形细胞数量多，分泌大量黏液，润滑、保护肠黏膜。黏膜肌层为内环行、外纵行两层平滑肌。

2. 黏膜下层 由疏松结缔组织构成，有小动脉、小静脉、淋巴管和脂肪细胞。

3. 肌层 为内环行、外纵行两层平滑肌。外纵行肌局部增厚形成 3 条结肠带。

4. 外膜 在盲肠、横结肠、乙状结肠，升结肠、降结肠的前壁，直肠上 1/3 段的大部、中 1/3 段的前壁为浆膜；其余各部为纤维膜。

第三节　消化腺

消化腺包括大消化腺和小消化腺。大消化腺包括大唾液腺、肝和胰。消化腺的主要功能是分泌消化液，对食物进行化学性消化。

一、唾液腺

唾液腺（salivary gland）又称口腔腺（oral glands），分泌唾液，排入口腔，具有湿润口腔黏膜、帮助消化等作用。唾液腺可分大、小两种。小唾液腺数目多，如唇腺、颊腺、腭腺等。大唾液腺有腮腺、下颌下腺和舌下腺（图 4-31）。

（一）腮腺

腮腺（parotid gland）是最大的唾液腺，呈不规则的三角形，位于耳郭的前下方。腮腺管从腮腺前缘发出，在颧弓下方一横指处沿咬肌表面水平前行，至该肌的前缘转向深部穿过颊肌，开口于平对上颌第二磨牙的颊黏膜上。小儿麻疹早期可在腮腺管开口周围出现灰白色的斑点。

（二）下颌下腺

下颌下腺（submandibular gland）呈卵圆形，位于下颌骨体的内面，其腺管开口于舌下阜。

（三）舌下腺

舌下腺（sublingual gland）呈扁长圆形，位于口腔底舌下襞深面。腺管有大、小两种，舌下腺大管有 1 条，

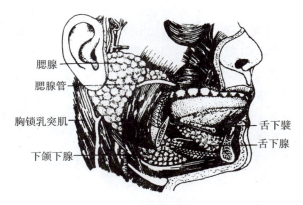

图 4 - 31　大唾液腺

与下颌下腺管共同开口于舌下阜；舌下腺小管约有 10 条，开口于舌下襞。

二、肝

肝（liver）是人体最大的消化腺，重约 1350g，相当于体重的 2% 。肝的功能极为复杂和重要，具有分泌胆汁、参与物质代谢、贮存糖原、解毒、防御等功能，在胚胎时期肝还有造血功能。

（一）肝的形态

肝呈红褐色，质软而脆，受暴力打击时易发生破裂。肝呈不规则的楔形，可分为前、后两缘，上、下两面。

肝的前缘（也称下缘）锐利，后缘钝圆。

肝的上面凸隆，贴于膈下，又称膈面（diaphragmatic surface）。膈面被矢状位的镰状韧带分为大而厚的肝右叶（right lobe of liver）和小而薄的肝左叶（left lobe of liver）（图 4 - 32）。

肝的下面凹凸不平，与腹腔器官相邻，又称脏面（visceral surface）（图4 - 33）。脏面有排列呈"H"形的两条纵沟和一条横沟。右纵沟宽而浅，其前部为胆囊窝，容纳胆囊；后部为腔静脉

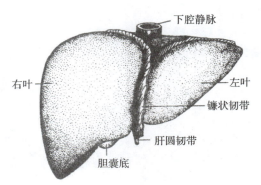

图 4 - 32　肝的膈面

沟，有下腔静脉通过。左纵沟前部有肝圆韧带，是胎儿时期脐静脉闭锁后的遗迹；后部有静脉韧带，是胎儿时期静脉导管闭锁后的遗迹。横沟称肝门（porta hepatis），是肝管、肝固有动脉、肝门静脉、淋巴管和神经等出入肝的部位。出入肝门的这些结构被结缔组织包绕，构成肝蒂。肝的下面借"H"形的沟分为四叶：右纵沟右侧为右叶；左纵沟左侧为左叶；两纵沟之间在肝门前方的为方叶（quadrate lobe）；两纵沟之间在肝门后方的为尾状叶（caudate lobe）。

（二）肝的位置和体表投影

肝位于腹腔内，大部分位于右季肋区和腹上区，小部分位于左季肋区。肝大部分被肋所掩盖，仅在腹上区左、右肋弓之间露出，直接与腹前壁相贴。

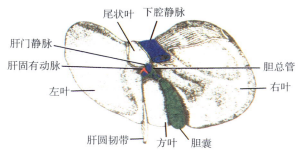

图 4 - 33　肝的脏面

肝的上界与膈一致，在右锁骨中线平第 5 肋，在前正中线平胸骨体下端，在左锁骨中线平第 5 肋间隙。肝的下界，右侧大致与右肋弓一致，在腹上区可达剑突下方约3cm。

正常成年人，在右肋弓下不应触到肝，但在腹上区的左、右肋弓之间、剑突下方约3cm内可触及。3 岁前的小儿，肝的体积相对较大，肝的下界可低于右肋弓下缘1～2cm。7 岁以上儿童，肝在右肋弓下已不能触及，若能触及时，则应考虑为病理性肝肿大。

肝的位置可随膈的运动而上、下移动，在平静呼吸时，肝可上、下移动2～3cm。

肝的脏面邻近腹腔器官，右叶下面邻接结肠右曲、十二指肠、右肾和右肾上腺；左叶下面与胃前壁相邻。

（三）肝的微细结构

肝的表面大部分有浆膜覆盖，浆膜下面为一层富含弹性纤维的致密结缔组织。在肝门处，结缔组织随出入肝门的结构伸入肝的实质，将肝分隔成50 万～100 万个肝小叶。相邻的几个肝小叶之间有门管区（图 4 - 34）。

1. 肝小叶（liver lobule）　　是肝的结构和功能的基本单位。肝小叶呈多面棱柱状，高约2mm，宽约1mm，主要由肝细胞构成。肝小叶的中央有一条纵行的中央静脉（central vein）。肝细胞以中央静脉为中心向周围呈放射状排列成板状结构，称为肝板（hepatic plate），在切片中，肝板的断面呈索状，叫肝索（hepatic cord）。肝板之间的不规则腔隙是肝血窦。肝板内相邻肝细胞之间有胆小管（图 4 - 34，35）。

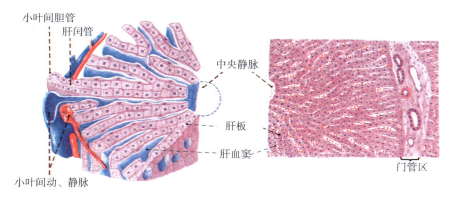

图 4 - 34　肝的微细结构

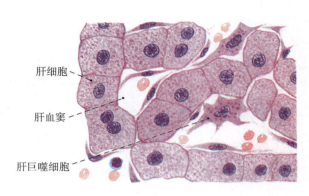

肝细胞、

肝血窦——

肝巨噬细胞——

图 4-35　肝索和肝血窦

（1）肝细胞（hepatocyte）：呈多边形，体积较大。细胞核圆形，位于细胞的中央，核仁明显。肝细胞细胞质丰富，多呈嗜酸性，细胞质内富含多种细胞器和内含物，如线粒体、内质网、高尔基复合体、溶酶体、糖原颗粒以及少量脂滴和色素等。

肝细胞内的线粒体为肝细胞的功能活动提供能量；粗面内质网合成多种血浆蛋白质，如白蛋白、纤维蛋白原、凝血酶原等；滑面内质网具有合成胆汁、参与糖类和脂类代谢、固醇类激素的灭活及解毒等多方面的功能；高尔基复合体参与肝细胞分泌活动；溶酶体能消化分解肝细胞吞噬的物质和退化的细胞器，参与细胞内"消化"，还参与胆色素的代谢以及铁的贮存。

（2）肝血窦（hepatic sinusoid）：位于肝板之间，是扩大了的形状不规则的毛细血管，是肝小叶内血液流通的管道。肝血窦壁由一层扁平的内皮细胞构成，内皮细胞有孔，细胞连接疏松，细胞外面无基膜。因此，肝血窦壁的通透性较大，有利于肝细胞和血液间的物质交换。肝血窦内散在有多突起的肝巨噬细胞，又称库普弗细胞（Kupffer cell），胞体大，形态不规则，此细胞可吞噬、清除血液中的细菌、异物及衰老的红细胞等。

（3）窦周隙（perisinusoidal space）或（Disse 间隙）：电镜观察显示，肝血窦的内皮细胞与肝细胞之间有狭窄的间隙，称窦周隙（图 4-36）。窦周隙宽约 0.4μm，光镜下难以辨认。窦周隙充满来自肝血窦的血浆，肝细胞的微绒毛浸入其中，所以窦周隙是肝血窦内的血液与肝细胞之间进行物质交换的场所。窦周隙内有一种贮脂细胞，有贮存维生素 A 和合成胶原纤维的功能。

（4）胆小管（bile canaliculus）：是位于相邻肝细胞之间的微细管道，管壁由相邻肝细胞邻接面的细胞膜局部凹陷而形成，在肝板内穿行并吻合成网（图 4-36）。肝细胞分泌的胆汁直接进入胆小管。胆小管以盲端起于中央静脉附近，向肝小叶周边延伸，出肝小叶后汇成小叶间胆管。

在病理情况下，如肝细胞变性、坏死或胆道堵塞时，胆小管的正常结构被破坏，胆汁可进入窦周隙，进而入肝血窦，流入血液循环，形成黄疸。

2. 门管区（portal canal area）　　相邻的肝小叶之间有较多的疏松结缔组织，内有小叶间动脉（interlobular arterry）、小叶间静脉（interlobular vein）和小叶间胆管（in-

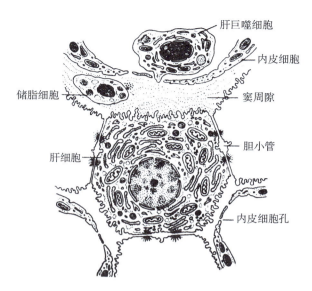

图4-36 肝细胞、肝血窦、窦周隙、胆小管的超微结构

terlobular bile duct）通过，此区域称门管区。小叶间动脉是肝固有动脉的分支，管径细，管壁厚；小叶间静脉是肝门静脉在肝内的分支，管腔大而不规则，管壁薄；小叶间胆管由胆小管汇集而成，管径较小，管壁由单层立方上皮构成，它们向肝门汇集，最后形成肝左管、肝右管出肝。

（四）肝的血管和血液循环

入肝的血管有肝门静脉和肝固有动脉。出肝的血管是肝静脉。

肝门静脉是肝的功能性血管，主要收集胃肠静脉和脾静脉的血液，将胃肠道吸收的营养物质和某些有毒物质输入肝内进行代谢和加工处理。肝门静脉在肝门处分为左、右两支入肝，在肝小叶内反复分支，形成小叶间静脉，把血液导入肝血窦。

肝固有动脉是肝的营养性血管，血液内含有丰富的氧气和营养物质，供肝细胞代谢需要。肝固有动脉在肝内的分支与肝门静脉的分支相伴行，在肝小叶内反复分支，形成小叶间动脉，把血液导入肝血窦。

肝血窦内含有来自肝门静脉和肝固有动脉的混合血。

肝血窦内的血液与肝细胞进行物质交换后，汇入中央静脉，中央静脉汇合成肝小叶基底的小叶下静脉，小叶下静脉经多次汇合，最后汇合成三条肝静脉，在肝的后缘出肝，汇入下腔静脉（表4-1）。

表4-1 肝的血液循环

（五）胆囊和输胆管道

1. 胆囊（gallblader） 胆囊位于右季肋区、肝下面的胆囊窝内，上面借结缔组织与肝相连，下面被覆腹膜。

胆囊呈长梨形，可分为胆囊底（fundus of gallbladder）、胆囊体（body of gallbladder）、胆囊颈（nack of gallbladder）和胆囊管（cystic duct）四部分（图 4 – 37）。胆囊的前端钝圆，称胆囊底；中间称胆囊体；后端变细称胆囊颈；由颈弯向左下的部分称胆囊管。

胆囊底常露出于肝的前缘，与腹前壁相贴，其体表投影在右锁骨中线与右肋弓下缘交点处。当胆囊病变时，此处可有明显压痛。

胆囊有贮存和浓缩胆汁的作用，其容量40～60ml。

胆囊内面衬有黏膜，胆囊颈和胆囊管的黏膜呈螺旋状突入管腔，形成螺旋襞，有控制胆汁进出的作用。胆囊结石常由于螺旋襞的阻碍而嵌顿于此处。

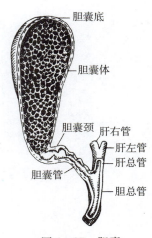

图 4 – 37　胆囊

2. 输胆管道 输胆管道是将肝细胞分泌的胆汁输送至十二指肠的管道（图 4 – 38），简称胆道。输胆管道由肝内和肝外两部分组成。肝内胆道包括胆小管和小叶间胆管；肝外胆道由肝左管与肝右管、肝总管和胆总管等组成。

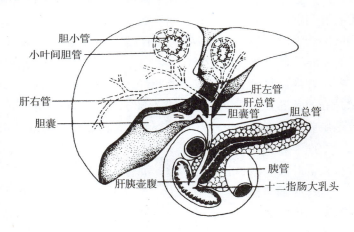

图 4 – 38　输胆管道模式图

胆小管先汇合成小叶间胆管，小叶间胆管逐级汇合，在肝门内汇合成肝左管与肝右管，肝左管与肝右管出肝门后汇合成肝总管（common hepatic duct），肝总管下行与胆囊管汇合成胆总管。

胆总管（common bile duct）长 4～8cm，在肝十二指肠韧带内下行，经十二指肠上部的后方，到胰头与十二指肠降部之间与胰管汇合，斜穿十二指肠降部中份的后内侧壁，两者汇合处形成膨大的肝胰壶腹（hepatopancreatic）（Vater 壶腹），开口于十二指肠大乳头。在肝胰壶腹周围有肝胰壶腹括约肌（sphicter of hepatopancreatic ampulla）（Oddi 括约肌），具有控制胆汁和胰液排出的作用。

3. 胆汁的产生与排出途径（表 4 – 2）

表 4 – 2　胆汁的产生与排出途径

肝细胞分泌胆汁 ⟶ 胆小管 ⟶ 小叶间胆管 ⟶ 肝左管、肝右管 ⟶ 肝总管 ⟶ 胆总管 ⟶ 十二指肠

胆囊

肝胰壶腹括约肌平时保持收缩状态，而胆囊舒张，由肝分泌的胆汁经肝左管与肝右管、肝总管进入胆囊贮存和浓缩。进食后，尤其进高脂肪食物，在神经体液因素调节下，胆囊收缩，肝胰壶腹括约肌舒张，使胆囊内的胆汁经胆总管排入十二指肠，参与食物的消化。

输胆管道可因肿瘤、结石或蛔虫等造成阻塞，使胆汁排出受阻，引起胆囊炎或阻塞性黄疸等。

三、胰

（一）胰的位置

胰（pancreas）位于胃的后方，在第 1、2 腰椎的高度横贴于腹后壁，前面被有腹膜，是腹膜外位器官。由于胰的位置较深，前方有胃、横结肠和大网膜，故胰发生病变时，早期腹壁体征往往不明显，从而增加了早期正确诊断的困难性。

（二）胰的形态

胰呈长条形，质柔软，色灰红，可分为胰头（head of pancreas）、胰体（body of pancreas）、胰尾（tail of pancreas）三部分，各部分之间无明显界限。胰头为右端膨大部分，被十二指肠环抱；胰体位于胰头和胰尾之间，呈棱柱状，占胰的大部分；胰尾为伸向左上方较细的部分，紧贴脾门。

在胰的实质内有胰的输出管，称胰管（pancreatic duct）。胰管自胰尾起始，沿胰长轴右行至胰头，它沿途收集许多支管，最后与胆总管汇合成肝胰壶腹，共同开口于十二指肠大乳头（图 4 – 38）。

胰头后方与胆总管、肝门静脉相邻，因此，胰头癌患者可因肿瘤压迫胆总管，影响胆汁排出，出现阻塞性黄疸；因肿瘤压迫肝门静脉，影响血液回流，可出现腹水、脾肿大等症状。

（三）胰的微细结构

胰是人体第二大消化腺。胰表面覆有薄层结缔组织被膜，胰实质由外分泌部和内分泌部构成（图 4 – 39）。外分泌部是重要的消化腺，分泌胰液，在食物消化中起重要作用。内分泌部分泌激素，主要参与调节糖代谢。

1. 外分泌部（exocrine portion）　占胰的大部分，包括腺泡和导管。腺泡由腺细胞组成，腺细胞呈锥体形，细胞核呈圆形，位于细胞的基底部；导管起始于腺泡腔，

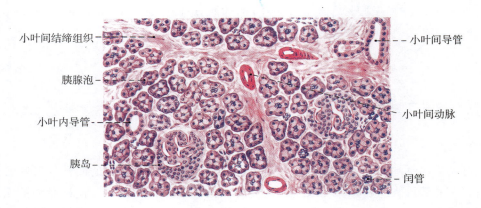

小叶间结缔组织 —

胰腺泡 —

小叶内导管 —

胰岛 —

— — 小叶间导管

— — 小叶间动脉

— — 闰管

图 4 – 39　胰的微细结构

逐级汇合成小叶内导管、小叶间导管和胰管。

　　胰腺细胞分泌胰液，内含多种消化酶（胰淀粉酶、胰脂肪酶、胰蛋白酶原等），经胰管排入十二指肠，参与糖、脂肪和蛋白质的消化。

　　胰腺细胞还分泌一种胰蛋白酶抑制因子，可防止胰蛋白酶原在胰腺内被激活。在某些病理情况下，如胰腺损伤或导管阻塞时，胰蛋白酶抑制因子的作用受到抑制，胰蛋白酶原在胰腺内被激活，可致胰腺组织迅速分解破坏，导致急性胰腺炎。

　　2. 内分泌部（endocrine portion）　　又称胰岛（pancreas islet），是散在于胰外分泌部腺泡之间大小不等的细胞团。成人胰腺约有 100 万个胰岛，约占胰腺总体积的 1% 左右。胰岛主要有 A、B、D 三种内分泌细胞。

　　（1）A 细胞：约占胰岛细胞总数的 20%，细胞体积较大，呈多边形，多分布在胰岛的外周部。A 细胞分泌高血糖素（glucagon），可促进糖原分解为葡萄糖，抑制糖原的合成，使血糖浓度升高。

　　（2）B 细胞：数量最多，约占胰岛细胞总数的 75%，细胞体积略小，多位于胰岛的中央部。B 细胞分泌胰岛素（insulin），能促进组织、细胞对葡萄糖的摄取和利用，促进肝细胞将葡萄糖转化为肝糖原或脂肪，使血糖浓度降低。

　　（3）D 细胞：数量较少，约占胰岛细胞总数的 5%，细胞呈卵圆形或梭形，散布在 A、B 细胞之间。D 细胞分泌生长抑素（somatostatin），对 A、B 细胞的分泌起调节作用。

　　机体的血糖水平，在高血糖素和胰岛素的协调作用下，保持相对稳定。若胰岛发生病变，胰岛素缺乏时，糖的正常分解代谢和糖原的合成发生障碍，以致血糖浓度增高，并不断从尿中排出，临床上称为糖尿病。胰岛的 B 细胞肿瘤或细胞功能亢进时，胰岛素分泌过多，可发生低血糖症。

第四节 腹 膜

一、概述

(一) 腹膜的概念

腹膜 (peritoneum) 是覆盖在腹、盆壁内面和腹、盆腔脏器表面的一层浆膜。腹膜薄而润滑，呈半透明状。腹膜依其分布部位不同，分为壁腹膜与脏腹膜两部分：衬于腹、盆壁内面的腹膜称壁腹膜 (parietal peritoneum)；覆盖在腹、盆腔脏器表面的腹膜称脏腹膜 (visceral peritoneum)。

(二) 腹膜腔和腹腔的概念

壁腹膜与脏腹膜相互延续移行所围成的潜在性腔隙称为腹膜腔 (peritoneal cavity) (图4-40)。男性的腹膜腔是封闭的；女性的腹膜腔可经输卵管、子宫和阴道与外界相通。腹膜腔内仅含有少量浆液。

腹腔 (abdominal cavity) 是指小骨盆上口以上由腹壁和膈围成的腔。腹腔内的所有器官实际上均位于腹膜腔之外。

腹腔和腹膜腔的概念是不同的。临床应用时，对腹腔和腹膜腔的区分常常并不严格，但有的手术 (肾和膀胱的手术) 常在腹膜外进行，不需要经过腹膜腔，因此应对腹腔和腹膜腔有明确的概念。

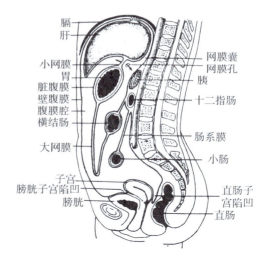

图4-40 腹膜的配布 (矢状切面)

(三) 腹膜的功能

1. 分泌少量浆液 正常腹膜分泌少量浆液 (100~200ml)，润滑脏器表面，减少器官在运动时的摩擦。病理情况下，腹膜渗出增加，产生大量积液，形成腹水。

2. 吸收功能 腹膜有广阔的表面，有较强的吸收能力，可吸收腹腔内的液体和空气等，特别是上腹部腹膜的吸收能力更强，故临床上对腹膜炎或腹部手术后的病人多采取半卧位，使炎性渗出液流向下腹部，以延缓腹膜对积液毒素的吸收。

3. 支持和固定脏器 腹膜形成的韧带、系膜等结构对脏器有支持和固定作用。

4. 防御功能 腹膜和腹膜腔浆液中含有大量巨噬细胞，可吞噬细菌和有害物质，有防御功能。

5. 修复和再生功能 腹膜有较强的修复和再生能力，所分泌的浆液中含有纤维素，其粘连作用可促进伤口的愈合和炎症的局限化。但如果手术操作粗暴，或腹膜在空气中暴露时间过长，可造成肠祥纤维性粘连等后遗症。

二、腹膜与腹盆腔器官的关系

　　根据腹膜覆盖器官的程度不同，可将腹、盆腔器官分为三类，即腹膜内位器官、腹膜间位器官和腹膜外位器官（图4－41）。

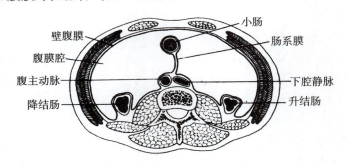

图4－41　腹膜与器官的关系

（一）腹膜内位器官

　　表面几乎都被腹膜覆盖的器官为腹膜内位器官，如胃、十二指肠上部、空肠、回肠、盲肠、阑尾、横结肠、乙状结肠、脾、卵巢及输卵管等。这类器官活动性较大。

（二）腹膜间位器官

　　表面大部分或三面被腹膜覆盖的器官为腹膜间位器官，如肝、胆囊、升结肠、降结肠、直肠上部、膀胱和子宫等。这类器官活动性较小。

（三）腹膜外位器官

　　仅有一面被腹膜覆盖的器官为腹膜外位器官，如十二指肠降部和水平部、胰、肾、肾上腺、输尿管和直肠中下部等。这类器官位置固定，几乎不能活动。

　　了解腹膜与器官的关系，对临床工作有指导意义。如对腹膜内位器官进行手术，必须通过腹膜腔，但对肾、输尿管等腹膜外位器官和膀胱等腹膜间位器官进行手术，可不通过腹膜腔，而于腹膜外进行，从而避免损伤腹膜而引起腹膜腔的感染和术后器官的粘连等。

三、腹膜形成的结构

　　腹膜在器官与腹壁或盆壁之间以及器官与器官之间互相移行，形成韧带、系膜、网膜、陷凹等腹膜结构（图4－42）。这些腹膜结构对器官起着连接和固定的作用，也是血管和神经出入器官的途径。

（一）韧带

　　韧带是连于腹、盆壁与器官之间或连接相邻器官之间的腹膜结构，有悬吊和固定脏器的作用。镰状韧带是位于膈下面与肝上面之间呈矢状位的双层腹膜结构。胃脾韧带是连于胃底和脾门之间的双层腹膜皱襞。脾肾韧带是连于脾门与左肾之间的双层腹膜皱襞。肝的下方有肝胃韧带和肝十二指肠韧带。子宫的两侧有子宫阔韧带等。

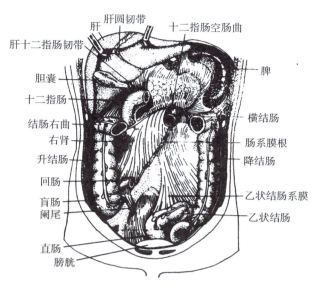

图 4 - 42 腹膜形成的结构

（二）系膜

系膜是指将肠管连于腹后壁的双层腹膜结构。

1. 肠系膜（mesentery）　是将空、回肠连于腹后壁的双层腹膜结构。其附于腹后壁的部分称肠系膜根。肠系膜根自第 2 腰椎体的左侧斜向右下方，至右侧骶髂关节的前方，长约 15cm。由于肠系膜较长，因而空、回肠的活动性较大，容易发生肠扭转。

2. 横结肠系膜（transverse mesocolon）　是将横结肠连于腹后壁的双层腹膜结构。其根部起自结肠右曲，向左跨右肾中部、十二指肠降部、胰头等器官前方，直至结肠左曲。

3. 乙状结肠系膜（sigmoid mesocolon）　是将乙状结肠连于腹后壁的双层腹膜结构。其根部附于左髂窝和骨盆左后壁。乙状结肠系膜较长，使乙状结肠的活动度较大，容易发生乙状结肠扭转。

4. 阑尾系膜（mesoappendix）　是阑尾与回肠末端之间的三角形双层腹膜皱襞。其游离缘内有阑尾动、静脉等，故阑尾切除术时，应在阑尾系膜游离缘进行血管结扎。

（三）网膜

网膜（omentum）是与胃小弯和胃大弯相连的腹膜结构，包括小网膜与大网膜。

1. 小网膜（lasser omentum）　是肝门至胃小弯和十二指肠上部的双层腹膜。小网膜分为两部分：连于肝门和胃小弯之间的部分称肝胃韧带（hepatogastric ligament）；连于肝门和十二指肠上部之间的部分称肝十二指肠韧带（hepatoduodenal ligament）（图 4 - 43）。肝十二指肠韧带内有肝固有动脉、胆总管和肝门静脉通过。小网膜的右缘游离，其后方为网膜孔，经此孔可进入网膜囊。

2. 网膜囊（omental bursa）　是位于小网膜和胃后方的腹膜间隙，又称小腹膜腔，是腹膜腔的一部分。网膜囊的前壁是小网膜和胃后壁，后壁是覆盖在胰、左肾、

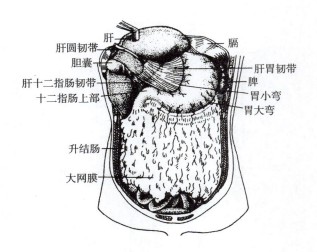

图 4 – 43　网膜

左肾上腺表面的腹膜。网膜囊经网膜孔（omental foramen）与腹膜腔的其他部分相通（图 4 –44）。网膜囊位置较深，当胃后壁穿孔时，胃内容物常积聚在囊内，给早期正确诊断带来一定困难。

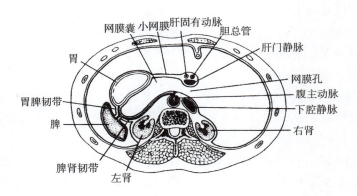

图 4 – 44　网膜囊

3. 大网膜（greater omentum）　是连于胃大弯和横结肠之间的腹膜结构（图 4 – 43）。大网膜似围裙，悬垂于横结肠和小肠的前方。

大网膜由四层腹膜构成，前两层是由胃前、后壁的腹膜自胃大弯和十二指肠上部下垂而成，当下垂至脐平面稍下方，然后折返向上，形成大网膜的后两层，向后上包裹横结肠并与横结肠系膜相续。在成人，大网膜的前两层和后两层常愈合在一起。

大网膜有重要的防御功能。当腹腔器官有炎症时，大网膜的下垂部可向病变处移动，将病灶包裹，以限制炎症蔓延扩散。故腹部手术时，可根据大网膜移动的位置探查病变的部位。小儿的大网膜较短，当下腹部炎症或阑尾炎穿孔时，病灶不易被大网膜包裹，因而炎症扩散的机会较多，易形成弥漫性腹膜炎。

（四）陷凹

盆腔脏器之间的腹膜反折移行，在器官之间形成较大而恒定的陷凹（pouch）。男性在直肠与膀胱之间有直肠膀胱陷凹（rectovesical pouch）；女性在膀胱与子宫之间有膀胱子宫陷凹（vesicouterine pouch），直肠与子宫之间有直肠子宫陷凹（rectouterine pouch），也称 Douglas 腔。直肠子宫陷凹较深，与阴道穹后部之间仅隔以阴道后壁和腹膜（图 4-40）。

　　站立或半卧位时，男性的直肠膀胱陷凹和女性的直肠子宫陷凹是腹膜腔的最低部位，腹膜腔内如有积液时易在这些陷凹内积存。临床上当腹膜腔积液、积血或积脓时，可进行直肠穿刺或阴道穹后部穿刺以进行诊断和治疗。

胃和十二指肠插管术的相关解剖学知识

　　胃和十二指肠插管术是经口腔或鼻腔入路，将导管经咽、食管插入胃或十二指肠内，主要用于洗胃、鼻饲、抽取胃液及胃肠减压等，也可用于对胃、十二指肠进行内窥镜检查和组织活检。

　　根据患者情况选择经口腔或鼻腔插管。经鼻腔入路可避免张口疲劳，因无咽峡部刺激可减少恶心、呕吐，故临床较常用。插管依次经口（或鼻）、咽、食管进入胃和十二指肠。

　　插管长度成人插胃管一般 45～55cm，婴幼儿为 14～18cm；十二指肠插管一般达 70～75cm。临床上一般以自病人鼻尖或口唇经耳垂至剑突的长度来估算胃插管长度。

　　经口腔插管时，若患者牙关紧闭，应从第 3 磨牙后方的间隙插入。

　　经鼻插管时通过鼻中隔与鼻甲之间（即总鼻道）插入。一般插管方向应先稍向上，而后平行向后下，使胃管经鼻前庭沿固有鼻腔下壁靠内侧滑行。喉口是插管误入气管的入口，应注意及时关闭。当胃管进入咽部时，嘱病人做吞咽动作，喉上提，会厌向后下封闭上提的喉口，同时喉前移，使平时紧张收缩的食管张开，有利于插管进入食管。

　　对于昏迷病人不能吞咽者，插管前应使其头后仰，当胃管插入 15cm 时，将患者头部托起，使下颌靠近胸骨柄，以增大咽部通道的弧度，使胃管沿咽后壁滑至食管。

灌肠术和直肠镜检查术的相关解剖学知识

　　灌肠术是将一定量的液体经肛门逆行灌入大肠，根据目的进行保留或不保留灌肠。不保留灌肠用以解除便秘、促使排便、减轻腹胀及清洁肠道等；保留灌肠是向大肠内灌入药物，通过肠道黏膜的吸收作用以治疗某些疾病。

　　直肠镜或乙状结肠镜检查是利用肠道内窥镜直接观察直肠或乙状结肠有无病变的有效检查方法。

　　根据目的不同采用不同的插管深度，一般清洁灌肠插入肛门 10～12 cm，不保留灌肠插入肛门 7～10cm，保留灌肠插入 10～20cm。直肠镜检查可根据检查目的插入 3～20cm。

插管时，患者侧卧，插管应以脐的方向为准，插入 3～4cm 后转向上后，以顺利进入直肠。插管要轻柔，沿直肠的弯曲缓慢插入，避免损伤肠黏膜，特别是直肠横襞。

 知识链接三

腹膜腔穿刺术的相关解剖学知识

腹膜腔穿刺术是用穿刺针经腹壁刺入腹膜腔的一项诊疗技术。腹膜腔穿刺术常用于检查腹膜腔积液的性质，协助确定病因；抽出腹水，减轻压迫症状；向腹膜腔内注入药物等。

腹膜腔穿刺术的穿刺点可选择：①下腹部正中旁穿刺点：脐与耻骨联合上缘连线的中点上方 1.0 cm、偏左或偏右 1.5 cm 处，此处无重要器官，穿刺较安全。②左下腹部穿刺点：脐与左髂前上棘连线的中、外 1/3 交点处，此处不易损伤腹壁下动脉。③侧卧位穿刺点：在脐水平线与腋前线或腋中线交点处，此处常用于诊断性穿刺。

腹膜腔穿刺穿经层次：①下腹部正中旁穿刺点的穿经层次为皮肤、浅筋膜、腹白线或腹直肌内缘、腹横筋膜、腹膜外脂肪、壁腹膜，进入腹膜腔。②左下腹部穿刺点和侧卧位穿刺点的穿经层次为皮肤、浅筋膜、腹外斜肌、腹内斜肌、腹横肌、腹横筋膜、腹膜外脂肪、壁腹膜，进入腹膜腔

思考题

1. 消化系统的组成和主要功能如何？
2. 简述咽的位置和分部。
3. 简述食管的狭窄及距切牙的距离。
4. 胃的形态、分部和位置如何？
5. 简述小肠的分部和位置。
6. 大肠分哪几部分？结肠有何特征性结构？
7. 阑尾的位置及根部的体表投影如何？
8. 简述肝的形态、位置和体表投影。
9. 简述胆囊的位置、形态和胆囊底的体表投影；写出胆汁的排出途径。
10. 名词解释：上消化道、下消化道、咽峡、胃窦、麦氏点、齿状线、肝胰壶腹、腹膜腔。

（刘　杰）

第五章 | 呼吸系统

第一节　概　述

一、呼吸系统的组成

呼吸系统（respiratory system）由呼吸道和肺两部分组成（图 5-1）。呼吸道包括鼻、咽、喉、气管、左主支气管和右主支气管以及各级支气管。肺由肺实质和肺间质组成，肺实质由肺内各级支气管的分支和肺泡构成；肺间质由肺内的结缔组织、血管、淋巴管和神经等构成。临床上通常把鼻、咽、喉称为上呼吸道，而将气管、左主支气管和右主支气管以及肺内各级支气管称为下呼吸道。

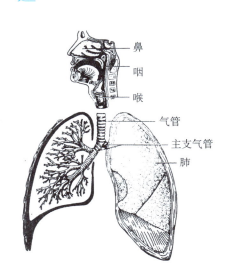

图 5-1　呼吸系统概观

二、呼吸系统的主要功能

呼吸道是传送气体的管道；肺是完成气体交换的器官。呼吸系统的主要功能是进行机体与外界环境间的气体交换，即吸入 O_2，排出 CO_2。此外，鼻另有嗅觉功能，喉还有发音的功能等。

第二节　呼吸道

一、鼻

鼻（nose）是呼吸道的起始部分，又是嗅觉器官，并辅助发音。鼻可分为外鼻、鼻腔和鼻旁窦三部分。

（一）外鼻

外鼻（external nose）由骨和软骨作支架，外覆皮肤和少量皮下组织构成。外鼻位于面部中央，上窄下宽，上端位于两眶之间狭窄的部分称鼻根，中部称鼻背，下端称鼻尖，鼻尖两侧扩大呈半圆形隆起为鼻翼（nasal ala）。在平静呼吸时鼻翼无明显活动，当呼吸困难时，可出现鼻翼扇动，在小儿更为明显。外鼻下方有一对鼻孔，是气体进出呼吸道的门户。鼻尖和鼻翼处皮肤较厚，富含皮脂腺和汗腺，是疖肿的好发部位。

（二）鼻腔

鼻腔（nasal cavity）由骨和软骨围成，内面衬以黏膜或皮肤。鼻腔被鼻中隔分为左、右两腔，每侧鼻腔向前以鼻孔通外界；向后经鼻后孔通鼻咽。

每侧鼻腔可分为鼻前庭和固有鼻腔两部分。

1. 鼻前庭（nasal vestibule）　位于鼻腔的前下部，由鼻翼围成，内面衬以皮肤，生有鼻毛，可滤过空气中的灰尘和阻挡异物，有净化空气的功能。鼻前庭也是疖肿的好发部位，由于该处缺乏皮下组织，故发生疖肿时，疼痛较为剧烈。

2. 固有鼻腔（nasal cavity proper）　位于鼻腔的后上部，是鼻腔的主要部分，由骨性鼻腔内覆黏膜构成。

固有鼻腔的外侧壁上有上、中、下三个鼻甲，各鼻甲的下方有相应的上、中、下鼻道（图5-2）。上鼻甲的后上方与鼻腔顶壁之间的陷凹称蝶筛隐窝（sphenoethmoidal recess）。上鼻道和中鼻道有鼻旁窦的开口；下鼻道的前部有鼻泪管的开口。

鼻腔的内侧壁为鼻中隔（nasal septum），鼻中隔由筛骨垂直板、犁骨和鼻中隔软骨等覆以黏膜构成，多偏于一侧。鼻中隔前下部的黏膜下层有丰富的血管丛，约90%的鼻出血均发生于此区域，临床上称为"易出血区"（Litte区）（图5-3）。

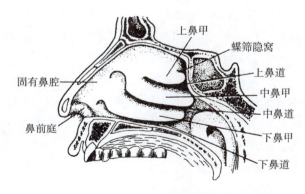

图5-2　鼻腔外侧壁

固有鼻腔的黏膜可因其结构和功能的不同，分为嗅区和呼吸区两部分。嗅区（olfactory region）是指位于上鼻甲及其相对应的鼻中隔上部的黏膜，活体上呈淡黄色，黏膜内含有嗅细胞，有感受嗅觉刺激的功能；呼吸区是指嗅区以外的黏膜，活体上呈粉红色，表层为假复层纤毛柱状上皮，黏膜内含有丰富的血管和腺体，对吸入的空气有温暖、湿润和净化作用。

（三）鼻旁窦

鼻旁窦（paranasal sinuses）由骨性鼻旁窦衬以黏膜而成。鼻旁窦又称副鼻窦，共四对：包括上颌窦、额窦、筛窦和蝶窦，分别位于同名的颅骨内，各窦均开口于鼻腔（图5-4，图5-5）。上颌窦、额窦以及筛窦的前筛窦和中筛窦都开口于中鼻道；筛窦的后筛窦开口于上鼻道；蝶窦开口于蝶筛隐窝。

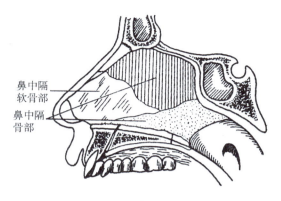

图5-3　鼻中隔

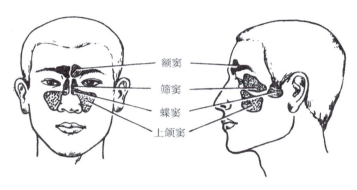

图5-4　鼻旁窦投影

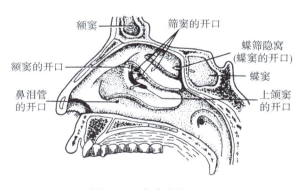

图5-5　鼻旁窦的开口

鼻旁窦可调节吸入空气的温、湿度，并对发音起共鸣作用。

鼻旁窦的黏膜与鼻腔的黏膜相延续，故鼻腔黏膜的炎症可蔓延至鼻旁窦，引起鼻旁窦炎。上颌窦是鼻旁窦中最大的一对，其开口位置位于其内侧壁最高处，窦口高于窦底，窦腔内的分泌物不易排出，所以上颌窦炎较为多见。

二、咽

咽是消化管与呼吸道共有的器官，详见消化系统。

三、喉

喉（larynx）既是呼吸道，又是发音器官。

（一）喉的位置

喉位于颈前部正中，喉咽的前方。成年人的喉相当于第5~6颈椎的高度。

喉的上部借韧带和肌与舌骨相连，下部与气管相续，喉的前面被舌骨下肌群覆盖，后面紧邻咽，两侧为颈部的大血管、神经和甲状腺侧叶。喉有较大的活动性，可随吞咽或发音而上下移动。

（二）喉的结构

喉由软骨、韧带、喉肌及喉黏膜构成。

1. 喉软骨　喉软骨主要有甲状软骨、环状软骨、杓状软骨和会厌软骨（图5-6）。

（1）甲状软骨（thyroid cartilage）：位于舌骨的下方，环状软骨的上方。甲状软骨由左、右两块略呈方形的软骨板合成，其前缘愈合处构成凸向前方的前角，前角上端向前突起，形成喉结（laryngeal prominence），成年男性尤为明显。甲状软骨板的后缘游离，向上和向下各有一对突起，上方的一对称上角，下方的一对称下角。下角与环状软骨构成环甲关节。甲状软骨是喉软骨中最大的一块，构成喉的前壁和外侧壁。

（2）环状软骨（cricoid cartilage）：位于甲状软骨的下方，下与气管相连。环状软骨呈环状，前部低窄呈弓状，称环状软骨弓，后部高宽呈方形板状，称环状软骨板。环状软骨是喉软骨中唯一完整呈环形的软骨，对维持呼吸道的畅通有重要作用。环状软骨弓在活体可被触及，它平对第6颈椎，是重要的体表标志。

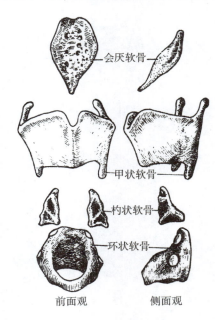

图5-6　分离的喉软骨

（3）杓状软骨（arytenoid cartilage）：左、右各一，位于环状软骨板的上方。杓状软骨略呈三棱锥体形，尖向上，底朝下。杓状软骨底有两个突起，向前伸出的突起，称声带突，与甲状软骨前角的内面连有声韧带；向外侧伸出的突起，称肌突，有喉肌附着。

（4）会厌软骨（epiglottic cartilage）：上端游离，下端附着于甲状软骨前角的后面。会厌软骨形似树叶，上宽下窄，外覆黏膜形成会厌（epiglottis）。当吞咽时，喉上提，会厌盖住喉口，可防止食物进入喉腔。

2. 喉的连结　包括喉软骨间的连结和喉与舌骨和气管之间的连结（图5–7）。

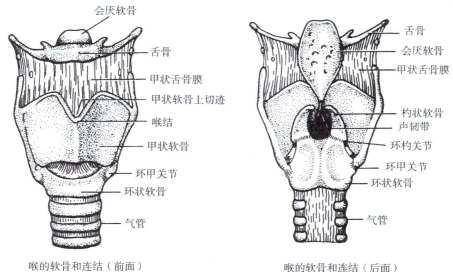

喉的软骨和连结（前面）　　　　喉的软骨和连结（后面）

图5–7　喉软骨及其连结

（1）甲状舌骨膜（thyrohyoid membrane）：为连于甲状软骨上缘与舌骨之间的结缔组织膜。

（2）环甲正中韧带（median cricothyroid ligament）：连于甲状软骨下缘中部与环状软骨弓上缘之间，主要由弹性纤维构成。

（3）声韧带（vocal ligament）：由弹性纤维构成，紧张于甲状软骨前角后面与杓状软骨的声带突之间。

（4）环甲关节（cricothyroid joint）：由甲状软骨下角与环状软骨两侧的关节面构成。甲状软骨可沿环甲关节冠状轴作前倾和复位运动，从而使声带紧张或松弛。

（5）环杓关节（cricoarytenoid joint）：由杓状软骨底与环状软骨板上缘的关节面构成。杓状软骨可沿环杓关节的垂直轴作旋转运动，使声带突向内、外侧转动，从而使声门裂缩小或开大。

3. 喉腔（larygeal cavity）　喉的内腔称喉腔，内衬黏膜。喉腔向上与喉咽相通，向下与气管腔相续。喉腔的上口称喉口（aditus laryngis），朝向后上方（图5–8）。

在喉腔中部的侧壁上，有上、下两对呈前后方向的黏膜皱襞，上方的一对称前庭襞（vestibular fold），活体呈粉红色；下方的一对称声襞（vocal fold），活体呈苍白色。两侧前庭襞之间的裂隙称前庭裂（rima vestibuli）；两侧声襞及杓状软骨底声带

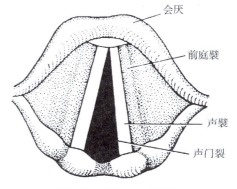

图5–8　喉腔（上面观）

突之间的裂隙称声门裂（fissure of glottis）。声门裂是喉腔最狭窄的部位。

声襞与声韧带和声带肌共同构成声带（vocal cord）。肺内呼出的气流通过声门裂时振动声带而发音。

喉腔可分为三部分：①喉前庭（laryngeal vestibule），是从喉口至前庭裂平面之间的部分。②喉中间腔（intermedial cavity of larynx），是前庭裂和声门裂两平面之间的部分。喉中间腔向两侧突出的隐窝称喉室（ventricle of larynx）。③声门下腔（infraglottic cavity），是声门裂平面至环状软骨下缘之间的部分（图5-9、10）。声门下腔的黏膜下层结构疏松，炎症时易发生水肿，尤其幼儿因喉腔较窄小，水肿时易引发喉阻塞，造成呼吸困难。

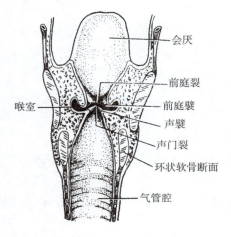

图5-9　喉腔（冠状切面）

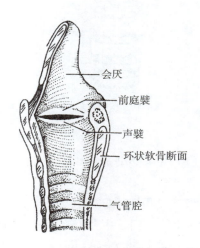

图5-10　喉肌（矢状切面）

4. 喉肌（laryngeal muscle）　为数块短小的骨骼肌，附着于喉软骨。喉肌按功能可分为两群。一群作用于环甲关节，使声带紧张或松弛，以调节音调的高低；另一群作用于环杓关节，使声门裂开大或缩小，以调节音量的大小（图5-11）。

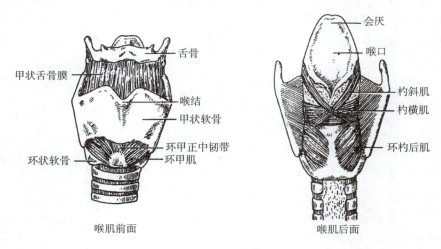

图5-11　喉肌（前面、后面）

四、气管与主支气管

气管与主支气管是连通喉与肺之间的管道。

（一）气管

1. 气管的形态结构 气管（trachea）为后壁略扁的圆筒状管道。气管由16~20个气管软骨环和连接各环之间的平滑肌和结缔组织构成。气管软骨环呈"C"形，为透明软骨，后壁缺口处由平滑肌和结缔组织形成的膜所封闭（图5-12）。

2. 气管的位置和分部 气管位于食管的前方，上端平第6颈椎体下缘高度接环状软骨，经颈部正中，向下入胸腔，至胸骨角平面分为左、右主支气管，其分杈处称气管杈（bifurcation of trachea）。在气管杈内面有一向上凸出的半月状嵴，称支气管隆嵴，是支气管镜检查的定位标志。

根据气管的行径和位置，气管可分为颈部和胸部。

气管颈部位于颈前部正中，较短，位置表浅，可在体表触到。气管颈部两侧有甲状腺侧叶和颈部的大血管、神经；后面与食管相贴；在第2~4气管软骨环前方有甲状腺峡。

气管胸部位于胸腔内，较长，前面与胸骨之间有大血管和胸腺，后面仍与食管相贴。

临床上作气管切开时，常选取在第3~5气管软骨环处施行。

（二）主支气管

支气管（bronchi）是指由气管分出的各级分支。气管分出的一级分支为左主支气管（left principal bronchus）和右主支气管（right principal bronchus）。

左、右主支气管自气管分出后，行向下外方，各自经肺门入左、右肺内。

左主支气管较细而长，长4~5cm，走行较倾斜；右主支气管略粗而短，长2~3cm，走行较垂直。所以临床上气管内异物多坠入右主支气管（图5-12）。

（三）气管与主支气管的微细结构

气管与主支气管的管壁结构相同，由内向外依次由黏膜、黏膜下层和外膜构成（图5-13）。

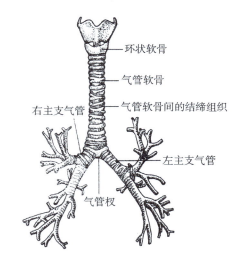

环状软骨
气管软骨
气管软骨间的结缔组织
右主支气管
左主支气管
气管杈

图5-12 气管和主支气管

1. 黏膜 由上皮和固有层构成。上皮为假复层纤毛柱状上皮，含有杯形细胞；固有层为疏松结缔组织，含小血管、淋巴管、大量的弹性纤维和弥散的淋巴组织。

2. 黏膜下层 由疏松结缔组织构成，内有血管、淋巴管、神经和腺体。

黏膜下层的腺体和黏膜上皮中的杯形细胞分泌的黏液可润滑黏膜表面，并黏附吸入空气中的尘埃和细菌等，黏膜上皮的纤毛有节律地向喉部、咽部摆动，将黏附物排出。

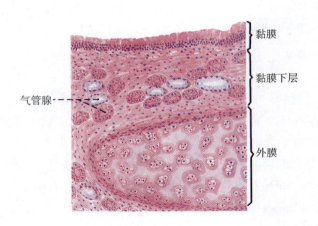

图 5 – 13　气管的微细结构

3. 外膜　主要由 "C" 形透明软骨环和疏松结缔组织构成。软骨有支持作用，保持气管、主支气管管道开放，气流通畅。气管软骨环后壁缺口处由结缔组织连接，内含平滑肌束。

第三节　肺

一、肺的位置和形态

肺（lung）左、右各一，位于胸腔内，纵隔的两侧。

肺似海绵状，质轻而柔软，富有弹性，小儿肺呈淡红色，随着年龄的增大，因不断吸入尘埃，肺的颜色由暗红色逐渐变为灰黑色（图 5 – 14）。

每侧肺的形态近似半圆锥形，左肺因心偏左而狭长，右肺因肝的影响而宽短。

肺具有一尖、一底、两面和三缘（图 5 – 14）。

一尖：肺尖（apex of lung）钝圆，经胸廓上口向上突入颈根部，高出锁骨内侧 1/3 段的上方 2～3cm。

一底：肺底（base of lung）与膈相贴，向上方凹陷，又称膈面。

两面：肺的外侧面邻接肋和肋间肌，称肋面（costal surface）；内侧面邻

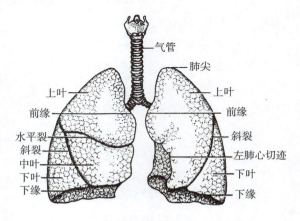

图 5 – 14　气管、主支气管和肺

贴纵隔，又称纵隔面（mediastinal surface）。纵隔面中部凹陷称肺门（hilum of lung），是主支气管、肺动脉、肺静脉、支气管动脉、支气管静脉、淋巴管和神经等结构出入

肺的部位（图 5 - 15）。这些出入肺门的结构被结缔组织包绕，构成肺根（root of lung）。

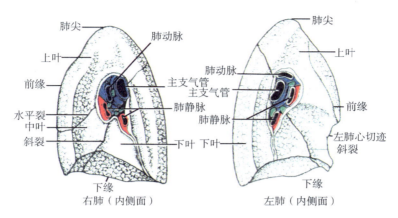

图 5 - 15 左肺、右肺内侧面

三缘：肺的前缘和下缘薄而锐利，右肺前缘近于垂直，左肺前缘下部有一弧形凹陷，称心切迹；肺的后缘圆钝，贴于脊柱的两旁。

每侧肺都有深入肺内的肺裂，并借肺裂分成肺叶。左肺被一由后上斜向前下的斜裂分成上、下两叶。右肺除有斜裂外，还有一近似水平走向的水平裂，右肺被斜裂和水平裂分为上、中、下三叶。

二、肺段支气管和支气管肺段

左、右主支气管在肺门处入肺后，首先分出肺叶支气管（lobar bronchi），左主支气管分为上、下两支，右主支气管分为上、中、下三支，分别进入相应的肺叶。肺叶支气管在各肺叶内再分支，为肺段支气管（segmental bronchi）。

每一肺段支气管的分支及其所属的肺组织，构成一个支气管肺段（bronchpulmonary segments），简称肺段（pulmonary segments）。肺段呈圆锥形，尖朝向肺门，底朝向肺表面。左、右肺各分为 10 个肺段。每个肺段从结构和功能来看，可视为一个独立性单位，故临床上常以肺段进行定位诊断及肺段切除（图 5 - 16）。

三、肺的微细结构

肺的表面被有浆膜。肺组织可分为肺实质和肺间质两部分。

（一）肺实质

肺实质即肺内各级支气管的分支和肺泡。主支气管经肺门进入肺内后逐级分支，顺序分支为肺叶支气管、肺段支气管、小支气管、细支气管（管径小于 1mm）、终末细支气管（管径小于 0.5mm）、呼吸性细支气管、肺泡管、肺泡囊和肺泡。其中，从肺叶支气管到终末细支气管，只能传送气体，不能进行气体交换，构成肺的导气部；呼吸性细支气管以下各段管壁上连有肺泡，是进行气体交换的部位，构成肺的呼吸部（图 5 - 17）。

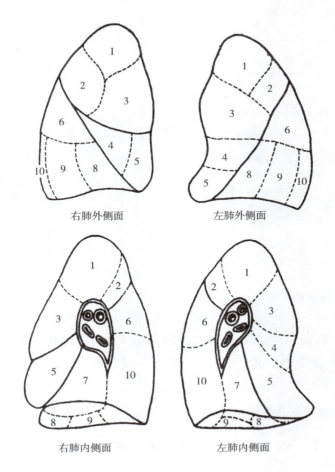

右肺外侧面　　　　　左肺外侧面

右肺内侧面　　　　　左肺内侧面

图 5 - 16　肺段模式图

每个细支气管及其所属的肺泡构成一个肺小叶（pulmonary lobule）（图 5 - 18）。肺小叶呈锥体形，尖朝向肺门，底朝向肺表面。临床上所说的小叶性肺炎，就是指肺小叶范围内的炎症。

1. 肺导气部　是肺内传送气体的管道，包括肺叶支气管、肺段支气管、小支气管、细支气管、终末细支气管。

肺导气部随着支气管的反复分支，其管径由大渐小，管壁由厚变薄，其组织结构也发生了相应的变化，其主要变化是：①黏膜逐渐变薄，上皮由假复层

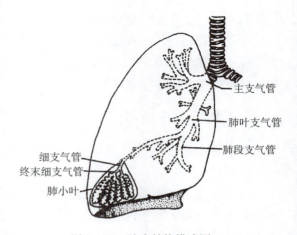

图 5 - 17　肺内结构模式图

纤毛柱状上皮逐渐移行为单层纤毛柱状上皮或单层柱状上皮，杯形细胞逐渐减少，至终末细支气管消失。②黏膜下层的腺体逐渐减少，至终末细支气管消失。③外膜中的

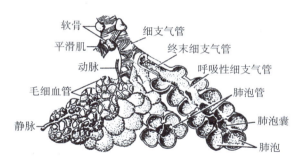

图 5 – 18 肺小叶示意图

软骨由 "C" 形逐渐变小，随之变为软骨碎片，最后消失。④外膜中的平滑肌相对逐渐增多，至终末细支气管，形成完整的环形肌层。

至终末细支气管，管壁上皮为单层柱状上皮，无杯形细胞；管壁内腺体和软骨完全消失；平滑肌成为完整的环形肌层。

细支气管（bronchiole）和终末细支气管（terminal bronchiole）管壁中平滑肌的舒缩可控制其管腔的大小，调节出入肺泡气体的流量。在病理情况下，平滑肌发生痉挛性收缩，可使管腔持续狭窄，造成呼吸困难，临床上称为支气管哮喘。

2. 肺呼吸部 是进行气体交换的场所，由呼吸性细支气管、肺泡管、肺泡囊和肺泡等构成（图 5 – 19）。

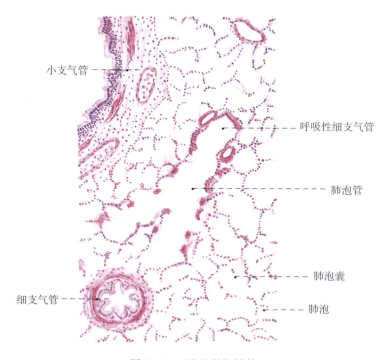

图 5 – 19 肺的微细结构

（1）呼吸性细支气管（respiratory bronchiole） 是终末细支气管的分支，管壁连有少量肺泡，故管壁不完整，上皮为单层柱状或单层立方上皮，其外面有少量平滑肌和结缔组织。

（2）肺泡管（alveolar duct） 为呼吸性细支气管的分支，管壁连有大量肺泡，故管壁自身的结构很少。

（3）肺泡囊（alveolar sac） 肺泡囊与肺泡管相连，每个肺泡管分支形成 2～3 个肺泡囊。肺泡囊是许多肺泡共同开口而成的囊腔，囊壁由肺泡围成。

（4）肺泡（pulmonary alveoli） 肺泡为多面形有开口的囊泡，开口于肺泡囊、肺泡管或呼吸性细支气管，是气体交换的场所。每侧肺内有 3～4 亿个肺泡，总表面积可达 70～80m^2。

肺泡壁主要由肺泡上皮和基膜构成。肺泡上皮为单层上皮，由两种类型的细胞构成（图 5－20）。

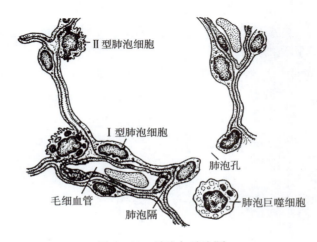

图 5－20　肺泡与肺泡隔

1）Ⅰ型肺泡细胞（type Ⅰ alveolar cell）：为扁平细胞，数量多，很薄，约占肺泡表面积的 95%。Ⅰ型肺泡细胞的主要作用是提供一个广阔而最薄的气体交换面，有利于气体交换。

2）Ⅱ型肺泡细胞（type Ⅱ alveolar cell）：为圆形或立方形细胞，数量少，位于Ⅰ型肺泡细胞之间。Ⅱ型肺泡细胞能分泌表面活性物质（surfactant）（磷脂类物质），布于肺泡腔面形成一层很薄的液膜。

表面活性物质的主要功能是降低肺泡表面张力。呼气时肺泡缩小，表面活性物质密度增加，表面张力降低，使肺泡在呼气末时不致过度塌陷；吸气时肺泡扩张，表面活性物质密度减小，表面张力增大，可防止肺泡过度膨胀。

表面活性物质的缺乏或变性均可引起肺不张。例如，创伤或休克等可致表面活性物质消耗增加，吸入毒性气体或发生肺水肿等可致表面活性物质直接破坏和变性，发生病毒性肺炎或长期缺氧等可致表面活性物质合成减少与分泌受抑制等。由于肺泡塌陷，在临床上表现为进行性呼吸困难和低氧血症，从而导致急性肺功能衰竭。若早产儿或新生儿因先天缺陷致Ⅱ型肺泡细胞发育不良，表面活性物质合成与分泌障碍，使肺泡表面张力增大，婴儿出生后肺泡不能扩张，导致新生儿呼吸窘迫症。

（二）肺间质

肺间质由肺内的结缔组织、血管、淋巴管和神经等构成。

1. 肺泡隔（alveolar septum）　是相邻肺泡之间的薄层结缔组织。肺泡隔内含有丰富的毛细血管、大量的弹性纤维和散在的肺泡巨噬细胞。

毛细血管和肺泡上皮紧密相贴，有利于毛细血管内的血液与肺泡内的气体之间进行气体交换。

弹性纤维可协助扩张的肺泡在呼气时自然回缩。如果弹性纤维变性、断裂，或因炎症病变破坏了弹性纤维，则肺泡弹性减弱，肺泡不能回缩而长期处于过度扩张状态，形成肺气肿。

肺泡隔内的肺泡巨噬细胞（alveolar macrophage）具有吞噬异物和细菌的功能，吞噬灰尘颗粒后的肺泡巨噬细胞称尘细胞（dust cell）。

2. 呼吸膜（respiratory membrane）　又称气－血屏障（blood－air barrier），是肺泡内的气体与肺泡隔内毛细血管内血液携带的气体进行气体交换时必须透过的结构。呼吸膜主要由肺泡上皮细胞、肺泡上皮细胞的基膜、毛细血管内皮细胞的基膜和毛细血管内皮细胞四层组成（图5－20）。

四、肺的体表投影

肺尖高出锁骨内侧1/3段上方2～3cm。左、右肺的前缘，自肺尖开始，斜向下内，经胸锁关节后方至第2胸肋关节的水平，两肺前缘靠拢。右肺前缘由此垂直下降，至右侧第6胸肋关节处，移行为右肺下缘；左肺前缘垂直下行至第4胸肋关节处，沿肺的心切迹向左下作弧形弯曲至第6肋软骨中点（距前正中线4cm）处，移行为左肺下缘（图5－19、20）。

两肺下缘的体表投影大致相同。在平静呼吸时，两肺下缘均沿第6肋软骨下缘向外下方行走，在锁骨中线处与第6肋相交，在腋中线处与第8肋相交，在肩胛线处与第10肋相交，在接近脊柱时，平第10胸椎棘突高度（图5－21，图5－22）。

在深呼吸时，两肺的下缘均可向上、向下移动2～3cm。

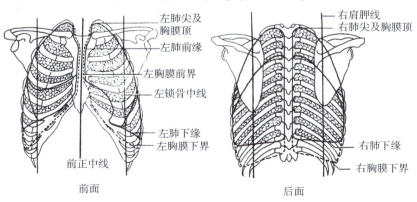

图5－21　肺和胸膜的体表投影（前面和后面）

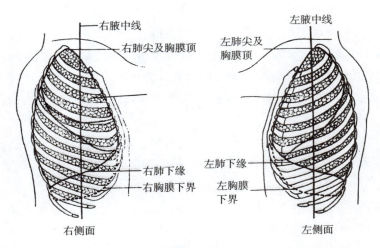

右腋中线
右肺尖及胸膜顶
右肺下缘
右胸膜下界
右侧面

左腋中线
左肺尖及胸膜顶
左肺下缘
左胸膜下界
左侧面

图 5 – 22　肺和胸膜的体表投影（右侧面和左侧面）

五、肺的血管

肺有两套血管系统。一套是肺的功能性血管，是进行气体交换的血管，由肺循环的肺动脉和肺静脉组成。另一套是肺的营养性血管，是营养各级支气管和肺组织的血管，由体循环的支气管动脉和支气管静脉组成。

（一）肺动脉和肺静脉

肺动脉经肺门入肺后，随支气管的分支而分支，到肺泡表面形成毛细血管网，通过呼吸膜进行气体交换后，毛细血管汇集成小静脉，小静脉逐渐汇集，最后汇集成肺静脉，经肺门出肺。

（二）支气管动脉和支气管静脉

支气管动脉经肺门入肺后，与支气管伴行，沿途分支形成毛细血管网，营养各级支气管、肺泡和胸膜，然后汇集成小静脉，一部分注入肺静脉，另一部分汇合成支气管静脉，经肺门出肺。

第四节　胸　膜

一、概述

（一）胸膜的概念

胸膜（pleura）是覆盖于肺表面和胸腔各壁内面的一层薄而光滑的浆膜。胸膜分脏胸膜和壁胸膜两部分：覆盖于肺表面的胸膜称脏胸膜（visceral pleura）；被覆于胸腔各壁内面的胸膜称壁胸膜（parietal pleura）（图 5 – 23）。

（二）胸膜腔的概念

脏胸膜和壁胸膜在肺根处互相移行，二者之间形成封闭的腔隙称胸膜腔（pleural

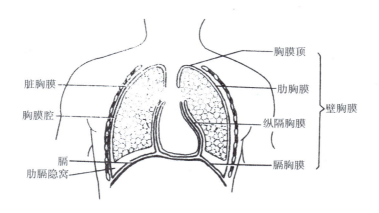

图 5 – 23 胸膜和胸膜腔示意图

cavity）。胸膜腔左、右各一，互不相通，腔内呈负压，含少量浆液，以减少呼吸时胸膜间的相互摩擦。由于胸膜腔内负压的作用，致使脏胸膜和壁胸膜相互贴附在一起，故胸膜腔是一个潜在性的腔隙，在积气和积液时才形成明显的腔隙。

任何因素导致胸膜破裂，空气进入胸膜腔，可产生气胸。故针刺胸壁的穴位时，不宜直刺、深刺，以免误伤肺组织与胸膜，造成气胸。病理情况下，胸膜腔液体增多，可形成胸腔积液。

（三）胸腔的概念

胸腔（thoracic cavity）是由胸廓和膈围成的腔。其上界为胸廓上口，与颈部通连；下界借膈与腹腔分隔。胸腔内可分为三部分：左、右两侧为胸膜腔和肺，中间为纵隔。

二、胸膜的分部及胸膜隐窝

（一）胸膜的分部

脏胸膜被覆于肺的表面，并伸入肺裂，与肺紧密结合。

壁胸膜依其被覆部位可分为四部分：①肋胸膜（costal pleura），贴附于肋与肋间肌的内面。②膈胸膜（diaphragmatic pleura），贴附于膈的上面。③纵隔胸膜（mediastinal pleura），贴附于纵隔的两侧面。④胸膜顶（cupula of pleura），是包被肺尖的部分，向下与肋胸膜和纵隔胸膜互相延续，向上突出于胸廓上口达颈根部，其最高点可高出锁骨内侧 1/3 段上方 2~3cm（图 5 – 21）。因此在锁骨上方针灸、进行静脉穿刺或作臂丛神经麻醉时，应注意胸膜顶和肺尖的位置，要避免刺破胸膜顶和肺尖造成气胸。

（二）胸膜隐窝

胸膜腔在壁胸膜转折处形成较大的潜在性腔隙，即使在深吸气时肺的边缘也不深入其内，胸膜腔的这些部分称胸膜隐窝（plueral recesses）。其中最大最重要的胸膜隐窝是肋膈隐窝（costodiaphragmatic recess）。

肋膈隐窝（肋膈窦）是肋胸膜和膈胸膜的转折处形成的一个半环形深隙（图 5 – 23）。肋膈隐窝是胸膜腔的最低部位，在深吸气时，肺下缘也不会伸入其内。胸膜腔积液首先积聚于此。肋膈隐窝是临床上胸膜腔穿刺抽液或引流的部位。

三、壁胸膜的体表投影

两侧胸膜顶和胸膜前界的体表投影分别与肺尖和肺前缘的体表投影基本一致（图5-19、20）。两侧胸膜前界的下段在胸骨体下部与左侧第4、5肋软骨后方形成一个无胸膜区，称心包区，其间显露心包和心。临床上常在胸骨左缘第4或第5肋间隙进行心包穿刺或心内注射，可避免损伤肺和胸膜。

两侧胸膜下界的体表投影左、右一致，约比两肺下缘的投影位置低两个肋（图5-19、20）。右侧起自第6胸肋关节处，左侧起自第6肋软骨后方，两侧均斜向外下方，在锁骨中线处与第8肋相交，在腋中线处与第10肋相交，在肩胛线处与第11肋相交，在接近脊柱时，平第12胸椎棘突高度（表5-1）。

表5-1　肺和胸膜下界的体表投影

	锁骨中线	腋中线	肩胛线	接近脊柱处
肺下界	第6肋	第8肋	第10肋	平第10胸椎棘突
胸膜下界	第8肋	第10肋	第11肋	平第12胸椎棘突

第五节　纵　隔

一、纵隔的概念和境界

纵隔（mediastinum）是两侧纵隔胸膜之间的所有器官、结构和结缔组织的总称。

纵隔的上界是胸廓上口，下界为膈，前界为胸骨，后界为脊柱胸段，两侧界为纵隔胸膜。

二、纵隔的分部和内容

纵隔通常以胸骨角平面将其分为上纵隔（superior mediastinum）和下纵隔（inferior mediastinum）（图5-24）。下纵隔以心包为界分为前纵隔（anterior mediastinum）、中纵隔（middle mediastinum）和后纵隔（posterior mediastinum）。

上纵隔内主要有胸腺、头臂静脉、上腔静脉、主动脉弓及其三大分支、气管、食管、胸导管、淋巴结、迷走神经和膈神经等。

前纵隔位于胸骨与心包之间，内

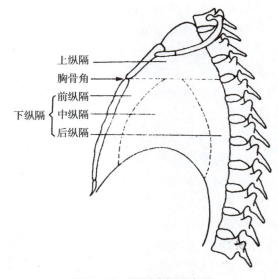

图5-24　纵隔分部示意图

有少量结缔组织和淋巴结等。

中纵隔位于前纵隔和后纵隔之间，主要有心包、心及出入心的大血管根部、膈神经、主支气管的起始部等。

后纵隔位于心包与脊柱之间，主要有食管、主支气管、胸主动脉、奇静脉及其属支、迷走神经、胸导管及淋巴结等。

知识链接一

环甲正中韧带穿刺术的相关解剖学知识

当遇到急性喉阻塞的病人，没有条件行气管切开术时，可在环甲正中韧带处作穿刺或切开，以建立暂时性的气体通道，抢救病人生命。

环甲正中韧带穿刺点取颈前正中线，甲状软骨下方与环状软骨上方的凹陷处，环甲正中韧带正中部位。环甲正中韧带位置表浅、恒定，标志清楚，易于触摸。

环甲正中韧带穿刺由浅入深经过皮肤、浅筋膜、深筋膜、环甲正中韧带、黏膜下层、黏膜，进入声门下腔。穿刺方向应与气管长轴垂直，防止针尖向上损伤声带。

知识链接二

气管切开术的相关解剖学知识

气管切开术是切开气管颈段的前壁，插入气管套管，建立新的呼吸道的一项急救手术。气管切开术主要用于急性呼吸道阻塞，昏迷、脑水肿等各种原因引起的呼吸困难的病人。

气管颈部位于颈前部正中，上接环状软骨，下端在颈静脉切迹平面与气管胸部相连，气管颈部有7~8个气管软骨环。

气管切开时，一般在环状软骨下方2~3cm处，选取在第3~5气管软骨环处施行。

气管切开经过的层次由浅入深为皮肤、浅筋膜、颈筋膜、舌骨下肌群、气管前筋膜和气管软骨环。第2~4气管软骨环前方有甲状腺峡，手术过程中应向上推开甲状腺峡，暴露气管。气管后壁与食管前壁紧密相贴，切开气管时，不可切入过深，以免损伤食管。

知识链接三

胸膜腔穿刺术的相关解剖学知识

胸膜腔穿刺术是用于检查胸腔积液的性质，抽液、抽气减压，或通过穿刺向胸膜腔内给药的一种诊疗技术。

胸腔积液的穿刺部位应在胸部叩诊实音最明显处以及X线检查或超声波检查结果确定，常选取肩胛线或腋后线第7、8肋间隙或腋中线第6、7肋间隙，有时也可取腋前线第 5 肋间隙为穿刺点。气胸的穿刺点常取锁骨中线第 2 肋间隙。

　　胸膜腔穿刺术经过的层次由浅入深为皮肤、浅筋膜、深筋膜和胸壁肌层、肋间隙和肋间结构（肋间外肌、肋间内肌、肋间血管和肋间神经）、胸内筋膜、壁胸膜。胸壁肌层因部位不同而有差异，胸前外侧壁的肌肉有胸大肌和胸小肌；胸侧壁有前锯肌和腹外斜肌；胸后壁有斜方肌、背阔肌和肩部诸肌。

　　为避免对肋间血管和肋间神经的损伤，胸后外侧部胸膜腔穿刺时，穿刺针应沿下位肋骨的上缘进针；胸前部穿刺时，穿刺针应在上、下肋之间进针为妥。

思考题

1. 呼吸系统的组成和主要功能如何？

2. 鼻旁窦有哪些？各开口于何处？为什么上颌窦易患慢性炎症？

3. 简述喉软骨的组成、作用。

4. 肺的位置和形态如何？

5. 外界空气经哪些管道到达肺泡？

6. 叙述肺下缘和胸膜下界的体表投影。

7. 气管切开术、胸膜腔穿刺术常在何处施行？

8. 名词解释：上呼吸道、下呼吸道、环甲正中韧带、声门裂、声带、支气管肺段、肺实质、肺间质、肺小叶、呼吸膜、胸膜腔、肋膈隐窝、纵隔。

（周　奕）

学习目标

1. 掌握泌尿系统的组成、主要功能；肾的形态和位置；输尿管的行程和狭窄；膀胱的形态、位置和膀胱壁的构造；女性尿道的特点。
2. 熟悉肾的被膜；肾的内部结构、微细结构；膀胱的毗邻。
3. 了解肾的血管和血液循环特点。

第一节 概　述

一、泌尿系统的组成

泌尿系统（urinary system）由肾、输尿管、膀胱和尿道组成（图6-1）。

二、泌尿系统的主要功能

泌尿系统的主要功能是形成尿液，通过尿液排出体内溶于水的代谢产物。人体在代谢过程中产生的废物，如尿素、尿酸以及多余的水、无机盐等，由血液输送至肾，在肾内形成尿液，尿液经输尿管流入膀胱暂时贮存，当尿液达到一定数量后，便经尿道排出体外。所以，泌尿系统是排出人体代谢废物的最主要的途径，排出的废物量大、种类多，对调节机体内水盐代谢、酸碱平衡和维持机体内环境的相对稳定起着重要的作用。

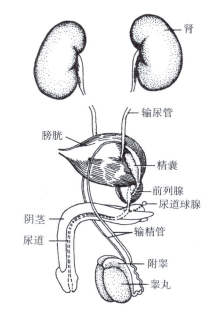

图6-1　男性泌尿系统、生殖系统概观

此外，肾还有内分泌功能，能产生红细胞生成素和肾素，对促进红细胞的生成和调节血压有重要作用。

在病理情况下，肾的泌尿功能发生障碍，代谢废物将蓄积于体内，破坏了机体内环境的相对稳定，影响人体新陈代谢的正常进行，严重时可造成肾功能衰竭，出现尿毒症，危及生命。

第二节　肾

一、肾的形态

肾（kidney）是成对的实质性器官，形如蚕豆，前后略扁。新鲜肾呈红褐色，质柔软，表面光滑。

肾可分为上、下两端，前、后两面，内侧、外侧两缘。

肾的上、下端钝圆。肾的前面较凸，朝向前外侧；后面较扁平，紧贴腹后壁。肾的外侧缘隆凸；内侧缘中部凹陷，称肾门（renal hilum），是肾盂（renal pelvis）、肾动脉、肾静脉、淋巴管和神经等出入肾的部位。出入肾门的结构被结缔组织包裹合称肾蒂（renal pedicle）。肾门向肾内凹陷扩大的腔称肾窦（renal sinus），窦内含有肾小盏、肾大盏、肾盂、肾的血管、淋巴管、神经和脂肪组织等。

二、肾的位置

肾位于腹腔内腹后壁的上部，脊柱的两旁，腹膜的后方，是腹膜外位器官。一般左肾上端平第12胸椎体上缘，下端平第3腰椎体上缘；右肾由于受肝的影响，位置比左肾略低，上端平第12胸椎体下缘，下端平第3腰椎体下缘。左侧第12肋斜过左肾后方的中部，右侧第12肋斜过右肾后方的上部（图6-2、3）。肾门约平第1腰椎平面，距正中线外侧约5cm。

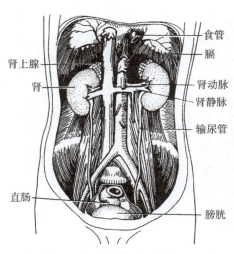

图6-2　肾和输尿管的位置（前面观）

在躯干背面，竖脊肌外侧缘与第12肋之间的部位，称肾区（renal region）。当肾患某些疾病时，叩击或触压肾区，常可引起疼痛。

两肾的上内方紧邻肾上腺。

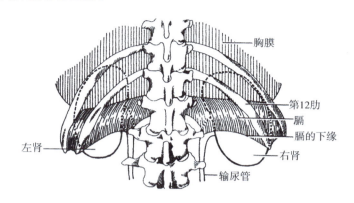

图6-3　肾与的位置（后面观）

三、肾的被膜

肾的表面有三层被膜（图6-4、5），由内向外依次为纤维囊、脂肪囊和肾筋膜。

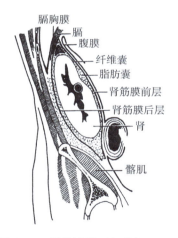

图6-4　肾的被膜（矢状切面）

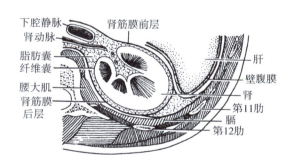

图6-5　肾的被膜（横切面）

（一）纤维囊

纤维囊（fibrous capsule）是薄而坚韧的致密结缔组织膜，包于肾表面。纤维囊与肾连结疏松，容易与肾实质剥离，但在肾有病变时，则可与肾实质发生粘连，不易剥离。在修复肾破裂或行肾部分切除术时，需缝合纤维囊。

（二）脂肪囊

脂肪囊（adipose capsule）是位于纤维囊外周的囊状脂肪层，并经肾门与肾窦内的脂肪组织相连续。脂肪囊对肾起弹性垫样的保护作用。临床上作肾囊封闭，就是将药物注入肾脂肪囊内。

（三）肾筋膜

肾筋膜（renal fascia）位于脂肪囊的外面，是致密结缔组织膜。肾筋膜分前、后两层包被肾和肾上腺。肾筋膜发出许多结缔组织小束，穿过脂肪囊连于纤维囊，对肾起固定作用。

肾的正常位置依赖于肾的被膜、肾的血管、肾的邻近器官、腹膜及腹内压等多种因素维持。肾的固定装置不健全时，则可发生肾下垂或游走肾。

四、肾的剖面结构

在肾的冠状切面上，可见肾实质分为肾皮质和肾髓质两部分（图6-6）。

（一）肾皮质

肾皮质（renal cortex）主要位于肾的浅层，富含血管，新鲜标本呈红褐色。肾皮质主要由肾小体和肾小管组成。肾皮质深入肾髓质内的部分称肾柱。

（二）肾髓质

肾髓质（renal madulla）位于肾皮质的深层，血管较少，颜色较浅，约占肾实质厚度的2/3。肾髓质主要由肾小管组成。肾髓质形成15～20个肾锥体。

肾锥体（renal pyramid）呈圆锥

图6-6　肾的剖面结构（右肾的额状切面）

形，其底朝向皮质；尖端钝圆，伸入肾小盏，称肾乳头（renal papillae）。肾乳头上有许多乳头孔，为乳头管向肾小盏的开口。肾产生的尿液经乳头孔流入肾小盏内。

肾小盏（minor renal calices）是漏斗状的膜性短管，包绕肾乳头。每侧肾有7～8个肾小盏，每2～3个肾小盏汇合成一个肾大盏（major renal calices）。每侧肾有2～3个肾大盏。肾大盏汇合成肾盂（renal pelvis）。肾盂呈前后略扁的漏斗状，出肾门后逐渐变细，向下弯行，移行为输尿管。

五、肾的微细结构

肾实质主要由大量泌尿小管（uriniferous tubule）构成，其间的少量结缔组织、血管、淋巴管和神经等构成肾间质。

泌尿小管是形成尿的结构，可分为肾单位和集合小管两部分（表6-1）。

表 6-1 泌尿小管的组成

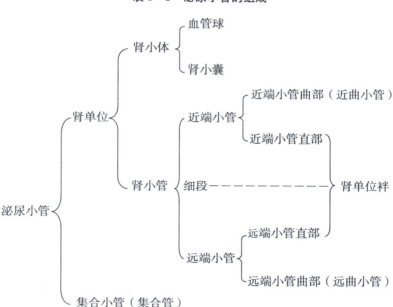

（一）肾单位

肾单位（naphron）是肾结构和功能的基本单位。每个肾有 100 万～150 万个肾单位。肾单位由肾小体和肾小管两部分组成。

1. 肾小体（renal corpuscle） 呈球形，故又称肾小球，主要位于肾皮质内。肾小体由血管球和肾小囊两部分组成（图 6-7）。

（1）血管球（glomerulus）：是包在肾小囊内入球微动脉与出球微动脉之间一团蟠曲成球状的毛细血管。血管球的一侧连有入球微动脉与出球微动脉，入球微动脉进入肾小囊内反复分支，形成网状毛细血管袢，构成血管球，最后毛细血管汇成一条出球微动脉离开肾小囊。入球微动脉的管径较出球微动脉粗，所以血管球内的压力较高。当血液流经血管球时，大量水分和小分子物质滤出血管壁而进入肾小囊。在电镜下观察，血管球的毛细血管壁由一层有孔的内皮细胞及其外面的基膜组成。

（2）肾小囊（renal capsule）：是肾小管的起始部膨大并凹陷形成的杯状双层囊。两层囊壁之间的腔隙称肾小囊腔。肾小囊的外层

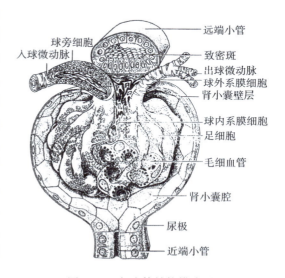

图 6-7 肾小体结构模式图

是单层扁平上皮，与近端小管相续；内层紧贴血管球的毛细血管基膜的外面，由单层有突起的足细胞（podocyte）构成。电镜观察：足细胞的胞体较大，从胞体上伸出几个较大的初级突起，每个初级突起又发出许多次级突起。相邻足细胞的次级突起互相交错，突起之间有约 25nm 的的裂隙，称裂孔。裂孔上覆盖薄膜，称裂孔膜（slit membrane）（图6-7，图6-8）。

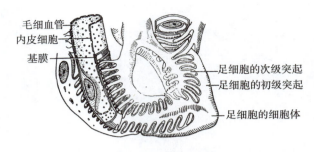

图6-8　足细胞与毛细血管超微结构模式图

　　肾小体以滤过方式形成原尿。当血液从入球微动脉流经血管球的毛细血管时，血液中除了血细胞和大分子物质外，血浆内的水分和小分子物质均可透过毛细血管球内皮、基膜及足细胞裂孔膜而滤入肾小囊腔。

　　毛细血管球内皮、基膜及足细胞裂孔膜这三层结构合称为滤过膜（filtration membrane）或称滤过屏障（filtration barrier）（图6-9）。经滤过膜进入肾小囊腔的液体称原尿。滤过膜对水、电解质及葡萄糖、尿素等小分子物质有高度通透性，而对血浆蛋白质及一些大分子物质通透性极低。成年人，每24小时两肾约可产生原尿180L。

　　在病理情况下，若滤过膜受损，则血液中的大分子物质，甚至蛋白质和血细胞都可滤出到肾小囊腔内，形成蛋白尿或血尿。

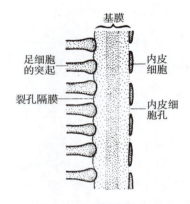

图6-9　滤过膜模式图

2. 肾小管（renal tubule）

肾小管与肾小囊外层相连续，并与肾小囊腔相连通。肾小管分为近端小管、细段和远端小管三部分（图6-10）。近端小管与肾小囊相连；远端小管连接集合小管。

　　肾小管具有重吸收、分泌和排泄功能。

　　（1）近端小管（proximal tubule）：近端小管起始部盘曲在肾小体附近，称近端小管曲部（近曲小管），然后直行入髓质，为近端小管直部。

　　近端小管管壁的上皮细胞呈立方形或锥体形，细胞界限不清，细胞质嗜酸性，细胞核圆形，位于细胞基底部，细胞游离面有微绒毛。

　　近端小管是原尿中有用成分重吸收的重要场所，原尿中大部分的钠离子和水分、全部的葡萄糖、氨基酸和小分子的蛋白质以及维生素等均在此重吸收。

　　（2）细段（thin segment）：为肾小管中最细的一段，一端与近端小管直部相连，另一端与远端小管直部相连，三者共同形成肾单位袢（髓袢）。

　　细段管壁薄，为单层扁平上皮，细胞质弱嗜酸性，细胞核椭圆形。

　　肾单位袢的主要功能是减缓原尿在肾小管中的流速，有利于吸收原尿中的水分和无机盐。

（3）远端小管（distal tubule）：由细段返折上行变粗形成。远端小管直行向皮质的部分，称远端小管直部，至肾小体附近呈盘曲状的部分称远端小管曲部（远曲小管）。

远端小管的管壁上皮为单层立方上皮。

远端小管是离子交换的重要部位，细胞有重吸收水、钠离子和排出钾离子、氢离子等的功能，对维持体液的酸碱平衡起重要作用。远端小管的功能活动受醛固酮和抗利尿激素的调节，醛固酮能促进此段重吸收钠离子和排出钾离子；抗利尿激素能促进此段对水的重吸收，使尿液浓缩，尿量减少。

（二）集合小管

集合小管（collecting tubule）续接远端小管曲部（图 6 - 10），自肾皮质行向肾髓质，沿途有多条远端小管曲部汇入。至肾锥体的肾乳头时，几条集合小管再汇合成乳头管，开口于肾乳头。

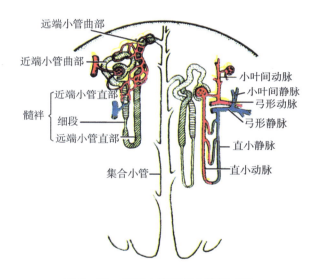

图 6 - 10　泌尿小管和肾血管模式图

集合小管也有重吸收水、钠离子和排出钾离子的功能。

肾小体形成的原尿，流经肾小管各段和集合小管后，原尿中约 99% 的水分、营养物质和无机盐等被重新吸收入血液，部分离子在此进行了交换，肾小管还分泌和排泄出部分代谢产物。原尿经进一步浓缩，最终形成终尿。终尿经乳头管排入肾小盏。终尿量仅为原尿量的 1%，成人每天为 1.5 ~ 2.0L。

肾在生成尿液的过程中不仅排出了机体的代谢废物，并且对于维持机体的水盐代谢、酸碱平衡及内环境的稳定起着重要的调节作用。

（三）球旁复合体

球旁复合体（juxtaglomerular complex）又称肾小球旁器（juxtaglomerular apparatus），主要由球旁细胞、致密斑和球外系膜细胞组成（图 6 - 11）。

1. 球旁细胞（juxtaglomerular cell）　是入球微动脉近肾小体处管壁中的平滑肌细胞特化而成的上皮样细胞。球旁细胞呈立方形或多边形，细胞核呈圆形，细胞质呈弱嗜碱性，含有分泌颗粒，颗粒内含有肾素。

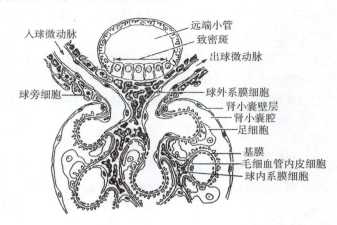

图 6-11　球旁复合体模式图

球旁细胞的主要功能是合成和分泌肾素（renin）。肾素能引起小动脉收缩，使血压升高；肾素还促使肾上腺皮质分泌醛固酮，使远端小管和集合小管重吸收钠离子和排出钾离子，同时重吸收水，致血容量增大，血压升高。某些肾病伴有高血压，与肾素分泌有关。另外，球旁细胞及肾小管周围的血管内皮细胞还能合成和分泌红细胞生成素（erythropoietin），刺激骨髓红细胞的生成。

某些肾脏疾病伴有高血压，与肾素分泌有关。肾脏疾病晚期常伴有贫血，这与红细胞生成素的合成障碍有关。

2. 致密斑（macula densa）　是远端小管曲部近肾小体一侧的管壁上皮细胞变形所形成的椭圆形结构。致密斑的细胞增高、变窄，呈柱状，排列紧密，细胞核椭圆形，多位于细胞的顶部。

一般认为致密斑是化学感受器，有调节球旁细胞分泌肾素的作用。致密斑可感受远端小管内尿液中钠离子浓度的变化，将信息传递给球旁细胞，调节球旁细胞分泌肾素，从而调节肾小管钠离子、钾离子交换，维持电解质的平衡。

3. 球外系膜细胞（extraglomenrular mesangial cell）　又称极垫细胞，位于入球微动脉、出球微动脉和致密斑围成的三角形区域内。球外系膜细胞在球旁复合体的功能活动中，起信息传递作用。

六、肾的血管和血液循环特点

（一）肾的血管

肾动脉直接由腹主动脉发出，经肾门入肾后分为数支叶间动脉，叶间动脉在肾柱内上行至肾皮质和肾髓质交界处，分支为弓形动脉，弓形动脉分出若干小叶间动脉，行向肾皮质，小叶间动脉沿途分出许多入球微动脉进入肾小体，形成血管球，血管球汇合成出球微动脉出肾小体，出球微动脉离开肾小体后在肾小管周围又分支形成球后毛细血管网，球后毛细血管网依次汇合成小叶间静脉、弓形静脉、叶间静脉，最后形成肾静脉出肾（图 6 − 12，表 6 − 2）。

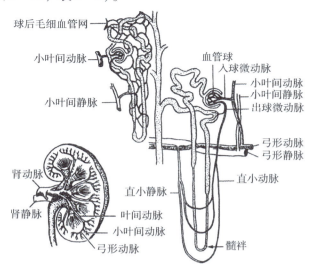

图 6 − 12 肾的血液循环通路

表 6 − 2 肾的血液循环通路

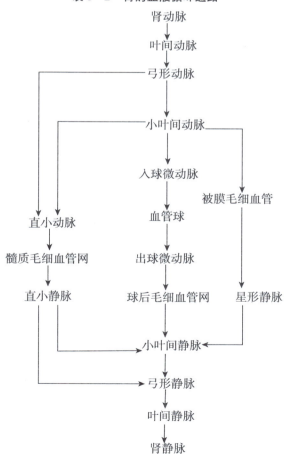

（二）肾的血液循环特点

肾的血液循环有两种作用，一是营养肾组织，二是参与尿的生成。肾的血液循环有如下特点：①肾动脉直接发自腹主动脉，血管粗短，故血压高，流速快，血流量大，每4~5分钟人体内血液全部流经肾内而被滤过一遍。②血管球的入球微动脉较出球微动脉粗，使血管球内形成较高的压力。这有利于血管球的滤过作用，可以及时清除血液中的废物和有害物质。③肾的血液循环中动脉两次形成毛细血管网，第一次是入球微动脉形成血管球，第二次是出球微动脉在肾小管周围形成球后毛细血管网。前者起滤过作用，有利于原尿的形成，后者有利于肾小管上皮细胞重吸收的物质进入血液。

当急性肾功能衰竭时，常由于肾内小动脉发生痉挛性收缩，使肾皮质供血不足，导致血管球滤过作用低下，病人出现少尿甚至无尿等症状。

第三节　输尿管

输尿管（ureter）是一对细长的肌性管道，起于肾盂，终于膀胱，全长25~30cm（图6-13）。

一、输尿管的位置

输尿管上端起于肾盂，在腹膜后方沿腰大肌前面下行，至小骨盆上口处，左输尿管越过左髂总动脉末端的前方，右输尿管越过右髂外动脉起始部的前方，进入盆腔。入盆腔后，男性输尿管沿盆腔侧壁弯曲向前，在输精管后方与之交叉后转向前内，而后达膀胱底；女性输尿管行于子宫颈的外侧，在子宫颈外侧约2cm处，从子宫动脉的后下方经过，而后至膀胱底。在膀胱底的外上角处，输尿管向内下斜穿膀胱壁，开口于膀胱（图6-13）。

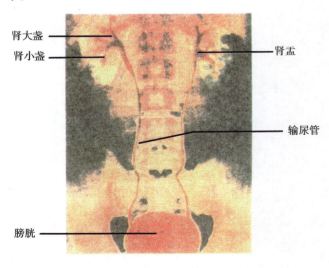

肾大盏　肾小盏　肾盂　输尿管　膀胱

图6-13　输尿管（造影）

二、输尿管的分段和狭窄

根据输尿管的位置和行程，可将输尿管分为腹段、盆段和壁内段三段。腹段为输尿管起始部至越过髂血管处的一段；盆段为越过髂血管处与膀胱壁之间的一段；壁内段为位于膀胱壁内的一段。当膀胱充盈时，膀胱内压的升高可引起输尿管壁内段的管腔闭合以阻止尿液逆流入输尿管。

输尿管全长有三处生理性狭窄：第一处狭窄位于输尿管的起始处，即肾盂与输尿管移行处；第二处狭窄位于小骨盆的上口处，即越过髂血管处；第三处狭窄在穿膀胱壁处。这些狭窄是尿路结石易滞留的部位，当结石在狭窄处通过或阻塞输尿管时，可引起剧烈疼痛。

第四节 膀 胱

膀胱（urinary bladder）是一个肌性囊状的贮尿器官，有较大的伸缩性。成人膀胱的容量约为 300～500ml，最大容量为 800ml。新生儿膀胱的容量约为 50ml。膀胱的形态、位置及壁的厚度随尿液的充盈程度而异。

一、膀胱的形态

膀胱充盈时略呈卵圆形。

膀胱空虚时则呈三棱锥体形，可分为膀胱尖、膀胱底、膀胱体和膀胱颈四部分。膀胱尖（apex of bladder）细小，朝向前上方；膀胱底（fundus of bladder）略呈三角形，朝向后下方；膀胱尖与膀胱底之间的大部分称膀胱体（body of bladder）；膀胱的最下部，称膀胱颈（neck of bladder）。膀胱颈的下端有尿道内口与尿道相接（图 6－14）。膀胱各部之间无明显界限。

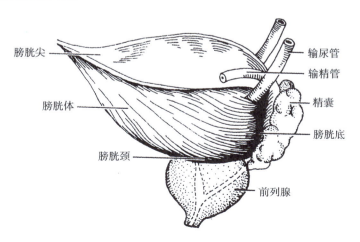

图 6－14 膀胱侧面观

二、膀胱的位置和毗邻

　　成年人的膀胱位于盆腔的前部，居耻骨联合的后方。膀胱空虚时，全部位于盆腔内，膀胱尖一般不超过耻骨联合的上缘；膀胱充盈时，其上部可膨入腹腔，膀胱的前下壁直接与腹前壁相贴。新生儿的膀胱位于腹腔内，随着年龄的长大，逐渐下降（图6－14、15），至青春期达成人位置。老年人因盆底肌肉松弛，膀胱位置较低。

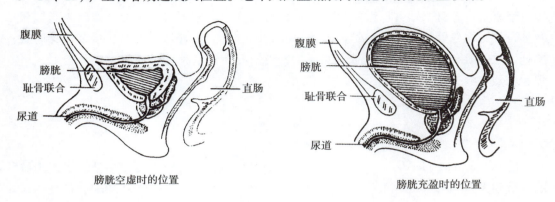

膀胱空虚时的位置　　　　　　　　　　　膀胱充盈时的位置

图6－15　膀胱的位置

　　膀胱底的后方，在男性与精囊、输精管末端和直肠相邻；在女性则与子宫和阴道相邻。膀胱的下方，男性邻接前列腺；女性邻接尿生殖膈（图6－16、17）。

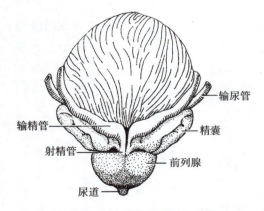

图6－16　男性膀胱后面的毗邻

图6－17　女性膀胱后面的毗邻

　　膀胱空虚时只有上面覆有腹膜。膀胱充盈时，膀胱尖上升至耻骨联合上缘以上，膀胱大部分覆有腹膜，由于腹前壁返折向膀胱的腹膜也随膀胱的充盈上移，膀胱的前下壁与腹前壁直接相贴（图6－14）。此时，在耻骨联合上方进行膀胱穿刺或行膀胱手术，可不经腹膜腔直接进入膀胱，以避免损伤腹膜和污染腹膜腔。

三、膀胱壁的结构

　　膀胱壁分三层，由内向外依次是黏膜、肌层、外膜（图6－18、19）。

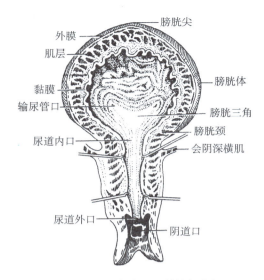

图 6-18　女性膀胱和尿道的额状切面

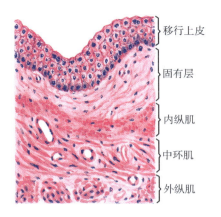

图 6-19　膀胱微细结构

（一）黏膜

黏膜由上皮和固有层构成。黏膜的上皮是变移上皮，膀胱空虚时，有 8~10 层细胞；膀胱充盈时，上皮变薄，仅 3~4 层细胞。固有层内含较多胶原纤维和弹性纤维。

膀胱空虚时，黏膜形成许多皱襞，充盈时则消失。在膀胱底的内面，两输尿管口和尿道内口之间的三角形区域，称膀胱三角（trigone of bladder）。此区无论膀胱处于空虚或充盈时，黏膜均光滑无皱襞。膀胱三角是肿瘤和结核的好发部位。两输尿管口之间的横行皱襞，称输尿管间襞（interureteric fold），膀胱镜下所见为一苍白带，是临床上膀胱镜检时寻找输尿管口的标志。

（二）肌层

膀胱的肌层由平滑肌构成，大致分为内纵、中环、外纵三层，这三层肌束相互交错，共同构成逼尿肌。在尿道内口处，环行肌层增厚形成膀胱括约肌。

（三）外膜

膀胱上面的外膜为浆膜（腹膜），其他部分为纤维膜。

第五节　尿　道

尿道（urethra）是膀胱通往体外的排尿管道。尿道起于膀胱尿道内口（internal urethral orifice），终于尿道外口（external urethral orifice）。

女性尿道（female urethra）宽而短，行程较直，长约 5cm，仅有排尿功能。女性尿道始于膀胱的尿道内口，经阴道前方行向前下方，穿过尿生殖膈，终于尿道外口（图 6-18）。尿道外口开口于阴道前庭，位于阴道口的前方。女性尿道穿尿生殖膈处周围有尿道阴道括约肌（骨骼肌）环绕，可控制排尿。由于女性尿道宽、短而直，尿道外口开口于阴道前庭，距离阴道和肛门较近，故易引起逆行性泌尿系统感染。

　　男性尿道与生殖系统关系密切，也是男性生殖系统的一部分，故在男性生殖系统叙述。

膀胱穿刺术的相关解剖学知识

　　膀胱穿刺术是用穿刺针刺入膀胱，以解除尿道梗阻所致的尿潴留或经穿刺抽出膀胱内尿液进行检验或细菌培养的技术。

　　膀胱穿刺术的穿刺点选取在耻骨联合上缘正中部。由于膀胱充盈，腹膜上移，穿刺针可不经过腹膜腔。

　　膀胱穿刺时，在耻骨联合上缘垂直进针2～3cm，穿刺针依次穿经皮肤、浅筋膜、腹白线、腹横筋膜、膀胱前壁达膀胱腔。在耻骨联合上缘进针时，针尖勿向后下穿刺，以免刺伤耻骨联合后方的静脉丛，也勿向上后穿刺，以免进入腹膜腔。

女性导尿术的相关解剖学知识

　　女性导尿术是将导尿管插入膀胱，导出尿液进行泌尿系统疾病诊断或治疗的方法。

　　女性导尿插管时，应仔细观察辨认尿道外口，尿道外口位于阴蒂和阴道口之间，距前者约2～2.5cm，距后者约1cm。将导尿管自尿道外口插入尿道约4cm，见有尿液流出，再插入1cm。

　　女性尿道外口较小，老年女性和经产妇因会阴部肌肉松弛，尿道回缩，使尿道外口位置变化，操作者常因尿道外口辨认不清而误将导尿管插入阴道。

1. 泌尿系统的组成和主要功能如何？
2. 简述肾的形态和位置。
3. 在肾的冠状切面上可观察到哪些主要结构？
4. 肾单位由哪些结构组成？
5. 输尿管有哪些生理性狭窄？各位于何处？
6. 简述膀胱的形态和位置。
7. 简述尿液的产生和排出途径。
8. 解释名词：肾区、肾盂、滤过屏障、血管球、球旁细胞、致密斑、膀胱三角。

（段德金）

第七章 | 生殖系统

第一节　概　述

一、生殖系统的组成

生殖系统（reproductive system）分男性生殖系统和女性生殖系统。

男、女性生殖系统都包括内生殖器（internal genital organs）和外生殖器（external genital organs）。内生殖器多位于盆腔内，包括生殖腺、生殖管道和附属腺；外生殖器显露于体表。

男性生殖腺是睾丸，是产生男性生殖细胞（精子）和分泌男性激素的器官；生殖管道包括附睾、输精管、射精管和尿道；附属腺包括精囊、前列腺和尿道球腺（图7－1）。男性外生殖器包括阴囊和阴茎。睾丸产生精子，先储存在附睾内，当射精时经输精管、射精管和尿道排出体外。附属腺的分泌物与精子共同组成精液，供应精子营养和有利于精子的活动。

女性生殖腺是卵巢，是产生女性生殖细胞（卵子）和分泌女性激素的器官；生殖管道包括输卵管、子宫和阴道（图7－14）；附属腺是前庭大腺。女性外生殖器包括阴阜、大阴唇、小阴唇、阴道前庭、阴蒂、前庭球等（图7－21）。卵巢内卵泡发育成熟而破裂，把卵子排出至腹膜腔，再进入输卵管，一般在输卵管内受精，然后移至子宫，在子宫内膜内发育成胎儿。成熟的胎儿在分娩时出子宫口经阴道娩出。

二、生殖系统的主要功能

生殖系统的主要功能是产生生殖细胞，繁殖后代；分泌性激素，有促进生殖器官的发育、维持两性的性功能、激发和维持第二性征的作用。

第二节　男性生殖系统

一、内生殖器

（一）睾丸

1. 睾丸的位置和形态　睾丸（testis）位于阴囊内，左、右各一。

睾丸呈扁椭圆形，表面光滑，分上、下两端，前、后两缘和内侧、外侧两面。睾丸的前缘游离，睾丸的上端和后缘有附睾贴附，血管、神经和淋巴管经后缘进出睾丸（图7-1，图7-2）。

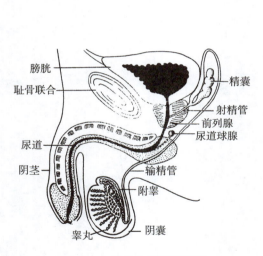

图7-1　男性生殖系统概观

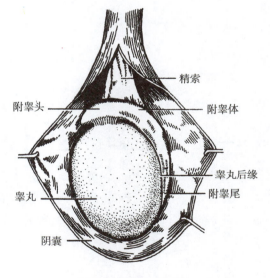

图7-2　睾丸和附睾

睾丸除后缘外均被有浆膜，称睾丸鞘膜（tunica vaginalis of testis）。睾丸鞘膜分脏、壁两层，脏层紧贴睾丸的表面；壁层贴附于阴囊的内面。睾丸鞘膜的脏、壁两层在睾丸后缘处相互移行，构成一个封闭的腔，称鞘膜腔。鞘膜腔内含有少量液体，起润滑作用。如鞘膜腔内因炎症等原因液体增多，临床上称为睾丸鞘膜积液。

2. 睾丸的微细结构　睾丸的表面有一层坚厚的致密结缔组织膜，称白膜（tunica albuginea）。白膜坚韧而缺乏弹性，当睾丸发生急性炎症肿胀或受外力打击时，由于白膜的限制而产生剧痛。

白膜在睾丸后缘处增厚，并伸入睾丸内形成睾丸纵隔（mediastinum testis）。从睾丸纵隔又发出许多睾丸小隔（septula testis），呈放射状伸入睾丸实质，将睾丸实质分成许多呈锥体形的睾丸小叶（lobules of testis）。

睾丸实质约分成 250 个睾丸小叶。每个睾丸小叶内含有 1～4 条细长弯曲的生精小管（seminiferous tubule）。生精小管在近睾丸纵隔处变为短而直的直精小管（tubulus rectus）。直精小管进入睾丸纵隔相互吻合成睾丸网（rete testis），由睾丸网形成 12～15 条睾丸输出小管（efferente ductules of testis），睾丸输出小管汇合成一条附睾管。生精小管之间的结缔组织，称睾丸间质（图 7-3）。

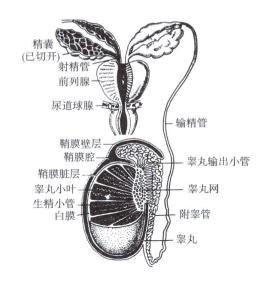

图 7-3　睾丸、附睾的结构和排精途径模式图

（1）生精小管（seminiferous tubule）：是产生精子的部位。生精小管的管壁上皮由支持细胞和生精细胞构成（图 7-4）。

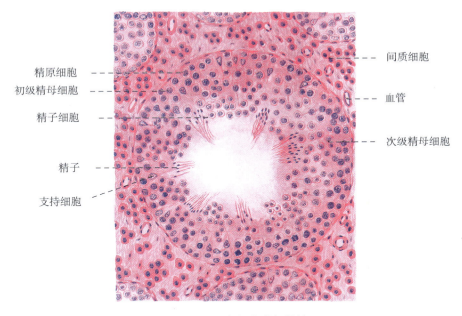

图 7-4　睾丸的微细结构

①支持细胞（sustentacular cell）：细胞较大，略呈长锥体形，细胞基部贴于基膜，顶端伸向生精小管管腔。支持细胞对生精细胞有支持和营养作用。

②生精细胞（spermatogenic cell）：是一系列不同发育阶段的男性生殖细胞的总称。细胞由基膜到管腔面，呈多层排列，依次为精原细胞、初级精母细胞、次级精母细胞、精子细胞和精子。

从青春期开始，在垂体促性腺激素的作用下，精原细胞经不断分裂，其中一部分经历初级精母细胞、次级精母细胞的发育阶段，发育成为精子细胞，精子细胞经过变态转变，成为精子。一个初级精母细胞经过两次成熟分裂和一次变形，形成了四个精子，其中两个精子的染色体核型为23，X，另两个精子的染色体核型为23，Y。精子生成后，游动于生精小管内，经直精小管、睾丸网、睾丸输出小管，入附睾内储存。

精子（spermatozo）形似蝌蚪，可分为头、尾两部分。精子头由精子细胞的细胞核浓缩而成，头前2/3有顶体覆盖。顶体为一扁平囊，囊内含有透明质酸酶和蛋白分解酶等。在受精时，精子释放顶体内的酶，分解卵细胞的表面结构，使精子进入卵子。精子的尾细长，能摆动，使精子向前游动（图7-5）。

生精细胞的增殖十分活跃，容易受一些理化因素、环境因素和激素的影响，如放射线照射、酒精中毒、高温、内分泌失调等都可直接或间接地影响生殖细胞的增殖分化过程，可导致精子畸形或功能障碍，引起不育症。

图7-5　精子的形态

（2）睾丸间质：是生精小管之间富含血管和淋巴管的疏松结缔组织。在睾丸间质内含有睾丸间质细胞（interstitial cell）。睾丸间质细胞单个或成群分布，细胞体积较大，呈圆形或多边形，核圆形，位于细胞中央，细胞质嗜酸性。

从青春期开始，睾丸间质细胞在垂体间质细胞刺激素的作用下，能合成和分泌雄激素（androgen）。雄激素有促进男性生殖器官发育、促进精子的发生以及激发和维持男性性功能和第二性征的作用。

（二）附睾

附睾（epididymis）贴附于睾丸的上端和后缘（图7-2）。

附睾呈新月形，可分为三部分：上端膨大称为附睾头，中部扁圆称为附睾体，下端较细称为附睾尾。附睾尾向后上弯曲移行为输精管。

附睾头由睾丸输出小管盘曲而成，各输出小管相互汇合形成一条附睾管。附睾管迂回盘曲构成附睾体和尾。

附睾具有储存和输送精子的功能，还可分泌液体，供精子营养，并促进精子进一步发育成熟。

（三）输精管和射精管

输精管和射精管是输送精子的管道。

1. 输精管（ductus deferens）　是附睾管的直接延续，长约50cm。输精管沿睾丸后缘和附睾内侧上行，经阴囊根部和腹股沟管进入腹腔，继而弯向内下进入小骨盆腔，至膀胱底的后方，与精囊的排泄管汇合成射精管（图7-6）。

输精管的管壁较厚，管腔细小，活体触摸时呈较硬的细圆索状。输精管在阴囊根部、睾丸的后上方位置表浅，是临床上输精管结扎术（男性绝育术）常选用的部位。

2. 射精管（ejaculatory duct） 是输精管末端与精囊的排泄管汇合而成的管道，长约2cm，向前下穿入前列腺实质，开口于尿道的前列腺部。

3. 精索（spermatic cord） 为柔软的圆索状结构，从腹股沟管深环经腹股沟管延至睾丸上端。精索的主要结构有输精管、睾丸动脉、蔓状静脉丛、淋巴管和神经等。精索外面包有三层被膜，从外向内依次为精索外筋膜、提睾肌和精索内筋膜。

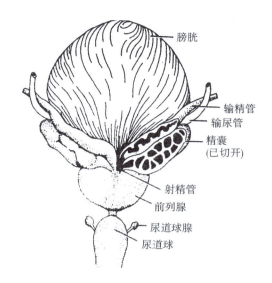

图7-6 精囊、前列腺和尿道球腺

（四）精囊

精囊（seminal vesicle）又称精囊腺，位于膀胱底的后方、输精管末端的外侧（图7-6）。

精囊是一对长椭圆形的囊状器官，表面有许多囊状膨出，下端缩细为排泄管，与输精管末端汇合成射精管。

精囊分泌淡黄色液体，参与精液的组成。

（五）前列腺

前列腺（prostate）位于膀胱与尿生殖膈之间，包绕尿道的起始部。前列腺的后面与直肠相邻，所以经直肠指诊可以触及前列腺（图7-11）。

前列腺形似前后稍扁的栗子，底向上，尖向下，后面正中有一浅的前列腺沟（sulcus of prostate）（图7-6）。

前列腺为实质性器官，主要由腺组织、平滑肌和结缔组织构成，其内有尿道和射精管穿过。前列腺的排泄管开口于尿道前列腺部。

小儿的前列腺较小，腺组织不发育，主要由平滑肌和结缔组织构成。至青春期，腺组织迅速生长。老年人，腺组织逐渐退化，前列腺体积逐渐缩小。中年以后，如果前列腺内结缔组织增生，则形成前列腺肥大。

前列腺分泌乳白色液体，参与精液的组成。

（六）尿道球腺

尿道球腺（bulbourethral gland）为一对豌豆大的球形腺体，位于尿生殖膈内（图7-6），排泄管开口于尿道球部。尿道球腺的分泌物也参与精液的组成。

精液（spermatic fluid）为乳白色的液体，呈弱碱性，由生殖管道和附属腺体的分泌物和精子共同构成。正常成年男性，一次射精排出的精液2~5ml，含精子3~5亿个。

输精管结扎后，阻断了精子的排出途径，但生殖管道和附属腺体分泌物的排出不受影响，因此，射精时仍有精液排出，但其内无精子。

二、外生殖器

（一）阴囊

阴囊（scrotum）位于阴茎的后下方，为一皮肤囊袋。它由阴囊中隔分为左、右两部，容纳睾丸、附睾和精索下部。

阴囊壁主要由皮肤和肉膜构成。阴囊皮肤薄而柔软，颜色深暗。肉膜（dartos coat）是阴囊的浅筋膜，含有平滑肌纤维。平滑肌纤维的舒缩，可使阴囊皮肤松弛或皱缩，从而调节阴囊内的温度，使阴囊内的温度低于体温 $1 \sim 2℃$，以适应精子的生存和发育（图 7 - 7）。

（二）阴茎

阴茎（penis）悬垂于耻骨联合的前下方。

阴茎呈圆柱状，可分为阴茎根、阴茎体和阴茎头三部分。阴茎后端为阴茎根，附于耻骨弓和尿生殖膈；阴茎前端膨大，称阴茎头，其尖端有尿道外口；阴茎根和阴茎头之间的部分为阴茎体（图 7 - 8）。

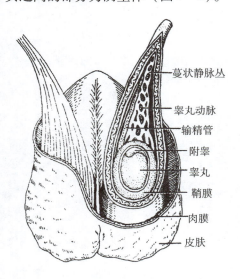

图 7 - 7 阴囊和精索

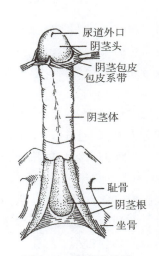

图 7 - 8 阴茎的外形

阴茎主要由两条阴茎海绵体和一条尿道海绵体构成，外面包有筋膜和皮肤（图 7 - 9）。

阴茎海绵体（cavernous body of penis）左、右各一，位于阴茎的背侧。尿道海绵体（cavernous body of urethra）位于阴茎海绵体的腹侧，有尿道贯穿其全长。尿道海绵体中部呈圆柱形，其前、后端均膨大，前端膨大为阴茎头，后端膨大为尿道球。

阴茎的皮肤薄而柔软，富有伸展性。阴茎的皮肤在阴茎体的前端，向前形成双层游离的环形皱襞，包绕阴茎头，称阴茎包皮（prepuce of penis）。阴茎包皮与阴茎头的腹侧中线处连有一条皮肤皱襞，称包皮系带（frenulum of prepuce）。

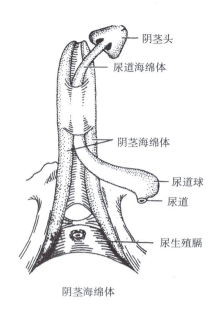

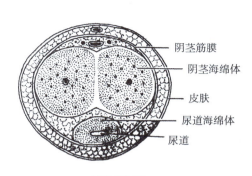

阴茎海绵体　　　　　　　　　阴茎横切面

图 7-9　阴茎的构造

幼儿的包皮较长，包着整个阴茎头。若成年男子阴茎头仍被包皮包覆，能够上翻者称包皮过长；不能上翻者称包茎。包茎易致包皮腔内积存包皮垢，可引起阴茎头包皮炎，长期刺激易患阴茎癌，故包茎患者应进行包皮环切术。

（三）男性尿道

男性尿道（male urethra）是尿液和精液排出体外所经过的管道。它起始于膀胱的尿道内口，终于阴茎头的尿道外口，成年男性尿道长 16～22cm（图 7-10）。

1. 男性尿道的分部　男性尿道全长可分为前列腺部、膜部和海绵体部三部分。临床上将尿道海绵体部称为前尿道，将尿道膜部和前列腺部合称为后尿道（图 7-11）。

（1）前列腺部（prostatic part）：为尿道穿经前列腺的部分，长约 2.5cm，后壁上有射精管和前列腺排泄管的开口。

（2）膜部（membranous part）：为尿道穿经尿生殖膈的部分，长约 1.2cm，周围有尿道括约肌（骨骼肌）环绕。尿道括约肌舒缩，可控制排尿。

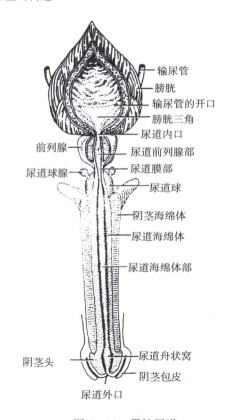

图 7-10　男性尿道

（3）海绵体部（cavernous part）：为尿道穿经尿道海绵体的部分，长约15cm。此部的起始段位于尿道球内，管腔稍扩大，称尿道球部，有尿道球腺的开口。在阴茎头内尿道扩大成尿道舟状窝。

2. 男性尿道的形态特点　男性尿道全长有三处狭窄、三处扩大和两个弯曲（图7-11）。

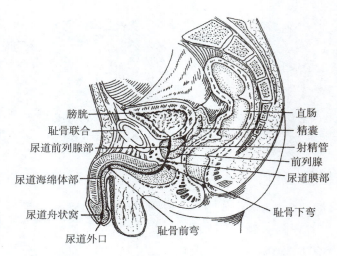

图7-11　男性盆腔正中矢状切面

（1）三处狭窄：分别位于尿道内口、尿道膜部和尿道外口，以尿道外口最为狭窄。尿道结石常易嵌顿在这些狭窄部位。

（2）三处扩大：分别位于尿道前列腺部、尿道球部和尿道舟状窝。

（3）两个弯曲：阴茎自然悬垂时，尿道呈现两个弯曲，一个是耻骨下弯（subpubic curvature），在耻骨联合的下方，凹向前上方，位于尿道前列腺部、膜部和海绵体部的起始段，此弯曲恒定不变；另一个是耻骨前弯（prepubic curvature），在耻骨联合的前下方，凹向后下方，位于尿道海绵体部，如将阴茎向上提起，此弯曲即消失。

临床上在使用尿道器械或插入导尿管时，应注意尿道的狭窄和弯曲，以免损伤尿道壁。在向男性尿道插入尿道器械或导尿管时，应将阴茎向上提起。

第三节　女性生殖系统

一、内生殖器

（一）卵巢

1. 卵巢的位置和形态　卵巢（ovary）左、右各一，位于盆腔内，在子宫的两侧，紧贴小骨盆侧壁的卵巢窝（相当于髂内动脉和髂外动脉起始部之间的夹角处）（图7-12）。

卵巢呈扁卵圆形，灰红色。卵巢分上、下两端，前、后两缘和内侧、外侧两面。卵巢前缘借卵巢系膜连于子宫阔韧带，卵巢的血管、神经和淋巴管都经系膜出入卵巢。

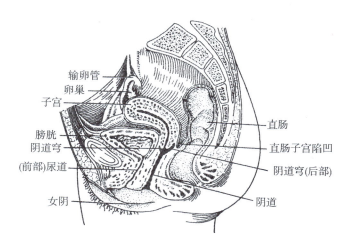

图 7-12 女性盆腔正中矢状切面

卵巢的大小和形态因年龄而异，幼女的卵巢较小，表面光滑；性成熟期卵巢体积最大，如拇指头大小，由于不断排卵，卵巢表面形成许多瘢痕，显得凹凸不平；35 ~ 40 岁卵巢开始缩小；50 岁左右卵巢逐渐萎缩，月经随之停止（图 7-13）。

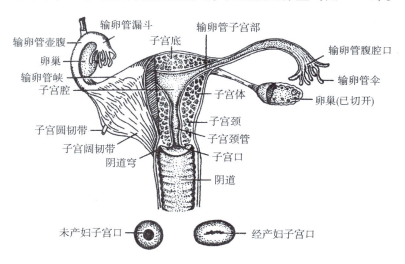

图 7-13 女性内生殖器

2. 卵巢的微细结构 卵巢的表面被有单层扁平上皮。上皮的深面有一层致密结缔组织，称白膜。

卵巢实质分为皮质和髓质两部分。卵巢实质的周围部，含有不同阶段的卵泡，称卵巢皮质；卵巢实质的中央部，由疏松结缔组织、血管、淋巴管和神经等构成，称卵巢髓质（图 7-14）。

青春期时两侧卵巢约有原始卵泡 4 万个。从青春期至更年期约 30 ~ 40 年的生育期内，卵巢在脑垂体促性腺激素的作用下，每月约有 15 ~ 20 个卵泡生长发育，但通常只有 1 个卵泡发育成熟。女子一生总共排卵约 400 ~ 500 个，其余卵泡均在发育的不同阶段退化为闭锁卵泡。绝经期以后，卵巢一般不再排卵。

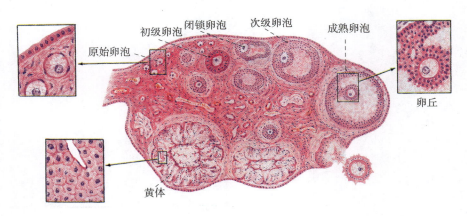

图 7 – 14　卵巢的微细结构

（1）卵泡的发育：卵泡由中央的一个卵母细胞（oocyte）和包绕在其周围的多个卵泡细胞（follicular cell）组成。卵泡的生长发育是一个连续不断的过程，大致可分为原始卵泡、生长卵泡和成熟卵泡三个阶段。

①原始卵泡（primordial follicle）：原始卵泡位于卵巢皮质的浅层，体积小，数量多。原始卵泡的中央是一个较大的初级卵母细胞（perimary oocyte），周围是一层小而扁平的卵泡细胞。初级卵母细胞为圆形，细胞质嗜酸性，细胞核大而圆，染色浅，核仁大而明显。初级卵母细胞是卵细胞的幼稚阶段。卵泡细胞较小，扁平形，对卵母细胞有支持和营养的作用。

②生长卵泡（growing follicle）：自青春期开始，在垂体促性腺激素的作用下，部分原始卵泡开始生长发育。初级卵母细胞体积逐渐增大，并在其周围出现一层嗜酸性膜，称透明带（zona pellucina）；卵泡细胞分裂增殖，由一层变为多层，由扁平变为立方形或柱状；在卵泡细胞之间逐渐出现一些小腔隙，继而融合成一个大的卵泡腔（follicular cavity），腔内液体称卵泡液（follicular fluid）。在卵泡腔的形成过程中，靠近卵母细胞的卵泡细胞逐渐变为柱状，围绕透明带呈放射状排列，称放射冠（corona radiata）；其他的卵泡细胞构成了卵泡壁。

随着卵泡的发育，卵泡周围的结缔组织形成富含细胞和血管的卵泡膜（follicular theca）。

③成熟卵泡（mature follicle）：是卵泡发育的最后阶段，卵泡体积显著增大，直径可达 2cm 左右，并向卵巢表面隆起。在排卵前 36 ~ 48 小时，初级卵母细胞完成第 1 次成熟分裂，产生一个次级卵母细胞（secondary oocyte）和 1 个小的细胞，小的细胞称第一极体（first polar body）。次级卵母细胞迅速进入第二次成熟分裂，停止于分裂中期。

（2）排卵（ovulation）：卵泡发育成熟，更向卵巢表面隆起，由于卵泡液剧增，卵泡最终破裂。成熟卵泡破裂，次级卵母细胞连同透明带、放射冠和卵泡液一起从卵巢排出，进入腹膜腔，这一过程称排卵（ovulation）。

次级卵母细胞在排卵后 24 小时内若不受精，便退化并被吸收；若受精，则继续完成第二次成熟分裂，产生一个成熟的卵细胞（ovum）和一个第二极体（secondary polar body）。经过两次成熟分裂的卵细胞，其染色体核型为23，X。

在生育年龄，一般每隔28天排卵1次，通常发生在月经周期的第12～16天（第14天左右）。一般是左右卵巢交替排卵，每次排卵排出1个次级卵母细胞，偶尔有排出2个或2个以上的现象。

卵泡细胞和卵泡膜的细胞分泌雌激素。雌激素有促进女性生殖器官发育、促进子宫内膜增生、激发和维持女性性功能和第二性征的作用。

（3）黄体的形成与退化：成熟卵泡排卵后，残留的卵泡壁塌陷，卵泡膜和血管随之陷入，在黄体生成素的作用下，逐渐发育成一个富含血管的细胞团，新鲜时呈黄色，故称黄体（corpus luteum）。

黄体的发育、维持的时间取决于排出的卵是否受精。若排出的卵未受精，黄体在排卵后2周便退化，这种黄体称月经黄体（corpus luteum of menstration）；若排出的卵受精，黄体继续发育，大约维持到妊娠6个月时开始退化，这种黄体称妊娠黄体（corpus luteum of pregnancy）。黄体退化后，逐渐被结缔组织代替，称白体（corpus albicans）。

黄体能分泌孕激素（黄体酮）和少量雌激素。孕激素有抑制子宫平滑肌收缩和促进子宫内膜增生、子宫腺分泌以及促进乳腺发育等作用。

（二）输卵管

输卵管（uterine tube）是一对输送卵细胞的管道，长10～12cm。

1. 输卵管的位置　输卵管连于子宫底的两侧，包裹在子宫阔韧带的上缘内（图7-13）。输卵管内侧端以输卵管子宫口与子宫腔相通；外侧端以输卵管腹腔口开口于腹膜腔。故女性腹膜腔经输卵管、子宫、阴道与外界相通。

2. 输卵管的形态和分部　输卵管呈长而弯曲的喇叭形，可分为四部分。

（1）输卵管子宫部（uterine part）：为输卵管穿子宫壁的部分，以输卵管子宫口通子宫腔。

（2）输卵管峡（isthmus of uterine tube）：紧接子宫底外侧，短而狭细，水平向外移行为输卵管壶腹。输卵管峡是临床输卵管结扎术（女性绝育术）的常选部位。

（3）输卵管壶腹（ampulla of uterine tube）：约占输卵管全长的2/3，管径粗而弯曲。卵细胞通常在此部受精。受精卵经输卵管子宫口入子宫，植入子宫内膜中发育成胎儿。若受精卵未能移入子宫，而在输卵管或腹膜腔内发育，即成为宫外孕。

（4）输卵管漏斗（infundibulum of uterine tube）：为输卵管外侧端的膨大部分，呈漏斗状。漏斗末端的中央有输卵管腹腔口，开口于腹膜腔；漏斗末端的周缘有许多细长突起，称输卵管伞（fimbriae of uterine tube），盖于卵巢表面。临床手术时，常以输卵管伞作为识别输卵管的标志。

（三）子宫

子宫（uterus）是产生月经和受精卵发育成长为胎儿的场所。

1. 子宫的形态　成年未孕的子宫，呈前后略扁、倒置的梨形。

子宫可分为三部分：①子宫底（fundus of uterus），是两侧输卵管子宫口上方的圆凸部分。②子宫颈（neck of uterus），是子宫下部缩细呈圆柱状的部分。子宫颈可分为两部分：子宫颈伸入阴道内的部分称子宫颈阴道部；子宫颈在阴道以上的部分称子宫颈阴道上部。子宫颈是癌肿的好发部位。③子宫体（body of uterus），是子宫底与子宫颈之间的大部分。子宫颈与子宫体相接的部位稍狭细，称子宫峡（isthmus of uterus）。

在非妊娠期，子宫峡不明显；在妊娠期，子宫峡逐渐伸展延长，形成子宫下段，妊娠末期可长达7～11cm。产科常在子宫下段进行剖宫取胎术，可避免进入腹膜腔，减少感染的机会。

子宫的内腔较狭窄，可分为上、下两部。上部由子宫底、子宫体围成，称子宫腔（cavity of uterus）。子宫腔呈前后略扁的三角形，底向上，两侧角通输卵管；尖向下，通子宫颈管。子宫内腔的下部在子宫颈内，称子宫颈管（canal of cervix of uterus）。子宫颈管呈梭形，上口通子宫腔；下口通阴道，称子宫口（orifice of uterus）。未产妇的子宫口为圆形，经产妇的子宫口呈横裂状（图7－13）。

2. 子宫的位置　子宫位于骨盆腔的中央，在膀胱和直肠之间，下端伸入阴道。成年女性正常的子宫呈前倾前屈位。前倾是指子宫整体向前倾斜，子宫的长轴与阴道的长轴形成向前开放的钝角；前屈是指子宫颈与子宫体构成凹向前的弯曲，也呈钝角（图7－15）。

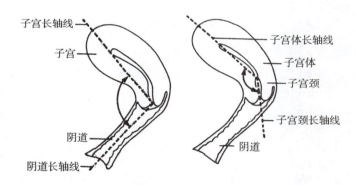

图7－15　子宫前倾、前屈位示意图

子宫的后方邻直肠，临床上可经直肠检查子宫的位置和大小。

子宫的两侧有输卵管、卵巢和子宫阔韧带。临床上将输卵管和卵巢统称为子宫附件，附件炎即指输卵管炎和卵巢炎。

3. 子宫的固定装置　子宫的正常位置主要依赖于盆底肌的承托和子宫韧带的牵拉与固定。维持子宫正常位置的韧带有（图7－16）：

（1）子宫阔韧带（broad ligament of uterus）：是双层腹膜皱襞，由子宫前、后面的腹膜自子宫两侧缘延伸至骨盆侧壁而成，其上缘游离，包裹输卵管。子宫阔韧带可限制子宫向两侧移动。

（2）子宫圆韧带（round ligament of uterus）：是由结缔组织和平滑肌构成的圆索，起于子宫外侧缘、输卵管子宫口的前下方，在子宫阔韧带两层之间行向前外方，达骨

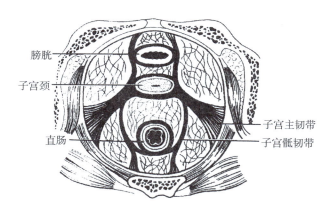

图 7 – 16　女性盆底的韧带模式图

盆腔侧壁，继而通过腹股沟管，止于阴阜和大阴唇皮下。子宫圆韧带是维持子宫前倾位的主要结构。

（3）子宫主韧带（cardinal ligament of uterus）：由结缔组织和平滑肌构成，位于子宫阔韧带的下方，自子宫颈阴道上部两侧缘连于骨盆侧壁。子宫主韧带的主要作用是固定子宫颈，防止子宫向下脱垂。

（4）子宫骶韧带（uterosacral ligament）：由结缔组织和平滑肌构成，起于子宫颈阴道上部的后面，向后绕过直肠的两侧，附着于骶骨前面。子宫骶韧带牵引子宫颈向后上，有维持子宫前屈位的作用。

如果子宫的固定装置薄弱或损伤，可导致子宫位置的异常，形成不同程度的子宫脱垂，严重者子宫可脱出阴道。

4. 子宫壁的微细结构　子宫壁由内向外可分为子宫内膜、子宫肌层和子宫外膜三层（图7 – 17）。

（1）子宫内膜（endometrium）：即子宫黏膜，由单层柱状上皮和固有层构成。上皮由纤毛细胞和分泌细胞组成。固有层由增殖能力较强的结缔组织构成，内含子宫腺和丰富的血管，其小动脉呈螺旋状走行，称螺旋动脉（spiral artery）。

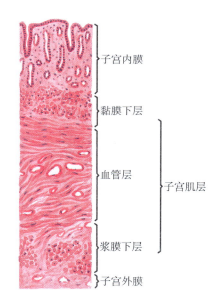

图 7 – 17　子宫壁的微细结构

子宫内膜按其功能特点可分为浅、深两层。浅层称功能层（functional layer），深层称基底层（basal layer）。功能层约占内膜厚度的4/5，自青春期开始，在卵巢激素的作用下，可发生周期性脱落。受精卵在功能层植入并在其中生长发育为胎儿。基底层约占内膜厚度的1/5，不随月经周期发生周期性脱落，有修复、增生功能层的能力。

（2）子宫肌层（myometrium）：主要由分层排列的平滑肌构成。妊娠时，平滑肌纤维增生肥大，数量增多。平滑肌的收缩，有助于经血排出和胎儿的娩出。

（3）子宫外膜（perimetrium）：大部分为浆膜，只有子宫颈以下部分为纤维膜。

5. 子宫内膜的周期性变化及其与卵巢周期性变化的关系　自青春期开始，在卵巢分泌的激素的作用下，子宫底和子宫体的子宫内膜发生周期性变化，即每 28 天左右发生一次内膜剥脱出血、修复和增生，称为月经周期（menstrual cycle）。每个月经周期是从月经的第 1 天起至下次月经来潮前的前 1 天止。每一月经周期中，子宫内膜的变化可分为月经期、增生期、分泌期（图 7 – 18、19）。

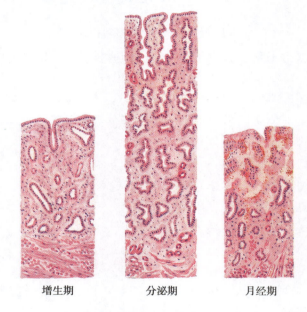

增生期　　　　分泌期　　　　月经期

图 7 – 18　子宫内膜的周期性变化

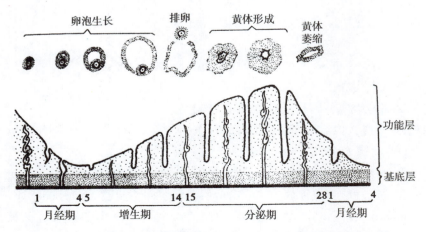

图 7 – 19　子宫内膜的周期性变化及其与卵巢周期性变化的关系

（1）月经期（menstrual phase）：为月经周期的第 1～4 天。由于卵巢排出的卵细胞未受精，黄体退化，雌激素和孕激素含量急剧下降，子宫内膜中的螺旋动脉持续收缩，导致子宫内膜功能层缺血坏死。子宫内膜的功能层脱落，与血液一起从阴道排出，即为月经。在月经期末，子宫内膜基底层残留的子宫腺细胞开始分裂增生，修复内膜上皮，进入增生期。

月经期内，子宫内膜有创面形成，容易发生感染，故应注意保持月经期卫生。

（2）增生期（proliferative phase）：为月经周期的第5～14天。此期正值卵巢内的部分卵泡处于生长发育阶段，故又称卵泡期（follicular phase）。在卵泡分泌的雌激素的作用下，脱落的子宫内膜功能层由基底层修复，并逐渐增厚；子宫腺增多、增长；螺旋动脉也增长、弯曲。至增生期末，卵巢内的卵泡已趋于成熟、排卵。

（3）分泌期（secretory phase）：为月经周期的第15～28天。此期内卵泡已排卵，卵巢内黄体形成，故又称黄体期（luteal phase）。在黄体分泌的孕激素和雌激素的作用下，子宫内膜继续增厚，可达5～7mm；子宫腺继续增长、弯曲，腺腔内充满腺细胞的分泌物，内有大量糖原；螺旋动脉增长、更加弯曲。固有层内组织液增多呈生理性水肿状态。子宫内膜的这些变化，适于胚泡的植入和发育。如果妊娠成立，子宫内膜在孕激素的作用下继续发育、增厚。如果卵细胞未受精，黄体退化，孕激素和雌激素水平下降，子宫内膜脱落，转入月经期。

（四）阴道

阴道（vagina）为连接子宫和外生殖器的肌性管道，是排出月经和娩出胎儿的通道。

1. 阴道的位置　阴道位于盆腔的中央，前壁邻膀胱和尿道，后壁邻直肠（图7－12）。如邻接部位损伤，可发生尿道阴道瘘或直肠阴道瘘，致使尿液或粪便进入阴道。

2. 阴道的形态　阴道为前后略扁的肌性管道，富于伸展性。阴道前壁较短，后壁较长，前、后壁经常处于相贴状态。

阴道上部环抱子宫颈阴道部，两者之间形成环状间隙，称阴道穹（fornix of vagina）。阴道穹分前部、后部和两侧部。阴道穹后部较深，与直肠子宫陷凹紧邻，两者之间仅隔以阴道壁和腹膜。当直肠子宫陷凹内有积液时，可经阴道穹后部穿刺，以帮助诊断和治疗。

阴道的下端以阴道口（vaginal orifice）开口于阴道前庭。未婚女子的阴道口周围有处女膜（hymen）。处女膜破裂后，阴道口周围留有处女膜痕。

（五）前庭大腺

前庭大腺（greater vestibular gland）又称Bartholin腺。前庭大腺成对，形如豌豆，位于阴道口后外侧的深部，其导管向内侧开口于阴道前庭（图7－20）。前庭大腺分泌黏液，经导管至阴道前庭，有润滑阴道口的作用。如果炎症导致前庭大腺导管阻塞，可形成前庭大腺囊肿。

二、外生殖器

女性外生殖器又称女阴（female pudendum）（图7－21）。

（一）阴阜

阴阜（mons pubis）为位于耻骨联合前面的皮肤隆起区，深面有较多的脂肪组织。青春期后阴阜皮肤生有阴毛。

（二）大阴唇

大阴唇（greater lips of pudendum）位于阴阜的后下方，是一对纵行的皮肤皱襞。

（三）小阴唇

小阴唇（lesser lips of pudendum）是位于大阴唇内侧的一对较薄的皮肤皱襞。

（四）阴道前庭

阴道前庭（vaginal vestibule）是位于两侧小阴唇之间的裂隙，其前部有尿道外口，后部有阴道口。

（五）阴蒂

阴蒂（clitoris）位于尿道外口的前方，由两条阴蒂海绵体构成，相当于男性的阴茎海绵体。阴蒂露于表面的部分为阴蒂头，富有感觉神经末梢，感觉灵敏（图7-20）。

（六）前庭球

前庭球（bulb of vestibule）相当于男性的尿道海绵体，呈蹄铁形，位于阴蒂体与尿道外口之间的皮下和大阴唇的深面（图7-21）。

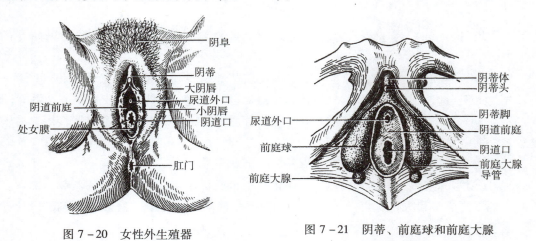

图7-20 女性外生殖器   图7-21 阴蒂、前庭球和前庭大腺

第四节 乳 房

乳房为人类和哺乳类动物特有的结构。人的乳房为成对器官。女性乳房于青春期后开始发育生长，妊娠和哺乳期有分泌活动。

一、乳房的位置

乳房（mamma，breast）位于胸前部，在胸大肌及其胸筋膜的表面，上起自第2~3肋，下至第6~7肋，内侧至胸骨旁线，外侧可达腋中线。乳头（mammary papilla）位置通常在第 4 肋间隙或第 5 肋与锁骨中线相交处。

二、乳房的形态

　　成年未哺乳女子的乳房呈半球形，紧张而富有弹性。乳房中央有乳头（mammary papilla），其顶端有输乳管的开口。乳头周围的环形色素沉着区，称乳晕（areola of breast）（图 7 - 22）。乳头和乳晕的皮肤薄弱，易于损伤，哺乳期尤应注意卫生，以防感染。

　　妊娠期和哺乳期，乳腺增生，乳房增大；停止哺乳后，乳腺萎缩，乳房变小；老年女性，乳房萎缩而下垂。

三、乳房的结构

　　乳房由皮肤、乳腺、致密结缔组织和脂肪组织构成（图 7 - 23）。乳腺被脂肪组织和致密结缔组织分隔成 15 ~ 20 个乳腺叶（lobes of mammary gland），乳腺叶以乳头为中心呈放射状排列。每个乳腺叶有一条排出乳汁的输乳管（lactiferous ducts），开口于乳头。由于乳腺叶和输乳管以乳头为中心呈放射状排列，乳房手术时，应尽量采取放射状切口，以减少对乳腺叶和输乳管的损伤。

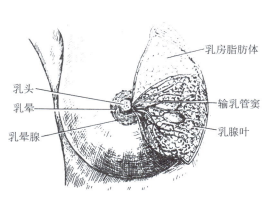

图 7 - 22　女性乳房

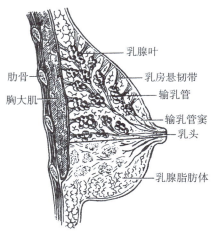

图 7 - 23　女性乳房的结构（模式图）

　　乳房表面的皮肤、胸肌筋膜和乳腺之间连有许多结缔组织小束，称乳房悬韧带（suspensory ligaments of breast），或（Cooper 韧带），对乳房起支持和固定作用。乳腺癌患者，由于癌组织浸润，乳房悬韧带可受侵犯而缩短，牵拉表面皮肤向内凹陷，使皮肤表面形成许多小凹，类似橘皮，临床上称为橘皮样变，是乳腺癌常有的体征之一。

第五节　会　阴

一、会阴的概念

会阴（perineum）有广义会阴和和狭义会阴之分。

广义会阴是指封闭骨盆下口的全部软组织。

狭义会阴即产科会阴，是指肛门与外生殖器之间狭小区域的软组织。产科会阴在产妇分娩时伸展扩张较大，结构变薄，应注意保护，避免造成会阴撕裂。

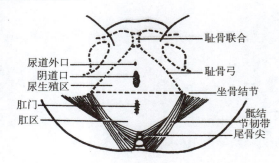

图 7-24　会阴的分区

二、会阴的分区

广义会阴其境界呈菱形，与骨盆下口一致：前方为耻骨联合下缘，后方为尾骨尖，两侧为耻骨下支、坐骨支、坐骨结节和骶结节韧带。以两侧坐骨结节的连线为界，可将会阴分为前、后两个三角区（图7-24）。前部的称尿生殖区（urogenital region）（尿生殖三角），男性有尿道通过，女性则有尿道和阴道通过；后部的称肛区（anal region）（肛门三角），有肛管通过。

会阴的结构，除了男、女性外生殖器以外，主要是肌肉和筋膜。

男性导尿术的相关解剖学知识

男性导尿术是临床护理常用的操作技术，常用于为尿潴留患者引出尿液、盆腔器官术前准备、留尿做细菌培养、准确记录尿量、膀胱冲洗和注入造影剂等。

男性导尿时，将阴茎向上提起，使其与腹壁成60°，尿道耻骨前弯消失，使尿道形成凹向上的一个大弯，将包皮后推露出尿道外口，将导尿管自尿道外口缓慢插入约20cm，见有尿液流出，再继续插入2cm，切勿插入过深，以免导尿管盘曲。

男性导尿时，导尿管通过的结构为：尿道外口→尿道舟状窝→尿道海绵体部→尿道膜部→尿道前列腺部→尿道内口→膀胱腔。

阴道穹后部穿刺术的相关解剖学知识

阴道穹后部穿刺术是将穿刺针通过阴道穹后部刺入直肠子宫陷凹，抽出直肠子宫陷凹内的积液、脓液或血液等进行检查，以达到诊断和治疗疾病的目的。

阴道穹后部穿刺时，患者取膀胱截石位或半卧位。取阴道穹后部中央作为穿刺部位，穿刺针应与子宫颈方向平行进针，边进针边抽吸，刺入1～2cm有空落感时即表示进入直肠子宫陷凹，抽出积液或积血。穿刺不宜过深，以免伤及直肠。

阴道穹后部穿刺时，穿刺针经过阴道后壁和腹膜进入直肠子宫陷凹。

 思考题

1. 生殖系统的组成和主要功能如何？

2. 精子由何处产生？经何途径排出？

3. 输精管的行程如何？输精管结扎术常在何处施行？

4. 简述前列腺的位置、形态、结构和功能。

5. 简述男性尿道的分部、狭窄和弯曲。

6. 卵巢位于何处？有何主要功能？

7. 简述黄体的形成、功能和变化。

8. 输卵管位于何处？可分为哪几部分？

9. 简述子宫的形态和位置。

10. 名词解释：鞘膜腔、隐睾、精索、前尿道和后尿道、排卵、子宫前倾和子宫前屈、子宫附件、阴道穹、乳房悬韧带、会阴。

（王志辉）

第八章 | 循环系统

1. 掌握循环系统的组成和主要功能；心血管系统的组成；体循环、肺循环的途径；心的位置、外形、心腔和传导系统；主动脉的起始、分部；主动脉各部的主要分支概况；上肢动脉干的名称、位置和分布；胸主动脉、腹主动脉的位置和分支概况；腹腔干、肠系膜上动脉、肠系膜下动脉的分支和分布概况；下肢动脉干的名称、位置和分布；上腔静脉的组成和收集范围；上肢浅静脉的名称和起止部位；下腔静脉的组成和收集范围；下肢浅静脉的名称和起止部位；肝门静脉的组成、主要属支及侧支循环；胸导管的起始、行程和注入部位；脾的位置和形态。单核吞噬细胞系统的概念、组成和功能。

2. 熟悉血管的微细结构；微循环的组成；心壁的构造、心的血管、心包和心的体表投影；肺循环的血管；颈外动脉的主要分支及其分布；盆部动脉干的名称和分布；子宫动脉与输尿管的关系；全身主要淋巴结群的名称、位置和收集范围。

3. 了解颈内静脉、颈外静脉的起始、注入部位；上肢深静脉、下肢深静脉的名称及移行关系；右淋巴导管的组成及注入部位；淋巴干的名称及其收集范围；淋巴结的形态、微细结构和功能；脾的微细结构和功能。

第一节 概　述

一、循环系统的组成

循环系统由一套密闭和连续的管道所组成，包括心血管系统和淋巴系统两部分。心血管系统由心和血管组成，其内流动着血液；淋巴系统由淋巴管道、淋巴器官和淋巴组织组成，其管道内流动着淋巴，淋巴最后注入心血管系统（图 8 - 1）。

二、循环系统的主要功能

循环系统的主要功能是运输物质，即将消化系统吸收的营养物质、肺吸入的氧气和内分泌腺分泌的激素等运输到全身各器官、组织和细胞；同时将器官、组织和细胞的代谢产物如 CO_2、尿素和水等运输到肺、肾和皮肤等器官排出体外，以保证人体新陈代谢的正常进行。因此，循环系统在人体的机能活动中，占有十分重要的地位。

第二节 心血管系统

一、概述

（一）心血管系统的组成

心血管系统（cardiovascular system）由心和血管组成（图8-1）。

1. 心（heart） 是推动血液在心血管系统内循环的动力器官。心是中空的肌性器官，心有四个腔，即右心房、右心室、左心房和左心室。左、右心房间有房间隔分隔，左、右心室间有室间隔分隔，因此，左、右心房之间及左、右心室之间互不相通。同侧的心房和心室之间有房室口相通，即右心房与右心室之间，左心房与左心室之间，分别有右房室口和左房室口相通。

2. 血管 分为动脉、毛细血管和静脉。

（1）动脉（artery）：是由心室发出输送血液出心室的血管。动脉自心室发出后，在行程中不断分支为大动脉、中动脉和小动脉，最后移行于毛细血管。

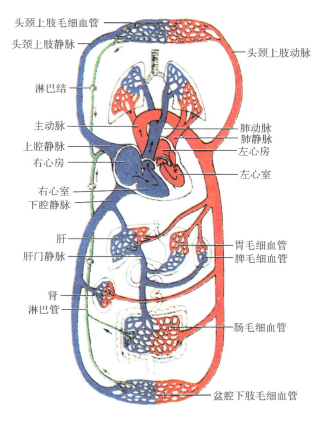

图8-1 血液循环示意图

（2）静脉（vein）：是输送血液回心房的血管。小静脉起于毛细血管的静脉端，在回心途中逐渐汇集成中静脉、大静脉，最后注入心房。

（3）毛细血管（capillary）：是连通于小动脉与小静脉之间的微细血管，互相连接成网状，是血液同组织器官进行物质交换的场所。

（二）血液循环的途径

血液由心射出，经动脉、毛细血管和静脉，再返回心，周而复始，形成血液循环。根据血液在心血管系统循环途径的不同，可将血液循环分为体循环和肺循环两部分（图8-1）。

1. 体循环（大循环）（systemic circulation） 当左心室收缩时，由左心室射出的富含氧和营养物质的动脉血入主动脉，经主动脉的各级分支到达全身各部的毛细血管，血液在此与周围的组织细胞进行物质交换，把氧和营养物质输送给组织细胞，同时又把组织细胞在代谢过程中产生的 CO_2 和其他废物回收进入血液，于是鲜红色的动脉血转化为暗红色的静脉血。静脉血经过小静脉、中静脉，最后经过上、下腔静脉流回右心房。这个循环途径称体循环。体循环的特点是流程长，流经范围广，主要功能是实现物质交换。

2. 肺循环（小循环）（pulmonary circulation）   当右心室收缩时，由右心室射出的静脉血入肺动脉干，经肺动脉干的各级分支到达肺泡周围的毛细血管，血液在此与肺泡内的气体进行气体交换，排出 CO_2，吸收 O_2，于是使暗红色的静脉血转化为鲜红色的动脉血。动脉血经肺静脉的各级属支，再经肺静脉流回左心房。这个循环途径称肺循环。肺循环的特点是流程短，只流经肺，主要功能是实现气体交换。

（三）血管吻合及侧支循环

人体的血管之间存在着广泛的吻合，吻合形式具有多样性。人体的血管除经动脉──→毛细血管──→静脉相连通之外，在动脉与动脉之间，静脉与静脉之间，甚至动脉和静脉之间，均可借吻合支互相吻合，分别形成动脉间吻合（如动脉网、动脉弓、动脉环）、静脉间吻合（如静脉网、静脉弓、静脉丛）和动静脉吻合。血管吻合对保证器官的血液供应，维持血液循环的正常进行有着重要作用。

有些较大的动脉在行程中常发出与主干平行的侧副管。侧副管自主干的近侧端发出，与同一主干远侧端所发出的返支相通形成侧支吻合。在正常情况下，侧副管的管腔很小，血流量也很小。如果血管主干血流受阻（如结扎或血栓形成），侧副管即变粗，血流量增大，血流可经扩大了的侧支吻合到达阻塞部位以下的血管主干，使血管受阻区的血液供应得到不同程度的恢复。这种通过侧支吻合建立的循环称侧支循环（collateral circulation）。侧支循环的建立对于器官在病理情况下的血液供应具有重要的意义（图8-2）。

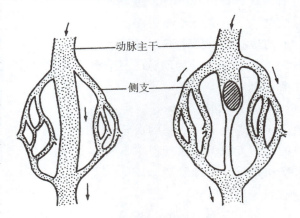

图 8-2　侧支循环模式图

（四）血管的微细结构

根据血管管径的大小，动脉和静脉都可以分为大、中、小三级。各级动脉、静脉之间逐渐移行，没有明显的界限。

大动脉（large artery）是指接近心的动脉，如主动脉和肺动脉干等；管径小于1mm的动脉属小动脉（small artery），其中接近毛细血管的小动脉称微动脉（arteriole）；管径介于大、小动脉之间，除大动脉外，其他在解剖学中有名称的动脉属中动脉（medium-sized artery），如桡动脉和尺动脉等。

大静脉（large vein）的管径大于10mm，如上腔静脉和下腔静脉等；管径小于2mm

的静脉属小静脉（small vein），其中与毛细血管相连的小静脉称微静脉（venule）；管径介于大、小静脉之间，除大静脉外，凡在解剖学中有名称的静脉属中静脉（medium - sized vein）。

血管除毛细血管外，其管壁结构由内向外依次分为内膜、中膜和外膜三层。

1. 动脉　管壁较厚，管径较小，弹性大（图8-3，图8-4）。

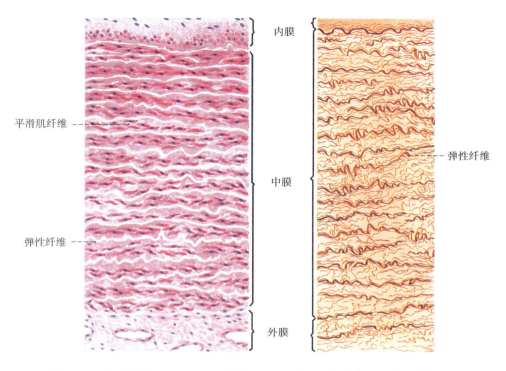

内膜
平滑肌纤维
中膜
弹性纤维
外膜
弹性纤维

图8-3　大动脉横切面　（HE，低倍）　　图8-4 大动脉　（弹性染色，低倍）

（1）内膜（tunica intima）：最薄，由内皮、内皮下层和内弹性膜组成。内皮是单层扁平上皮，表面光滑，可减少血液流动的阻力。内皮下层是薄层结缔组织，内含少许平滑肌纤维。内弹性膜是一层由弹性蛋白构成的膜，富有弹性，主要见于中动脉。

（2）中膜（tunica media）：最厚，由平滑肌和弹性纤维等构成。

大动脉的中膜以弹性纤维为主，其间有少许平滑肌。大动脉管壁有较大的弹性，因而大动脉也称弹性动脉，弹性纤维有使扩张的血管回缩的作用，当心室收缩射血时，大动脉扩张；心室射血停止时，大动脉可借弹性回缩，推动血管内的血液持续流动。

中、小动脉的中膜以平滑肌为主，肌间有弹性纤维和胶原纤维，故中、小动脉也称肌性动脉。小动脉平滑肌的舒缩，可明显改变血管的口径，影响其灌流器官的血流量，而且可改变血液流动的外周阻力，影响血压（图8-5），故又称外周阻力血管。

（3）外膜（tunica adventitia）：较厚，主要由疏松结缔组织构成。外膜中有小血管、淋巴管和神经分布。

2. 静脉　与各级相应的动脉比较，静脉的管壁较薄，管径较大，弹性小。静脉的

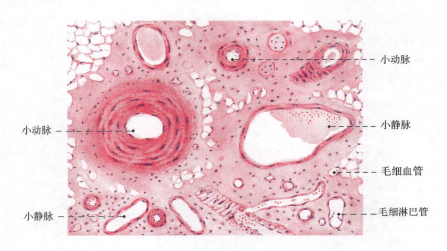

图 8-5　小动脉和小静脉的微细胞结构

管壁也分内膜、中膜和外膜，但三层的分界不明显。静脉的内膜薄，由一层内皮和结缔组织构成；中膜稍厚，主要由一些环行平滑肌构成；外膜最厚，由疏松结缔组织构成。大静脉的外膜内还含有较多的纵行平滑肌。

3. 毛细血管　分布广泛，互相连通成网，是血液与组织细胞进行物质交换的部位。毛细血管的管径很细，直径 7~9μm。毛细血管的管壁结构简单，主要由一层内皮和基膜构成（图 8-6）。

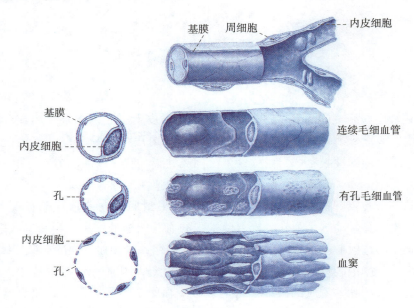

图 8-6　毛细血管超微结构图

根据毛细血管内皮细胞的结构特点，可将毛细血管分为三类：

（1）连续毛细血管（continuous capillary）：其特点是内皮细胞紧密连接成一层连续性内皮，基膜完整。连续毛细血管主要分布于结缔组织、肌组织、肺和中枢神经系统等处。

（2）有孔毛细血管（fenestrated capillary）：其特点是内皮细胞不含核的部分很薄，有许多贯穿细胞的孔，孔的直径为 60～80nm。有孔毛细血管主要分布于某些内分泌腺、胃肠黏膜和肾血管球等处。

（3）血窦（sinsoid）：或称窦状毛细血管，其特点是管腔较大，形状不规则，内皮细胞有间隙，基膜不连续或无，通透性大。血窦主要分布于物质交换旺盛的肝、脾、骨髓和某些内分泌腺中。

（五）微循环

微循环（microcirculation）是指微动脉与微静脉之间微细血管中的血液循环。通过微循环，血液向组织细胞提供氧和营养物质，运走细胞代谢所产生的代谢产物。所以微循环是实施脉管系统功能的基本单位。微循环对机体组织进行正常生理活动十分重要，微循环功能衰竭，将导致组织器官功能不全或衰竭。

微循环一般包括微动脉、中间微动脉、真毛细血管、直捷通路、动静脉吻合和微静脉六个部分（图 8-7）。

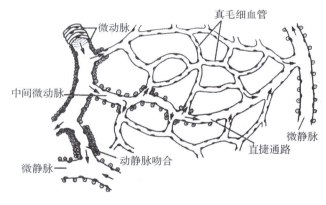

图 8-7　微循环模式图

1. 微动脉（arteriole） 是小动脉的分支。其管壁结构由内向外主要为内皮、1～2 层环行平滑肌和少量结缔组织。微动脉管壁平滑肌的舒缩可调节进入微循环的血流量，有总闸门之称。

2. 中间微动脉（meta arteriole） 是微动脉的分支，管壁的平滑肌稀少，不连续成层。

3. 真毛细血管（true capillary） 即通常所说的毛细血管，它是中间微动脉的分支。在真毛细血管起始处有少量环行平滑肌，称毛细血管前括约肌，它的舒缩可以调节真毛细血管内的血流量，是调节微循环的分闸门。一般情况下，只有小部分真毛细血管开放，当局部组织代谢增强时，毛细血管前括约肌松弛，真毛细血管的血流量增加。真毛细血管是实现物质交换的主要部位。

4. 直捷通路（thoroughfare channel） 是中间微动脉直接和微静脉相通的部分。其管壁结构与毛细血管相同。直捷通路较短直，血流量较快。当组织处于静止状态时，中间微动脉内的血液大部分经直捷通路进入微静脉。

5. 动静脉吻合（arteriovenous anastomosis） 是微动脉和微静脉之间直接连通的血管。动静脉吻合收缩时，血液由微动脉进入毛细血管；动静脉吻合舒张时，微动脉血液经此直接流入微静脉。动静脉吻合也是调节局部组织血流量的重要结构。

6. 微静脉（venule） 它收集真毛细血管、直捷通路和动静脉吻合等的血液，将微循环的血液导入小静脉（图 8 - 8）。

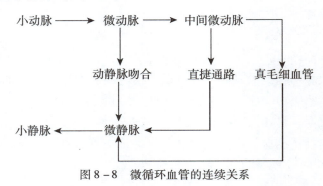

图 8 - 8 微循环血管的连续关系

二、心

（一）心的位置

心位于胸腔的中纵隔内，约 2/3 在身体正中线的左侧，1/3 在正中线的右侧。心的周围裹以心包。

心的上方与出入心的大血管相连；心的下方是膈；心的前方大部分被肺和胸膜所遮盖，只有小部分与胸骨体和左侧第 2～6 肋软骨相邻，临床上进行心内注射时，为了不伤及肺和胸膜，常在左侧第 4 肋间隙或第 5 肋间隙靠近胸骨左缘处进针，将药物注射到右心室内；心的后方有食管、迷走神经和胸主动脉等；心的两侧与纵隔胸膜、胸膜腔和肺相邻（图 8 - 9）。

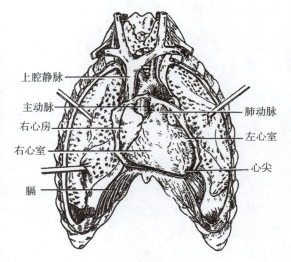

图 8 - 9 心的位置

（二）心的外形

心的形状像倒置的、前后略扁的圆锥体，大小约相当于本人拳头。心具有一尖、一底、两面、三缘，表面有三条沟。

一尖：心尖（cardiac apex）朝向左前下方，由左心室构成，其体表投影位置在左侧第 5 肋间隙左锁骨中线内侧 1～2cm 处，在此处可看到或摸到心尖搏动。

一底：心底（cardiac base）朝向右后上方，主要由左心房和小部分的右心房构成，与出入心的大血管相连。上、下腔静脉分别从上、下方开口于右心房。左、右两对肺静脉分别从两侧注入左心房。

两面：心的前面朝向胸骨体和肋软骨，故称胸肋面，大部分由右心房和右心室构成，小部分由左心耳和左心室构成；心的下面邻膈，称膈面，大部分由左心室构成，小部分由右心室构成。

三缘：心的右缘垂直向下，由右心房构成；左缘钝圆，主要由左心室构成；下缘接近水平位，由右心室和心尖构成。

三条沟：心的表面近心底处有几乎成环形的冠状沟（coronary sulcus），是心房与心室在心表面的分界标志。心的胸肋面和膈面各有一条自冠状沟延伸到心尖稍右侧的浅沟，分别称为前室间沟（anterior interventricular groove）和后室间沟（posterior interventricular groove）。前、后室间沟是左、右心室在心表面的分界标志（图8-10，图8-11）。后室间沟与冠状沟的相交处称房室交点（crux），是解剖和临床上常用的一个重要标志。

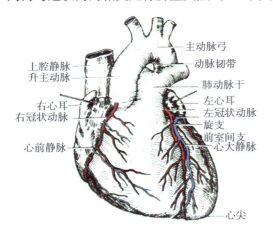

图8-10　心的外形与血管（前面）

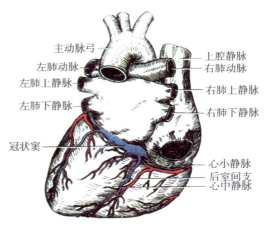

图8-11　心的外形与血管（后面）

（三）心的各腔

1. 右心房（right atrium）　位于心的右上部。它向左前方的突出部分称右心耳（right auricle）。右心房有三个入口：上部有上腔静脉口（orifice of superior vena cava）；下部有下腔静脉口（orifice of inferior vena cava）；在下腔静脉口与右房室口之间有冠状窦口（orifice of coronary sinus）。这些入口分别导入人体上半身、下半身和心壁的静脉血。右心房的出口为右房室口，位于右心房的前下部，通向右心室。

右心房接受全身回流的静脉血，并把血液自右房室口输入右心室。

右心房的后内侧壁主要由房间隔构成，在房间隔下部有一卵圆形浅窝，称卵圆窝（fossa ovalis），是胎儿时期的卵圆孔于生后闭合的遗迹。房间隔缺损多在卵圆窝处发生，是先天性心脏病的一种（图8-12）。

2. 右心室（right ventricle）　位于右心房的左前下方，构成胸肋面的大部分。右心室的入口即右房室口（right atrioventricular orifice）。右心室的出口位于右心室的前上部，叫肺动脉口（orifice of pulmonary truck），通向肺动脉干。

右心室经右房室口接受由右心房流入的静脉血，并把血液自肺动脉口输入肺动脉干（图8-13）。

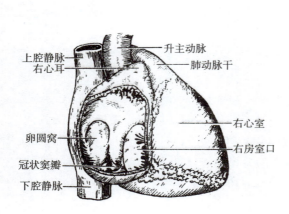

图8-12　右心房

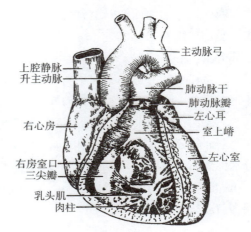

图8-13　右心室

3. 左心房（left atrium）　位于右心房的左后方，构成心底的大部分。左心房向右前方的突出部分称左心耳（left auricle），因其与二尖瓣邻近，为心外科常用的手术入路之一。左心房有四个入口，位于左心房后壁的两侧，左、右各两个，称肺静脉口，分别称为左肺上、下静脉口和右肺上、下静脉口，导入由肺回流至心的动脉血。左心房的出口是左房室口（left atrioventricular orifice），在左心房的前下部，通向左心室（图8-14）。

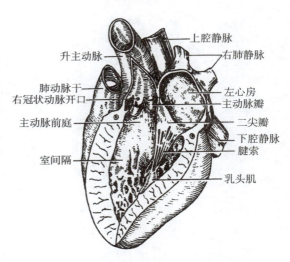

图8-14　左心房和左心室

左心房接受由肺回流至心的动脉血，并把血液自左房室口输入左心室。

4. 左心室（left ventricle）　位于右心室的左后下方。左心室的入口即左房室口（left atrioventricular orifice）。左心室的出口称主动脉口（aortic orifice），位于左房室口的右前方，通向主动脉。

左心室经左房室口接受由左心房流入的动脉血，并把血液自主动脉口输入主动脉。

5. 心的瓣膜　在心的房室口和动脉口附有心瓣膜（cardiac valves），房室口附有房室瓣，动脉口附有动脉瓣。右房室口的周缘附有三片瓣膜，称三尖瓣（tricuspid valve）；左房室口的周缘附有两片瓣膜，称二尖瓣（mitral valve）；肺动脉口的周缘附有三片瓣膜，称肺动脉瓣（pulmonary valve）；主动脉口的周缘附有三片瓣膜，称主动脉瓣（aortic valve）。

　　房室瓣的每片瓣膜都略呈三角形，瓣膜的基底部附于房室口的周缘，瓣膜的游离缘都有数条细长的腱索连于心室壁的乳头肌上。乳头肌为从心室壁突入室腔的锥体形肌隆起。

　　动脉瓣的每片瓣膜都呈袋口向上的半月形，瓣膜的基底部附于动脉口的周缘，袋口的方向朝向动脉（图8-15）。

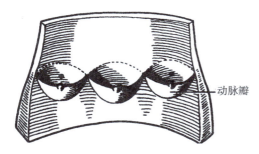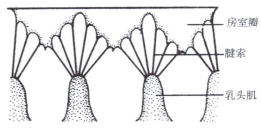

图8-15　心瓣膜模式图

　　心瓣膜顺血流开放，逆血流关闭，保证了血液在心腔内的定向流动（图8-16）。

　　心室收缩时，心室内血液推动房室瓣，使其相互对合，封闭房室口，由于乳头肌的收缩和腱索的牵拉，房室瓣刚好对紧且不致翻向心房，从而可防止血液倒流入心房；受心室内血液的推动，动脉瓣开放，心室内血液进入动脉中。

　　心室舒张时，由于动脉内血液的回冲压力，动脉瓣关闭，防止动脉内血液倒流入心室；受心房血液的推动，房室瓣开放，心房内血液流入心室。

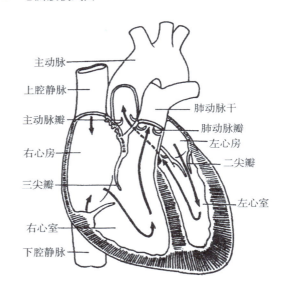

图8-16　心各腔的血流方向

　　病理情况下，病变可侵犯心瓣膜，致使心瓣膜变硬或变形，导致瓣膜闭锁不全，有时还可造成心瓣膜的粘连，使心瓣膜不能正常地开放，使房室口或动脉口狭窄，将会导致血液循环的功能障碍。

（四）心壁的微细结构

　　心壁从内向外由心内膜、心肌膜和心外膜构成（图8-17）。

　　（1）心内膜（endocardium）：是衬于心各腔内面的一层光滑的薄膜。心内膜由内皮、内皮下层和心内膜下层组成。内皮薄而光滑，与出入心的大血管的内皮相连续；内皮下层在内皮的外面，由较细密的结缔组织构成，含有较多的弹性纤维；心内膜下

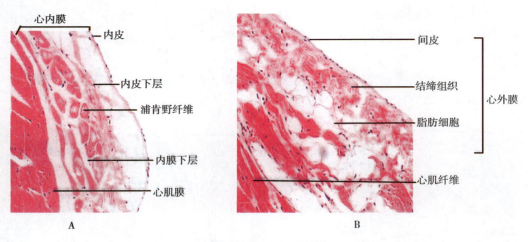

图 8 – 17　心壁的构造

层在内皮下层的外面，由疏松结缔组织构成，内含小血管、神经和心的传导系统的分支。

心内膜在房室口和动脉口处向心腔折叠形成心的瓣膜。

（2）心肌膜（myocardium）：主要由心肌纤维组成，是心壁的主要组成部分。心肌膜包括心房肌和心室肌两部分。心房肌较薄，心室肌肥厚，左心室肌最厚。心房肌和心室肌不相连续，分别附着于左、右房室口周围的纤维环上，因此心房肌和心室肌可不同时收缩。

心的纤维环由致密结缔组织构成，共有四个，分别位于肺动脉口、主动脉口和左、右房室口的周围，环上除附有心房肌和心室肌外，还附有心瓣膜（图 8 – 18）。

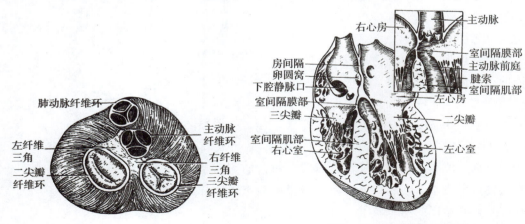

图 8 – 18　心的纤维环

图 8 – 19　房间隔和室间隔

（3）心外膜（epicardium）：是被覆在心肌膜外面的一层光滑的浆膜，为浆膜心包的脏层。其表面为一层间皮，间皮深面为薄层结缔组织。

（五）心的传导系统

心的传导系统由特殊分化的心肌细胞构成。心传导系统的主要功能是产生兴奋和传导冲动，维持心的正常节律性搏动。心的传导系统包括窦房结、房室结、房室束、左束支和右束支以及蒲肯野（Purkinje）纤维网（图8-20）。

1. 窦房结（sinuatrial node）   位于上腔静脉与右心耳之间的心外膜深面，略呈长椭圆形。窦房结是心自动节律性兴奋的发源地，是心的正常起搏点。

2. 房室结（atrioventricular node） 位于房间隔下部、冠状窦口与右房室口之间的心内膜深面，呈扁椭圆形。房室结发出房室束入室间隔。房室结的功能是将窦房结传来的冲动传向心室，保证心房收缩后再开始心室收缩。

关于窦房结产生的兴奋如何传导到房室结，有学者认为窦房结和房室结之间有结间束相连，结间束有三条：前结间束、中结间束和后结间束，分别经心房到达房室结。

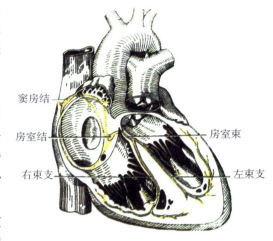

图8-20 心的传导系统

3. 房室束（atrioventricular bundle）   又称希氏（His）束。房室束自房室结发出后入室间隔，在室间隔上部分为左束支和右束支。房室束是兴奋由心房传导到心室的唯一通路。

4. 左束支（left bundle branch）和右束支（right bundle branch）   分别沿室间隔左、右侧心内膜深面下行到左、右心室。左束支在下行过程中又分为前支和后支，分别分布到左心室的前壁和后壁。

5. 蒲肯野（Purkinje）纤维网   左束支和右束支的分支在心室的心内膜深面分为许多细小分支，交织成网，称蒲肯野（Purkinje）纤维网，与心室肌细胞相连。

心传导系统各部都可产生节律性兴奋，窦房结的兴奋性最高。正常情况下，由窦房结发出的冲动传至心房肌，引起心房肌的收缩，同时冲动也传至房室结，再经房室束、左束支和右束支及蒲肯野纤维网传至心室肌，引起心室肌收缩。如果心传导系统功能失调，就会出现心律失常。

（六）心的血管

1. 动脉   营养心的动脉是左、右冠状动脉（图8-10，11），它们均发自升主动脉。

（1）左冠状动脉（left coronary artery）：起自升主动脉起始部的左侧壁，经左心耳与肺动脉干根部之间向左行，至冠状沟后，分为前室间支（anterior interventricular branch）和旋支（circumflex branch）。前室间支沿前室间沟下行，绕过心尖右侧，至后室间沟下部与后室间支吻合；旋支沿冠状沟向左行，绕过心左缘到心的膈面。

左冠状动脉分支分布到左心房、左心室、室间隔前2/3和右心室前壁的一部分。

（2）右冠状动脉（right coronary artery）：起自升主动脉起始部的右侧壁，经右心耳与肺动脉干根部之间向右行，进入冠状沟，向右行绕过心的右缘至心的膈面，分为后室间支（posterior interventricular branch）和左室后支。后室间支，较粗，沿后室间沟下行；左室后支，向左行，分支分布于左心室后壁。

右冠状动脉分支分布到右心房、右心室、室间隔后 1/3 和左心室后壁的一部分，还发出分支分布到窦房结和房室结。

临床上冠状动脉粥样硬化性心脏病（简称冠心病），是由于冠状动脉或其分支的病变引起血管腔狭窄，致使心肌血液供应不足的心脏病。可造成冠状动脉所分布区域的心肌坏死，即心肌梗死。

2. 静脉　心的静脉绝大部分汇入冠状窦，经冠状窦口注入右心房。

冠状窦（coronary sinus）：位于心膈面的冠状沟内，其右端开口于右心房。冠状窦的主要属支有心大静脉、心中静脉和心小静脉（图 8 – 10，11）。

心大静脉（great cardiac vein）：在前室间沟内与左冠状动脉前室间支伴行，向上至冠状沟，绕心左缘至心膈面，注入冠状窦左端。

心中静脉（middle cardiac vein）：在后室间沟伴右冠状动脉后室间支上行，注入冠状窦右端。

心小静脉（small cardiac vein）：在冠状沟内，伴右冠状动脉向左，注入冠状窦右端。

（七）心包

心包（pericardium）是包裹心和出入心的大血管根部的纤维浆膜囊（图 8 – 21）。
心包分为外层的纤维心包和内层的浆膜心包两部分。

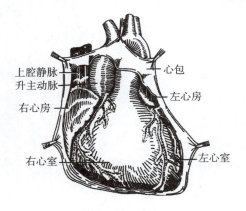

图 8 – 21　心包

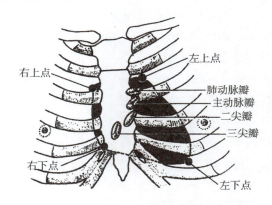

图 8 – 22　心的体表投影

1. 纤维心包（fibrous pericardium）　是坚韧的结缔组织囊，它的上部与出入心的大血管外膜相延续，下部附于膈的中心腱。

2. 浆膜心包（serous pericardium）　可分为脏、壁两层，脏层覆盖于心肌表面，即心外膜；壁层贴在纤维心包的内面。

浆膜心包的脏层和壁层在出入心的大血管根部相互移行，两层之间的潜在性腔隙称心包腔（pericardial cavity）。心包腔内有少量浆液，起润滑作用，可减少心在搏动时的摩擦。

心包有保护心、固定心和防止心过度扩张的功能。

在病理情况下，可发生心包炎、心包积液等病变。

（八）心的体表投影

心在胸前壁的体表投影可用四个点及其间的连线来确定（图8-22）。

1. 左上点　在左侧第2肋软骨下缘，距胸骨左缘约1.2cm处。

2. 右上点　在右侧第3肋软骨上缘，距胸骨右缘约1cm处。

3. 右下点　在右侧第6胸肋关节处。

4. 左下点　在左侧第5肋间隙，距前正中线约7~9cm处（或在左锁骨中线内侧1~2cm处）。

左上点、右上点的连线为心的上界；左下点、右下点的连线为心的下界；右上点、右下点间微凸向右的连线为心的右界；左上点、左下点间微凸向左的连线为心的左界。了解心的体表投影，对叩诊时判断心界是否扩大有实用意义。

三、动脉

动脉是心室发出的血管，在行程中不断分支，且愈分愈细，最终移行为毛细血管。由左心室发出的动脉称主动脉，主动脉及其各级分支运送动脉血到全身各器官；由右心室发出的动脉称肺动脉干，肺动脉干及分支运送静脉血到肺。器官外的动脉分布有如下主要规律：①动脉左、右对称性地分布于身体的头颈、躯干和四肢。②身体每一局部（如头颈部、上肢、下肢等）都由1~2条主干供血。③人体胸、腹、盆部的动脉，常分为壁支与脏支两大类。④动脉常与静脉、神经伴行，称血管神经束，多走行在身体屈侧、深面或隐蔽的地方。

（一）肺循环的动脉

肺动脉干（pulmonary trunk）为肺循环的动脉主干，是一短而粗的动脉干，起自右心室，在升主动脉的前方向左后上方斜行，达主动脉弓的下方分为左、右肺动脉（图8-10）。

左肺动脉（left pulmonary artery）较短，水平向左至左肺门，分上、下两支进入左肺上、下叶。

右肺动脉（right pulmonary artery）较长，水平向右至右肺门，分三支进入右肺上、中、下叶。

左、右肺动脉在肺内反复分支，最后到达肺泡周围形成毛细血管网。

在肺动脉干分叉处稍左侧与主动脉弓下缘之间连接一条结缔组织索，称动脉韧带（arterial ligament）。动脉韧带是胎儿时期动脉导管闭锁后的遗迹（图8-10）。动脉导管如果在出生后6个月不闭锁，则称为动脉导管未闭，是最常见的先天性心脏病之一。

（二）体循环的动脉

体循环的动脉主干为主动脉，是全身最粗大的动脉。

主动脉（aorta）由左心室发出，先向右前上方斜行，达右侧第2胸肋关节高度，然后向左后方呈弓状弯曲，达第4胸椎体下缘水平，再沿脊柱的左前方下行，经膈的主动脉裂孔入腹腔，继续沿脊柱左前方下行，至第 4 腰椎体下缘水平分为左、右髂总动脉。主动脉全长以右侧第 2 胸肋关节和第 4 胸椎体下缘为界分为三段：升主动脉、主动脉弓和降主动脉。降主动脉以膈为界分为胸主动脉和腹主动脉（图 8－23）。

1. 升主动脉　升主动脉（ascending aorta）起自左心室的主动脉口，向右前上方斜行，达右侧第 2 胸肋关节后方移行为主动脉弓。升主动脉的起始部发出左、右冠状动脉，分布于心。

2. 主动脉弓　主动脉弓（aortic arch）是自右侧第 2 胸肋关节与第 4 胸椎体下缘之间呈弓状弯曲的一段动脉。主动脉弓位于胸骨柄的后方。

主动脉弓壁内有压力感受器，具有调节血压的作用。主动脉弓下方靠近动脉韧带处有 2～3 个粟粒状小体，称主动脉小球（aortic glomera），是化学感受器，参与调节呼吸。

从主动脉弓的凸侧向上发出三个分支，自右向左依次为头臂干（无名动脉）、左颈总动脉和左锁骨下动脉。头臂干短而粗，向右上方斜行，至右侧胸锁关节后方分为右颈总动脉和右锁骨下动脉。

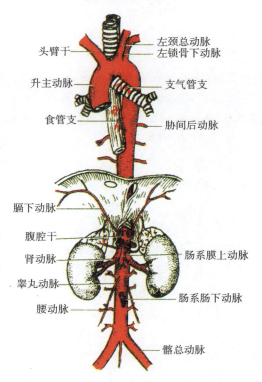

图 8－23　主动脉分部及其分支

主动脉弓的分支主要分布于头颈部和上肢。

（1）颈总动脉（common carotid artery）：是头颈部的动脉主干。右颈总动脉起自头臂干，左颈总动脉起自主动脉弓。两侧颈总动脉均在食管、气管和喉的外侧上行，至甲状软骨上缘水平处分为颈内动脉和颈外动脉（图 8－24）。

在颈总动脉分为颈内动脉和颈外动脉的分叉处，有两个重要结构，即颈动脉窦和颈动脉小球。

颈动脉窦（carotid sinus）是颈总动脉末端和颈内动脉起始处膨大

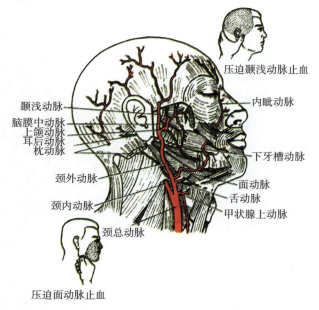

图 8－24　颈外动脉及其分支

的部分，窦壁内有压力感受器，能感受血压的变化。

当血压升高时，刺激主动脉弓和颈动脉窦壁内的压力感受器，可反射性地引起心跳减慢、末梢血管扩张，使血压下降。

颈动脉小球（carotid glomus）是位于颈总动脉分叉处后方的动脉壁上的一个椭圆形小体，为化学感受器，能感受血液中 CO_2 浓度和氧浓度的变化。

当血液中氧浓度降低和 CO_2 浓度增高时，颈动脉小球和主动脉小球可反射性的促使呼吸加深加快。

在环状软骨的两侧，可摸到颈总动脉的搏动。在此处将颈总动脉向后内方压迫到第 6 颈椎横突上，可进行一侧头颈部的临时性止血。

①颈外动脉（external carotid artery）：起自颈总动脉，在胸锁乳突肌的深面向上行，进入腮腺实质分为颞浅动脉和上颌动脉两个终支（图 8 – 24）。颈外动脉的主要分支有：

甲状腺上动脉（superior thyroid artery）：在颈外动脉的起始部发出，行向前下方，分支分布于甲状腺上部和喉。

舌动脉（lingual artery）：在甲状腺上动脉的稍上方发出，分支分布于舌、舌下腺和腭扁桃体。

面动脉（facial artery）：在舌动脉稍上方发出，向前经下颌下腺深面，至咬肌前缘越过下颌骨下缘到面部，经口角和鼻翼外侧到达眼的内眦，改称内眦动脉。面动脉分支分布于腭扁桃体、下颌下腺和面部。

面动脉在下颌骨下缘与咬肌前缘交界处位置表浅，可摸到其搏动。在此处将面动脉压向下颌骨，可进行面部的临时性止血（图 8 – 24）。

颞浅动脉（superficial temporal artery）：在外耳门前方上行，越过颧弓根部到颞部，分支分布于腮腺，额部、颞部及颅顶部软组织。

在外耳门前方颧弓根部可摸到颞浅动脉的搏动。在此处压迫颞浅动脉，可进行额部、颞部和颅顶部的临时性止血（图 8 – 24）。

上颌动脉（maxillary artery）：在下颌支深面向内前方行走。上颌动脉分支较多，主要分布于口腔、鼻腔和硬脑膜等处。上颌动脉有一重要分支叫脑膜中动脉，向上穿颅底的棘孔入颅腔，分前、后两支，分布于硬脑膜。脑膜中动脉前支经过颅骨翼点内面，当翼点处骨折时，易损伤脑膜中动脉前支而导致硬膜外血肿。

②颈内动脉（internal carotid artery）：由颈总动脉发出后向上行至颅底，经颈动脉管入颅腔，分支分布于脑和眼（图 8 – 25）（详见中枢神经系统）。

（2）锁骨下动脉（subclavian artery）：右锁骨下动脉起自头臂干，左锁骨下动脉起自主动脉弓。锁骨下动脉从胸锁关节后方经胸廓上口到颈根部，呈弓状经胸膜顶前方，穿斜角肌间隙，至第 1 肋的外缘移行为腋动脉（图 8 – 25，26）。

在锁骨上窝中点可摸到锁骨下动脉的搏动。在此处将锁骨下动脉向后下方压在第 1 肋上，可进行上肢的临时性止血。

锁骨下动脉的主要分支有：

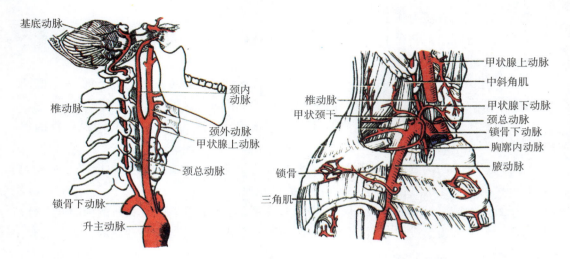

图 8－25　颈总动脉、颈内动脉与椎动脉　　　　图 8－26　锁骨下动脉

①椎动脉（vertebral artery）：自锁骨下动脉发出后向上行，穿经上六个颈椎的横突孔，经枕骨大孔入颅腔，分支分布于脑和脊髓（图 8－25，26）。

②胸廓内动脉（internal thoracic artery）：自锁骨下动脉发出后向下行入胸腔，在距胸骨外侧缘约 1cm 处，沿第 1～7 肋软骨的后面下行，分支分布于胸前壁、心包、膈和乳房等处。其较大的终支叫腹壁上动脉，穿过膈肌入腹直肌鞘内，沿腹直肌的后面下降，分布于腹直肌和腹膜等处。

③甲状颈干（thyrocervical trunk）：是一短干，发出后立即分为数支至颈部和肩部。其主要分支甲状腺下动脉，分支分布于甲状腺和喉等处。

（3）腋动脉（axillary artery）：为锁骨下动脉的延续。腋动脉位于腋窝内，在第 1 肋的外缘续于锁骨下动脉，向外下方行走，至背阔肌下缘移行为肱动脉。

腋动脉的主要分支分布于肩肌、胸肌、背阔肌和乳房等处（图 8－27，28）。

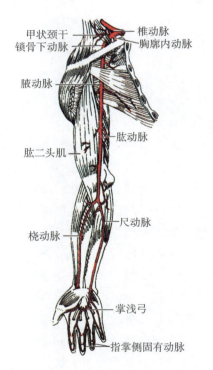

图 8－27　上肢的动脉

（4）肱动脉（brachial artery）：是腋动脉的延续，沿肱二头肌内侧沟下行，至肘窝平桡骨颈高度分为桡动脉和尺动脉。

肱动脉沿途发出分支分布于上臂和肘关节（图 8－29）。

在肘窝稍上方肱二头肌腱的内侧，肱动脉位置表浅，可触及其搏动，是测量血压时的听诊部位。在上臂中份肱二头肌内侧沟内将肱动脉压向肱骨，可进行压迫点以下的上肢临时性止血（图 8－30）。

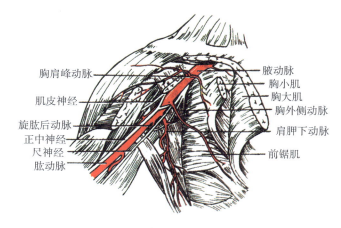

图 8 - 28　腋动脉及其分支

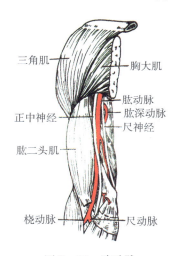

图 8 - 29　肱动脉

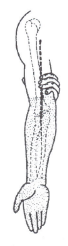

图 8 - 30　肱动脉的压迫止血点

（5）桡动脉（radial artery）：自肱动脉发出，先经肱桡肌与旋前圆肌之间，继而在肱桡肌腱与桡侧腕屈肌腱之间下行，在桡腕关节上方绕桡骨茎突至手背，穿第 1 掌骨间隙入手掌深面部（图 8 - 31）。

桡动脉在桡腕关节上方行于肱桡肌腱与桡侧腕屈肌腱之间，位置表浅，可触及其搏动，是临床切脉和记数脉搏的常用部位。

桡动脉沿途分支主要分布于前臂桡侧的肌和皮肤等。

（6）尺动脉（ulnar artery）：自肱动脉发出，先斜向内下，然后下行于尺侧腕屈肌和指浅屈肌之间，至桡腕关节处，经豌豆骨桡侧入手掌（图

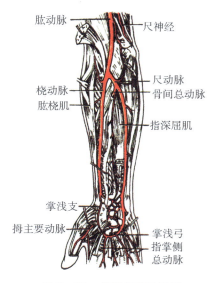

图 8 - 31　前臂前面的动脉

8-31)。

尺动脉沿途分支主要分布于前臂尺侧的肌和皮肤等。

当手出血时，可在桡腕关节上方的两侧，同时压迫桡动和尺动脉进行临时性止血。

（7）掌浅弓和掌深弓：桡动脉和尺动脉的终支在手掌互相吻合，形成掌浅弓和掌深弓（图8-32）。

①掌浅弓（superficial palmar arch）由尺动脉末端和桡动脉的掌浅支吻合而成，位于指屈肌腱的浅面。其分支有指掌侧总动脉和小指尺掌侧动脉，指掌侧总动脉又分2支指尺掌侧固有动脉，行于相邻两指的相对缘。

②掌深弓（deep palmar arch）由桡动脉末端和尺动脉的掌深支吻合而成，位于指屈肌腱的深面。其分支吻合于指掌侧总动脉

掌浅弓和掌深弓的分支分布于手掌和手指。

在手指根部两侧血管的行经部位进行压迫，可阻止手指的出血。

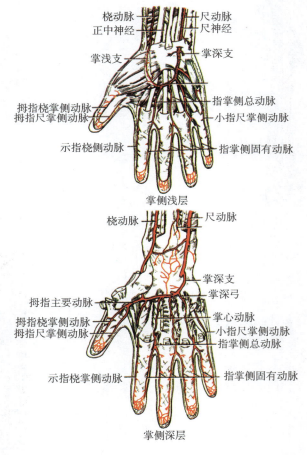

图8-32　手的动脉（右侧）

3. 胸主动脉　胸主动脉（thoracic aorta）是胸部的动脉主干，位于脊柱的左前方。胸主动脉的分支分为脏支和壁支（图8-33）。

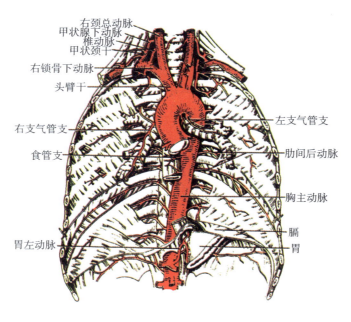

图 8 - 33　胸主动脉及其分支

（1）脏支：主要有支气管支、食管支和心包支，分别分布于气管、主支气管、肺、食管和心包。

（2）壁支：主要有肋间后动脉（posterior intercostal arteries）和肋下动脉（subcostal artery）。除第 1、2 对肋间后动脉发自锁骨下动脉外，第 3～11 对肋间后动脉和肋下动脉发自胸主动脉的后外侧壁。肋间后动脉行于相应的肋间隙的肋沟内。肋下动脉沿第 12 肋下缘走行。肋间后动脉和肋下动脉主要分布到胸壁、腹壁上部的肌和皮肤等处（图 8 - 34）。

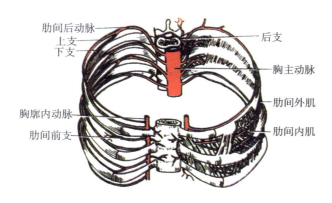

图 8 - 34　胸壁的动脉

4. 腹主动脉　腹主动脉（abdominal aorta）腹主动脉是腹部的动脉主干，位于脊柱的左前方，其右侧邻下腔静脉。腹主动脉的分支也分为脏支和壁支（图 8 - 35）。

（1）脏支：分不成对脏支和成对脏支两类。不成对脏支有腹腔干、肠系膜上动脉

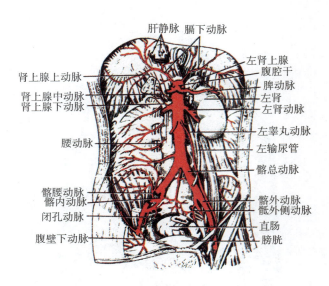

图 8 – 35　腹主动脉及其分支

和肠系膜下动脉。成对脏支主要有肾动脉和睾丸动脉（卵巢动脉）等。

①腹腔干（celiac trunk）：为一短干，在主动脉裂孔的稍下方，约平第 12 胸椎高度起自腹主动脉的前壁，立即分为胃左动脉、肝总动脉和脾动脉（图 8 – 36，37）。

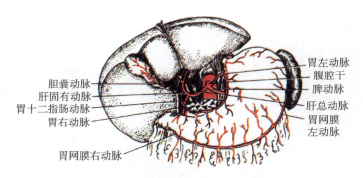

图 8 – 36　腹腔干及其分支（胃前面）

胃左动脉（left gastric artery）：先向左上方行至胃的贲门，然后沿胃小弯向右行走。胃左动脉分支分布于食管腹段、贲门和胃小弯附近的胃壁。

肝总动脉（common hepatic artery）：向右走行，进入肝十二指肠韧带内，到十二指肠上部的上方分为肝固有动脉和胃十二指肠动脉。

肝固有动脉（proper hepatic artery）：在肝十二指肠韧带内上行，至肝门附近分为左、右两支，经肝门入肝的左、右叶。右支在进入肝门前发出胆囊动脉，分布于胆囊。肝固有动脉在其起始处还发出胃右动脉，沿胃小弯向左行，分支分布于十二指肠上部和胃小弯附近的胃壁。

胃十二指肠动脉（gastroduodenal artery）：经幽门后方下行，在幽门下缘分为胃网膜右动脉和胰十二指肠上动脉。胃网膜右动脉沿胃大弯向左行，沿途分支分布到胃大

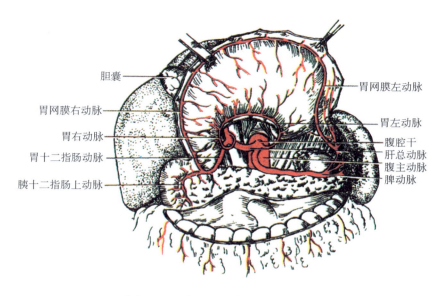

图 8-37　腹腔干及其分支（胃后面）

弯附近的胃壁和大网膜。胰十二指肠上动脉走行于十二指肠降部与胰头之间，分支分布于胰头和十二指肠。

脾动脉（splenic artery）：沿胰的上缘向左行至脾门。脾动脉的主要分支有胰支、胃短动脉、胃网膜左动脉和脾支等。胰支为多条细小的分支，分布于胰体和胰尾。胃短动脉有 3～5 支，在脾门处发出，分布于胃底。胃网膜左动脉沿胃大弯向右行，分支分布于胃大弯附近的胃壁和大网膜。脾支为数支，经脾门入脾。

腹腔干的分支主要分布到食管的腹段、胃、十二指肠、肝、胆囊、胰、脾和大网膜等处。

②肠系膜上动脉（superior mesenteric artery）：在腹腔干起始处的稍下方，约平第 1 腰椎高度起自腹主动脉的前壁，向下经胰头和十二指肠水平部之间，进入小肠系膜根内，呈弓形行向右下方（图 8-38）。

肠系膜上动脉的主要分支有：

胰十二指肠下动脉：行于胰头与十二指肠之间，分支分布于胰和十二指肠。

空肠动脉（jejunal artery）和回肠动脉（ileal artery）：共有 12～16 支，自肠系膜上动脉的左侧壁发出，行于小肠系膜内，分布于空肠和回肠。

回结肠动脉（ileocolic artery）：为肠系膜上动脉右侧壁最下方的分支，分布于回肠末端、盲肠、阑尾和升结肠的一部分。其中至阑尾的分支称阑尾动脉，经回肠末端的后方下降进入阑尾系膜，分布于阑尾。

右结肠动脉（right colic artery）：在回结肠动脉的上方发出，向右行，分为升、降两支，分布于升结肠。

中结肠动脉（middle colic artery）：在右结肠动脉的上方发出，行于横结肠系膜两层之间，分为左、右两支，分布于横结肠。

肠系膜上动脉的分支主要分布于胰、十二指肠、空肠、回肠、盲肠、阑尾、升结肠和横结肠。

③肠系膜下动脉（inferior mesenteric artery）：约在第 3 腰椎高度起自腹主动脉的前壁，沿腹后壁行向左下方（图 8 - 39）。

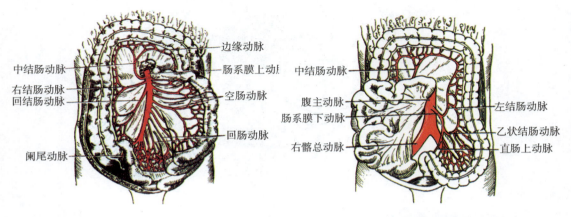

左图标注：
边缘动脉
中结肠动脉
右结肠动脉
回结肠动脉
肠系膜上动脉
空肠动脉
回肠动脉
阑尾动脉

图 8 - 38　肠系膜上动脉及其分支

右图标注：
中结肠动脉
腹主动脉
肠系膜下动脉
右髂总动脉
左结肠动脉
乙状结肠动脉
直肠上动脉

图 8 - 39　肠系膜下动脉及其分支

肠系膜下动脉的主要分支有：

左结肠动脉（left colic artery）：沿腹后壁横行向左，至降结肠附近分为升、降两支，分布于降结肠。

乙状结肠动脉（sigmoid artery）：有 2 ~ 3 支，斜向左下方，进入乙状结肠系膜，分布于乙状结肠。

直肠上动脉（superior rectal artery）：是肠系膜下动脉的直接延续，行于直肠后面，至第 3 骶椎处分为两支，沿直肠上部两侧下降，分布于直肠上部。

肠系膜下动脉的分支主要分布于降结肠、乙状结肠和直肠上部。

④肾动脉（renal artery）：约在第 1、2 腰椎之间起自腹主动脉的侧壁，横行向外侧，分 4 ~ 5 支经肾门入肾。

⑤睾丸动脉（testicular artery）：在肾动脉起始处的稍下方起自腹主动脉的前壁，沿腰大肌前面斜向外下方，经腹股沟管入阴囊，分布于睾丸和附睾。在女性此动脉称卵巢动脉，分布于卵巢和输卵管。

（2）壁支：主要有腰动脉。

腰动脉共 4 对，起自腹主动脉的侧壁，横行向外，分布于腰部和腹前外侧壁的肌和皮肤，并有小支进入椎管营养脊髓。

5. 髂总动脉　髂总动脉（common iliac artery）左、右各一，在平第 4 腰椎体下缘自腹主动脉分出，沿腰大肌内侧向外下方行，至骶髂关节的前方分为髂内动脉和髂外动脉（图 8 - 40，41）。

（1）髂内动脉（internal iliac artery）：是盆部的动脉主干，为一短干，下行入盆腔，发出脏支和壁支。

①脏支：分布于盆腔脏器和外生殖器。主要分支有：

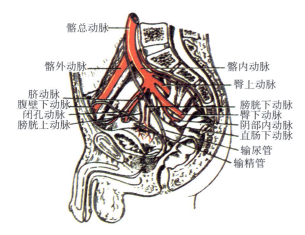

图 8 - 40　男性盆腔的动脉

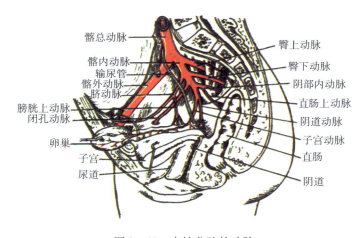

图 8 - 41　女性盆腔的动脉

脐动脉（umbilical artery）：是胎儿时期输送胎儿血到胎盘的动脉干，出生后远侧段闭锁形成脐内侧韧带，近侧段仍保留管腔，发出 2～3 支膀胱上动脉，分布于膀胱。

膀胱下动脉（inferior vesical artery）：沿盆腔侧壁下行。男性分布于膀胱、精囊和前列腺等处。女性分布于膀胱和阴道。

直肠下动脉（inferior rectal artery）：行向内下方，分布于直肠下部。

子宫动脉（uterine artery）：自髂内动脉发出后，向内下行进入子宫阔韧带两层之间，在子宫颈外侧约 2cm 处，越过输尿管的前方至子宫侧缘，分支分布于子宫、阴道、卵巢和输卵管等（图 8 - 42）。

阴部内动脉（internal pudendal artery）：从梨状肌下孔出骨盆腔，进入会阴深部，分支分布于肛门、会阴和外生殖器。分布于肛门周围的肌和皮肤的分支叫肛动脉（图 8 - 43）。

②壁支：分布于臀部和大腿肌内侧群等处，主要分支有：

闭孔动脉（obturator artery）：沿骨盆侧壁向前，穿闭孔出骨盆腔至大腿内侧部，分布于大腿肌内侧群等。

臀上动脉（superior gluteal artery）：经梨状肌上孔出骨盆腔至臀部，分布于臀中肌和臀小肌等处。

臀下动脉（inferior gluteal artery）：经梨状肌下孔出骨盆腔至臀部，分布于臀大肌等处。

（2）髂外动脉（external iliac arter）：沿腰大肌内侧缘下行，经腹股沟韧带中点深面至股前部，移行为股动脉。

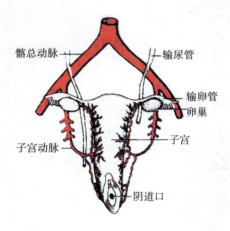

图 8-42　子宫动脉

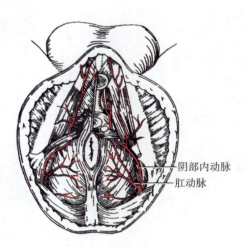

图 8-43　会阴的动脉

髂外动脉在腹股沟韧带的上方发出腹壁下动脉，经腹股沟管腹环内侧行向内上方，进入腹直肌鞘，分布于腹直肌。

（3）股动脉（femoral artery）：接续髂外动脉，是下肢的动脉主干。股动脉在股三角内下行，至股三角下份穿向背侧到腘窝，移行为腘动脉（图 8-44，45）。

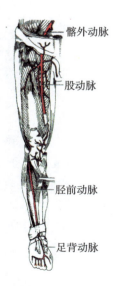

图 8-44　下肢的动脉（前面）

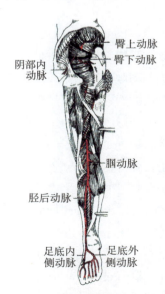

图 8-45　下肢的动脉（后面）

股动脉的分支分布于大腿肌和髋关节。

在腹股沟韧带中点稍内侧的下方，股动脉位置表浅，可触及其搏动。于此处将股动脉压向耻骨，可进行下肢的临时性止血（图8-46）。

股动脉是动脉穿刺和插管最常选用的血管。

（4）腘动脉（popliteal artery）：在腘窝深部下行，到腘窝下角处分为胫前动脉和胫后动脉。

腘动脉分支分布于膝关节及其周围的肌（图8-45）。

在腘窝加垫、屈膝包扎，可压迫腘动脉，进行小腿和足的止血。

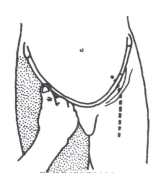

图8-46　股动脉的压迫止血点

（5）胫前动脉（anterior tibial artery）：由腘动脉分出后，向前穿小腿骨间膜进入小腿前部，在小腿肌前群内下行，经踝关节的前方到足背，移行为足背动脉（图8-47）。

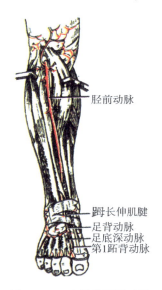

图8-47　小腿前面的动脉

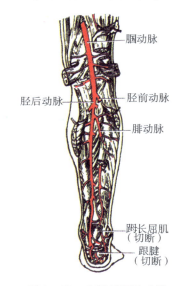

图8-48　小腿后面的动脉

足背动脉（dorsal artery of food）在踝关节前方接胫前动脉，经拇长伸肌腱和趾长伸肌腱之间前行（图8-49）。

胫前动脉的分支分布于小腿肌前群；足背动脉的分支分布于足背和足趾等处。

在踝关节的前方、内踝与外踝连线的中点处易触及足背动脉的搏动。足背部出血时，可在此处向深部压迫足背动脉进行止血。

（6）胫后动脉（posterior tibial artery）：在小腿肌后群浅、深两层之间下行，经内踝后方入足底，分为足底内侧动脉和足底外侧动脉（图8-48，图8-50）。

胫后动脉的分支分布于小腿肌后群和外侧群；足底内侧动脉和足底外侧动脉分布于足底和足趾。

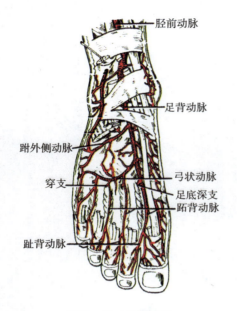

图 8-49   足背动脉

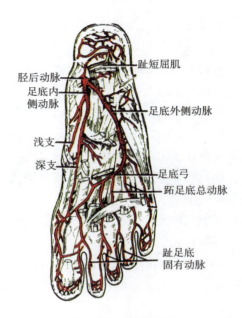

图 8-50   足底动脉

四、静脉

　　静脉是运送血液回心的血管，它始于毛细血管，逐级汇合，最后汇成大静脉注入心房。与伴行的动脉相比，静脉具有以下特点：①静脉内血流缓慢，压力低，管壁较薄，管腔比相应的动脉大。②静脉管壁的内面大多有静脉瓣（venous valve）（图 8-51）。瓣膜呈半月形小袋，袋口朝向心脏，可阻止血液倒流。四肢的浅静脉静脉瓣数量较多，大静脉、肝门静脉和头颈部的静脉一般无静脉瓣。③体循环的静脉在配布上分为浅静脉和深静脉。浅静脉位于皮下组织内，故又称皮下静脉。浅静脉数量较多，不与动脉伴行，最后注入深静脉。由于浅静脉位置

图 8-51   静脉瓣

表浅，临床上常通过它们作静脉内注射、输液和输血。深静脉位于深筋膜的深面或体腔内，多与同名动脉伴行，其名称、行程和导血范围大多数与伴行的动脉相同。④静脉之间有丰富的吻合。

（一）肺循环的静脉

　　肺静脉的属支起自肺泡周围的毛细血管网，在肺内逐级汇合，最后形成各两条肺静脉，分别称左肺上、下静脉和右肺上、下静脉，出肺门后，注入左心房后壁的两侧。

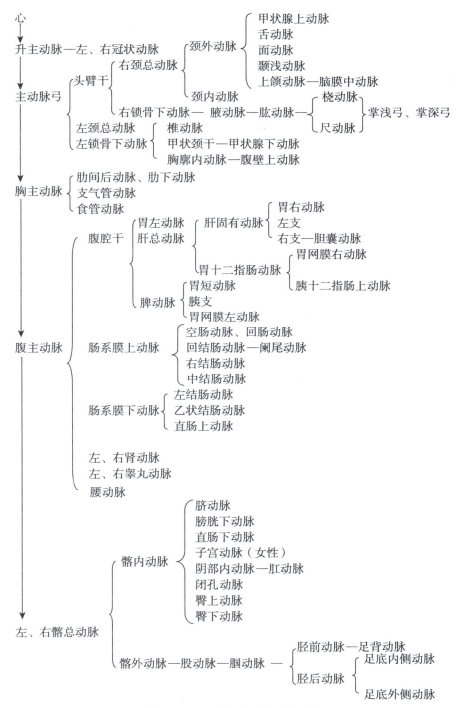

图 8 - 52　体循环动脉的主要分支

（二）体循环的静脉

体循环的静脉可分为上腔静脉系、下腔静脉系和心静脉系。心静脉系已在"心的血管"中叙述。

1. 上腔静脉系　　上腔静脉系由上腔静脉及其属支组成。上腔静脉系主要收集头部、颈部、胸部（心除外）和上肢的静脉血。

（1）上腔静脉（superior veva cava）：上腔静脉是上腔静脉系的主干。它是一条短而粗的静脉干，由左、右头臂静脉在右侧第1胸肋关节的后方汇合而成，沿升主动脉右侧垂直下降，注入右心房。上腔静脉注入右心房前有奇静脉注入（图8-53）。

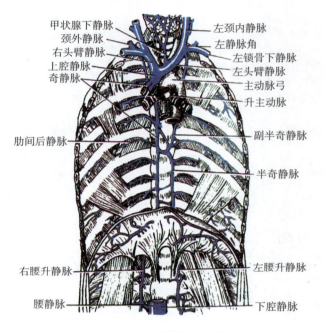

图8-53　上腔静脉及其属支

（2）头臂静脉（brachiocephalic vein）：又称无名静脉，左、右各一，在胸锁关节的后方由同侧的颈内静脉和锁骨下静脉汇合而成。颈内静脉和锁骨下静脉汇合处的夹角称静脉角，是淋巴导管注入静脉的部位。头臂静脉的主要属支有颈内静脉和锁骨下静脉。

①颈内静脉（internal jugular vein）：是头颈部静脉回流的主干，上端在颈静脉孔处接乙状窦，先后在颈内动脉和颈总动脉外侧下行，至胸锁关节后方与锁骨下静脉汇合成头臂静脉。

颈内静脉的属支有颅内支和颅外支两类。颅内支通过硬脑膜窦收集脑和眼等处的静脉血。颅外支主要收集面部、颈深部、舌、咽和甲状腺等处的静脉血（图8-54）。

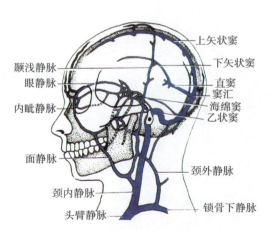

图8-54　头颈部的静脉

颈内静脉在颅外的主要属支是面静脉。

面静脉（facial vein）：在眼内眦处起自内眦静脉，伴面动脉下行，至舌骨平面汇入颈内静脉。面静脉收集面部的静脉血。

面静脉通过内眦静脉、眼静脉与颅内海绵窦相交通。面静脉在平口角以上的部分一般无静脉瓣。故面部尤其是鼻根至两侧口角间的三角区（临床上称此区为危险三角）发生化脓性感染时，切忌挤压，以免细菌经内眦静脉和眼静脉进入颅内，引起颅内感染。

②锁骨下静脉（subclavian vein）：在第1肋外缘处接腋静脉，向内行至胸锁关节后方与颈内静脉汇合成头臂静脉（图8－53）。锁骨下静脉主要收集上肢及颈浅部的静脉血。临床上锁骨下静脉可作为静脉穿刺或长期导管输液的部位。

锁骨下静脉的属支除腋静脉外，其属支主要有颈外静脉。

颈外静脉（external jugular vein）是颈部最大的浅静脉，沿胸锁乳突肌表面下行。颈外静脉主要收集枕部和颈浅部的静脉血（图8－54）。

颈外静脉位置表浅而恒定，故临床儿科常在此作静脉穿刺。正常人站位或坐位时，颈外静脉常不显露，右心衰竭的病人或上腔静脉阻塞引起颈外静脉回流不畅时，在体表可见静脉充盈轮廓，称颈外静脉怒张。

③上肢的静脉：上肢的静脉分深静脉和浅静脉。

上肢的深静脉：从手掌至腋窝的深静脉都与同名动脉伴行，而且多为两条。桡静脉和尺静脉汇合成肱静脉，两条肱静脉汇合成一条腋静脉，腋静脉位于腋动脉的前内侧，收集上肢浅、深静脉的全部血液，在第1肋骨外缘续为锁骨下静脉。

上肢的浅静脉：手的浅静脉在手背形成手背静脉网，继续向心回流途中汇成三条主要静脉，即头静脉、贵要静脉和肘正中静脉（图8－55，56）。

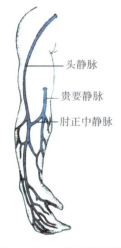

图8－55 上肢的浅静脉

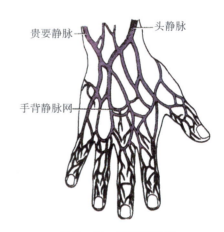

图8－56 手背静脉网

头静脉（cephalic vein）起自手背静脉网的桡侧部，沿前臂桡侧和上臂外侧上行，经三角肌与胸大肌之间至锁骨下窝，穿深筋膜注入腋静脉。

贵要静脉（basilic vein）起自手背静脉网的尺侧部，沿前臂尺侧和上臂内侧上行，到上臂的中部，穿深筋膜注入肱静脉。

肘正中静脉（median cubital vein）位于肘窝皮下，自头静脉向内上方连到贵要静脉。肘正中静脉常接受前臂正中静脉。前臂正中静脉起自手掌静脉丛，沿前臂前面上行，注入肘正中静脉。

临床上常选手背静脉网、头静脉、贵要静脉、肘正中静脉和前臂正中静脉做静脉穿刺，是临床输液、注射和抽血的常选部位。

（3）胸部的静脉：胸部的静脉主干为奇静脉，奇静脉的主要属支有半奇静脉、副半奇静脉等。

①奇静脉（azygos vein）：位于胸后壁，由右腰升静脉向上穿过膈延续而成，沿脊柱右侧上行，至第 4～5 胸椎高度向前弯曲，过右肺根上方，注入上腔静脉。奇静脉收集肋间后静脉、食管静脉、支气管静脉等静脉血管的静脉血（图 8-53）。

②半奇静脉（hemiazygos vein）与副半奇静脉（accessory hemiazygos vein）：半奇静脉起自左侧腰升静脉，沿胸椎体左侧上行，约达第 9 胸椎体高度注入奇静脉；副半奇静脉沿胸椎体左侧下行，通常注入半奇静脉。半奇静脉与副半奇静脉收集左侧肋间后静脉的血液，半奇静脉还收集食管静脉的血液。

2. 下腔静脉系　下腔静脉系由下腔静脉及其属支组成。下腔静脉系主要收集下肢、盆部和腹部的静脉血。

（1）下腔静脉（inferior vena cava）：是下腔静脉系的主干。下腔静脉为人体最大的静脉，在第 5 腰椎高度由左、右髂总静脉汇合而成，沿脊柱右前方、腹主动脉的右侧上行，经肝后面的腔静脉沟，穿膈的腔静脉孔进入胸腔，注入右心房（图 8-57）。

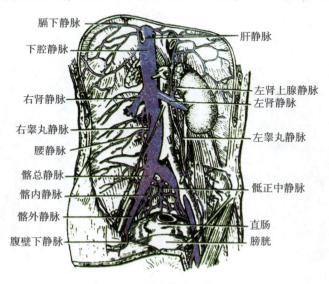

图 8-57　下腔静脉及其属支

（2）髂总静脉（common iliac vein）：在骶髂关节的前方由髂内静脉和髂外静脉汇合而成，向内上方斜行，至第 5 腰椎平面，左、右髂总静脉汇成下腔静脉。

① 髂 内 静 脉（internal iliac vein）：是盆部的静脉主干。在小骨盆侧壁的内面、沿髂内动脉后内侧上行，至骶髂关节前方与同侧髂外静脉汇合成髂总静脉。髂内静脉收集盆腔器官和盆壁的静脉血（图 8 - 58）。

髂内静脉的属支与动脉伴行，包括膀胱下静脉、直肠下静脉、子宫静脉、阴部内静脉、闭孔静脉、臀上静脉和臀下静脉等，分别收集同名动脉分布区域的静脉血。

② 髂 外 静 脉（external iliac vein）：在腹股沟韧带深面接续股静脉，沿髂内动脉内侧向内上方行，与

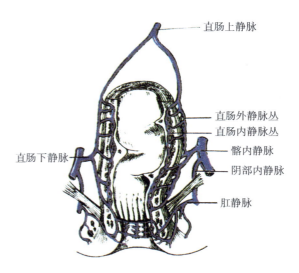

图 8 - 58　直肠的静脉

髂内静脉汇合成髂总静脉。髂外静脉主要收集下肢和腹前壁下部的静脉血。

③下肢的静脉：也分深静脉和浅静脉。

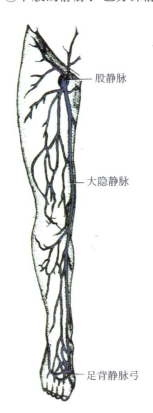

图 8 - 59　大隐静脉

下肢的深静脉：从足底起始至小腿的深静脉都有两条，并与同名动脉伴行。胫前静脉和胫后静脉上行到腘窝汇合成一条腘静脉。腘静脉上行延续为股静脉。股静脉位于股动脉的内侧，上行达腹股沟韧带的深面移行为髂外静脉。

股静脉在腹股沟韧带深面位于股动脉内侧，位置恒定而且可借股动脉搏动而定位。故临床行股静脉穿刺时，常在腹股沟韧带中点稍内侧的下方，先触知股动脉的搏动，然后在股动脉的内侧进针于股静脉。

下肢的浅静脉：足背皮下的浅静脉形成足背静脉弓，由弓的两端向上延续为两条浅静脉，即大隐静脉和小隐静脉（图 8 - 59，60）。

大隐静脉（great saphenous vein）是全身最长的浅静脉，在足背的内侧缘起自足背静脉弓的内侧端，经内踝前方，沿小腿内侧面和大腿的内侧面上行，于耻骨结节外下方 3～4cm 处，穿深筋膜注入股静脉（图 8 - 59）。大隐静脉在内踝的前方位置表浅而恒定，临床上常在内踝前上方作大隐静脉穿刺或大隐静脉切开术。

小隐静脉（small saphenous vein）在足背的外侧缘起自足背静脉弓的外侧端，经外踝后方，沿小腿后面上

行到腘窝，穿深筋膜注入腘静脉（图8-60）。

下肢的浅静脉是静脉曲张的好发血管。

（3）腹部的静脉：腹部静脉的主干为下腔静脉，直接注入下腔静脉的属支分壁支和脏支两种。壁支主要是四对腰静脉；脏支主要有睾丸静脉、肾静脉和肝静脉等。

①腰静脉：与同名动脉伴行，直接注入下腔静脉。

②睾丸静脉（testicular veins）：起自睾丸和附睾，呈蔓状缠绕睾丸动脉组成蔓状静脉丛，由此丛向上汇合成一条睾丸静脉，右睾丸静脉以锐角注入下腔静脉，左睾丸静脉以直角注入左肾静脉，故睾丸静脉曲张多见于左侧。

在女性此静脉称为卵巢静脉，其流注关系与男性相同。

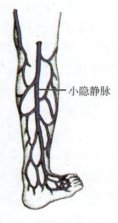

图8-60 小隐静脉

③肾静脉（renal veins）：起自肾门，在肾动脉前方横行向内侧，注入下腔静脉。

④肝静脉（hepatic veins）：肝内的小叶下静脉逐级汇合，最后合成肝静脉。肝静脉有三条，称为肝左静脉、肝中静脉和肝右静脉，均包埋于肝实质内，在肝的后缘注入下腔静脉。

（4）肝门静脉系：肝门静脉系亦属腹部静脉，主干为肝门静脉。肝门静脉系收集食管下段、胃、小肠、大肠（到直肠上部）、胰、胆囊和脾等腹腔内不成对器官（肝除外）的静脉血。

①肝门静脉的组成：肝门静脉（hepatic portal vein）是一条粗短的静脉干，长6～8cm，由肠系膜上静脉和脾静脉在胰头后方汇合而成。肝门静脉向右上方斜行进入肝十二指肠韧带内，经肝固有动脉和胆总管的后方上行，到肝门处分左、右两支进入肝左、右叶（图8-61）。肝门静脉在肝内反复分支，最后注入肝血窦。

②肝门静脉的主要属支：

肠系膜上静脉（superior mesenteric vein）：与同名动脉伴行，收集同名动脉分布区域的静脉血。

脾静脉（splenic vein）：在脾门处由数条小静脉汇合而成，与同名动脉伴行，除收集同名动脉分布区域的静脉血外，还收纳肠系膜下静脉。

肠系膜下静脉（inferior mesenteric vein）：与同名动脉伴行，收集同名动脉分布区域的静脉血，注入脾静脉。

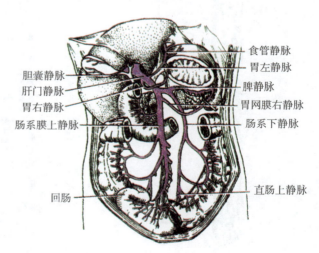

图8-61 肝门静脉及其属支

胃左静脉（left gastric vein）：与同名动脉伴行，收集同名动脉分布区域的静脉血。

附脐静脉（paraumbilical vein）：为数条细小静脉，起自脐周静脉网，沿肝圆韧带走行，至肝下面注入肝门静脉。

③肝门静脉系与上、下腔静脉系之间的吻合部位：肝门静脉系与上、下腔静脉系之间存在丰富的吻合，主要的吻合部位有三处（图8-62）：

食管静脉丛：位于食管下段的黏膜下层内。肝门静脉系的胃左静脉与上腔静脉系的食管静脉通过食管静脉丛相互吻合交通。

直肠静脉丛：位于直肠下段的黏膜下层内。肝门静脉系的直肠上静脉与下腔静脉系的直肠下静脉和肛静脉通过直肠静脉丛相互吻合交通。

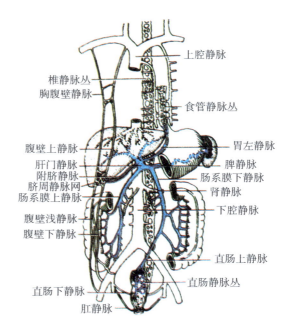

图8-62 肝门静脉及其侧支循环（模式图）

脐周静脉网：位于脐周围的皮下组织内。肝门静脉系的附脐静脉与上腔静脉系的胸壁的浅、深静脉通过脐周静脉网相互吻合交通；肝门静脉系的附脐静脉与下腔静脉系的腹壁的浅、深静脉通过脐周静脉网相互吻合交通。

④肝门静脉的侧支循环：正常情况下，肝门静脉系和上、下腔静脉系之间的吻合支细小，血流量少，各属支分别将血液引流向所属的静脉系。如果肝门静脉回流受阻（如肝硬化等），血液不能经肝门静脉畅流入肝，此时肝门静脉的血液可经肝门静脉系与上、下腔静脉系之间的吻合建立侧支循环，分别经上、下腔静脉回流入心。肝门静脉系的侧支循环途径主要有三条：

肝门静脉→胃左静脉→食管静脉丛→食管静脉→奇静脉→上腔静脉

肝门静脉→脾静脉→肠系膜下静脉→直肠上静脉→直肠静脉丛→直肠下静脉和肛静脉→髂内静脉→髂总静脉→下腔静脉

肝门静脉→附脐静脉→脐周静脉网→

  胸壁的浅、深静脉→腋静脉→锁骨下静脉
→头臂静脉→上腔静脉
腹壁的浅、深静脉→股静脉→髂外静脉
→髂总静脉→下腔静脉

由于侧支循环的建立，血流量增多，可造成吻合部位的细小静脉曲张，如食管静脉丛曲张、直肠静脉丛曲张和脐周静脉网曲张，严重时曲张静脉可破裂。如果食管静脉丛曲张破裂，可引起呕血；直肠静脉丛曲张破裂，可引起便血；脐周静脉网曲张而出现腹壁静脉怒张。也可引起脾和胃肠瘀血等，出现脾肿大和腹水等。

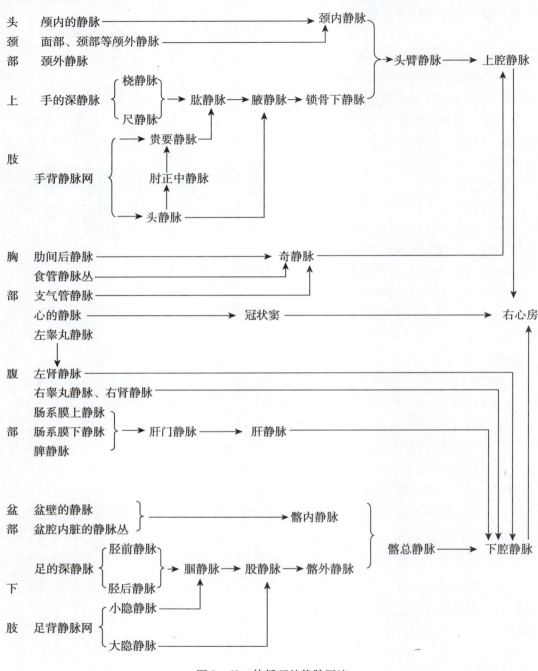

图8-63　体循环的静脉回流

第三节　淋巴系统

一、概述

(一) 淋巴系统的组成

淋巴系统由淋巴管道、淋巴器官和淋巴组织组成。淋巴管道可分为毛细淋巴管、淋巴管、淋巴干和淋巴导管。淋巴器官包括淋巴结、脾、胸腺和腭扁桃体等。淋巴组织是含有大量淋巴细胞的网状组织，主要分布于消化管和呼吸道的黏膜下。

(二) 淋巴系统的主要功能

当血液经动脉运行到毛细血管的动脉端时，部分水及营养物质透过毛细血管壁滤出，进入组织间隙形成组织液。组织液与细胞进行物质交换后，大部分经毛细血管静脉端被吸收入静脉，小部分则进入毛细淋巴管成为淋巴。淋巴为无色透明的液体。淋巴沿淋巴管道向心流动，最后汇入静脉。

淋巴管道是静脉的辅助管道，有协助静脉导引体液回流入心的功能。淋巴器官和淋巴组织具有过滤淋巴、产生淋巴细胞、参与机体的免疫等功能（图 8-64）。

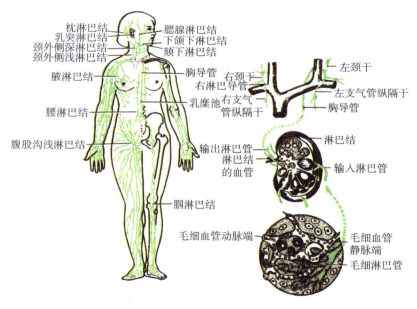

图 8-64　淋巴系统模式图

二、淋巴管道

(一) 毛细淋巴管

毛细淋巴管（lymphatic capillary）是淋巴管道的起始部分，以膨大的盲端起于组织间隙。毛细淋巴管由单层内皮细胞构成，管壁的通透性大于毛细血管，一些大分子物质，如蛋白质、细菌、异物和癌细胞等较易进入毛细淋巴管。毛细淋巴管分布广泛，脑、脊髓、上皮、软骨、牙釉质、角膜、晶状体等处无毛细淋巴管分布。

（二）淋巴管

淋巴管（lymphatic vessel）由毛细淋巴管汇合而成。管壁结构与小静脉相似，但管径较细，管壁较薄，也有丰富的瓣膜。淋巴管在向心的行程中，一般都经过一个或多个淋巴结。淋巴管根据所在的位置，可分为浅淋巴管和深淋巴管两种。浅淋巴管行于皮下，多与浅静脉伴行，深淋巴管与深部的血管伴行。

（三）淋巴干

全身的淋巴管逐渐汇合成较大的淋巴干（lymphatic trunk）。全身共有九条淋巴干：①左、右颈干，由头颈部的淋巴管汇合而成；②左、右锁骨下干，由上肢的淋巴管汇合而成；③左、右支气管纵隔干，由胸腔脏器和部分胸、腹壁的淋巴管汇合而成；④左、右腰干，由下肢、盆部和腹腔内成对脏器的淋巴管汇合而成；⑤肠干，由腹腔内不成对脏器的淋巴管汇合而成。

（四）淋巴导管

全身九条淋巴干汇集成两条大的淋巴导管（lymphatic duct），即胸导管和右淋巴导管（图8-65）。

1. 胸导管（thoracic duct） 是全身最大的淋巴管道，长30～40cm。胸导管由左、右腰干和肠干在第1腰椎体前方汇合而成。其起始部膨大，称乳糜池（cisterna chyli）。胸导管自乳糜池起始后，上行经膈的主动脉裂孔入胸腔，在食管后方沿脊柱的右前方上行，至第5胸椎高度向左侧斜行，然后沿脊柱左前方上行，出胸廓上口到左颈根部，呈弓形向前下弯曲注入左静脉角。胸导管在注入左静脉角前，还接受左颈干、左锁骨下干和左支气管纵隔干。

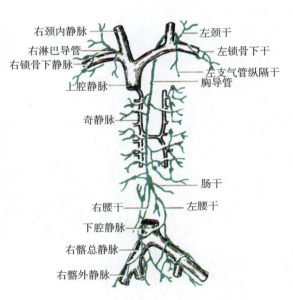

图8-65　淋巴干和淋巴导管

胸导管收集两下肢、盆部、腹部、左半胸部、左上肢和左半头颈部的淋巴（图8-65）。

2. 右淋巴导管（right lymphatic duct） 为一短干，长约1.5cm，由右颈干、右锁骨下干和右支气管纵隔干汇合而成，注入右静脉角（图8-65）。

右淋巴导管收集右半胸部、右上肢和右半头颈部的淋巴。

三、淋巴器官

（一）淋巴结

1. 淋巴结的形态　淋巴结（lymph nodes）为圆形或椭圆形小体，质软，色灰红，大小不等，直径2～20mm。淋巴结的一侧隆凸，有数条输入淋巴管进入；另一侧向内凹陷为淋巴结门，有1～2条输出淋巴管穿出，还有血管、神经出入。

2. 淋巴结的微细结构　淋巴结的表面有结缔组织构成的被膜，实质可分为周边部的皮质和中央部的髓质两部分（图8-66）。

淋巴结的实质由淋巴组织构成，淋巴组织中的淋巴细胞有的密集呈淋巴小结，有的弥散分布，有的排列成细胞索。淋巴细胞包括B淋巴细胞和T淋巴细胞。淋巴组织之间的间隙称淋巴窦，是淋巴流动的通道。

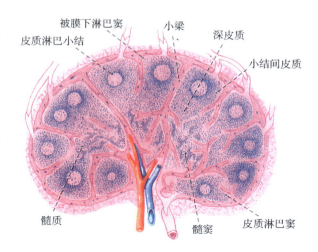

图8-66　淋巴结的微细结构

（图中标注：被膜下淋巴窦　小梁　深皮质　皮质淋巴小结　小结间皮质　髓质　髓窦　皮质淋巴窦）

3. 淋巴结的功能

（1）过滤淋巴：当淋巴流经淋巴结时，淋巴窦内的巨噬细胞可以将细菌等异物吞噬清除，起到过滤淋巴的作用。

（2）产生淋巴细胞：淋巴结内的淋巴细胞，可以分裂繁殖产生新的淋巴细胞。

（3）参与机体的免疫：淋巴结是人体的重要免疫器官。淋巴结内的B淋巴细胞能分化为浆细胞，产生抗体，参与体液免疫。淋巴结内的T淋巴细胞可分化为具有杀伤异体细胞能力的效应T淋巴细胞，参与细胞免疫。

4. 全身主要的淋巴结群　淋巴结一般成群分布于人体的一定部位，接受一定器官或一定部位回流的淋巴。当某器官或某部位发生病变时，细菌、毒素、寄生虫或癌细胞等可沿淋巴管侵入相应的局部淋巴结，该淋巴结清除这些细菌、毒素、寄生虫或癌细胞，从而阻止病变的扩散。此时，淋巴结发生细胞分裂繁殖，引起淋巴结的肿大。因此，局部淋巴结肿大常反映其引流范围有病变存在（图8-67）。

（1）头颈部的淋巴结群：

①下颌下淋巴结（submandibular lymph nodes）：位于下颌下腺附近。下颌下淋巴结收纳面部和口腔器官的淋巴管（图8-68，69）。面部和口腔有炎症或肿瘤时，常引起该淋巴结肿大。

②颈外侧浅淋巴结（superficial lateral cervical lymph nodes）：位于胸锁乳突肌的浅面，沿颈外静脉排列（图8-68）。颈外侧浅淋巴结直接或间接收纳耳后部、枕部和颈

浅部的淋巴管。颈外侧浅淋巴结是结核的好发部位。

③颈外侧深淋巴结（deep lateral cervical lymph nodes）：沿颈内静脉排列（图8－69）。颈外侧深淋巴结直接或间接地收集头颈部诸淋巴结的输出管（图8－65）。

颈外侧深淋巴结下部的淋巴结除位于颈内静脉下段周围外，还延伸到锁骨上方，沿锁骨下动脉和臂丛排列，这部分淋巴结又称锁骨上淋巴结（supraclavicular lymph node）（图8－69）。胃癌或食管癌患者，癌细胞可经胸导管经左颈干逆流转移到左锁骨上淋巴结，引起该淋巴结肿大。

（2）上肢的淋巴结群：主要有腋淋巴结。

腋淋巴结（axillary lymph nodes）：位于腋窝疏松结缔组织内，沿腋血管排列，有15～20个。腋淋巴结收纳上肢、胸壁和乳房等处的浅、深淋巴管。当上肢感染或乳腺癌转移时，常引起腋淋巴结肿大（图8－70）。

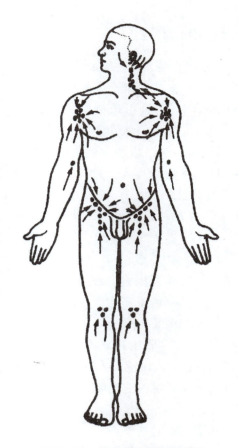

图8－67　全身淋巴的流注关系

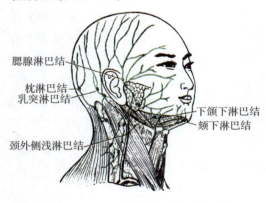

图8－68　头颈部浅淋巴管和淋巴结

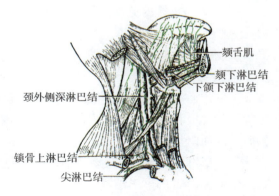

图8－69　头颈部深层的淋巴管和淋巴结

（3）胸部的淋巴结群：

①胸骨旁淋巴结（parasternal lymph nodes）：沿胸廓内动脉排列。胸骨旁淋巴结收纳胸前壁、腹前壁上部和乳房内侧部等处的淋巴管。

②支气管肺淋巴结（bronchopulmonary lymph nodes）：位于肺门处，又称肺门淋巴

结。支气管肺淋巴结收纳肺的淋巴管（图8-71）。肺部病变（如肺癌、肺结核）时，常引起肺门淋巴结肿大。

（4）腹部的淋巴结群：

①腰淋巴结（lumbar lymph nodes）：位于腹主动脉和下腔静脉的周围。腰淋巴结收纳髂总淋巴结的输出管和腹腔成对脏器的淋巴管（图8-72）。

②腹腔淋巴结（celiac lymph nodes）：位于腹腔干周围。腹腔淋巴结收纳腹腔干分布区的淋巴管。

③肠系膜上淋巴结（superior mesenteric lymph nodes）和肠系膜下淋巴结（inferior mesenteric lymph nodes）：均位于同名动脉根部的周围。它们分别收纳同名动脉分布区的淋巴管。

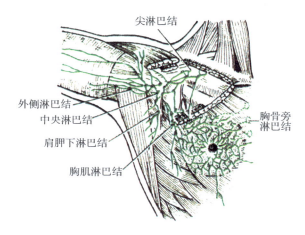

图8-70　腋淋巴结和乳房的淋巴管

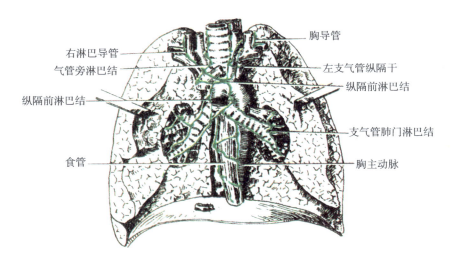

图8-71　胸腔脏器的淋巴结

（5）盆部的淋巴结群：沿髂内、外血管和髂总血管排列，分别称髂内淋巴结（internal iliac lymph nodes）、髂外淋巴结（external iliac lymph nodes）和髂总淋巴结（common iliac lymph nodes）。它们分别收纳同名动脉分布区的淋巴管（图8-72）。

（6）下肢的淋巴结群：

①腹股沟浅淋巴结（superficial inguinal lymph nodes）：在腹股沟皮下，位于腹股沟韧带下方和大隐静脉末端。腹股沟浅淋巴结收纳腹前壁下部、臀部、会阴、外生殖器的淋巴管和下肢的浅淋巴管（图8-72、73）。

②腹股沟深淋巴结（deep inguinal lymph nodes）：位于股静脉根部周围。腹股沟深淋巴结收纳腹股沟浅淋巴结的输出管和下肢的深淋巴管。

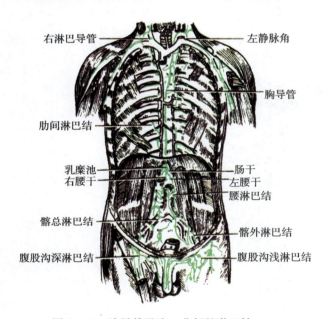

图8-72 胸导管及腹、盆部的淋巴结

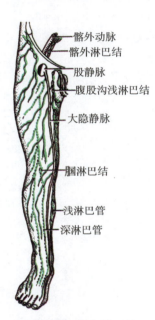

图8-73 下肢的淋巴管和淋巴结

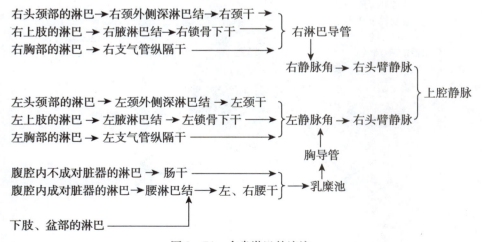

图8-74 全身淋巴的流注

（二）脾

1. 脾的位置　脾（splee）位于左季肋区，在胃底与膈之间，相当于第9～11肋的深面，其长轴与第10肋一致。正常时在左肋弓下不能触及脾（图8-75）。

2. 脾的形态　脾略呈扁椭圆形，色暗红，质软而脆，受暴力打击时容易破裂。

脾可分为膈、脏两面，前、后两端和上、下两缘。脾的膈面平滑隆凸，与膈相贴；脏面凹陷，与腹腔内脏器相邻，脏面近中央处为脾门（splenic hilum），是脾的血管、神经出入之处。脾的前端较宽阔，朝向前外下方；后端钝圆，朝向后内方。脾的下缘较钝，朝向

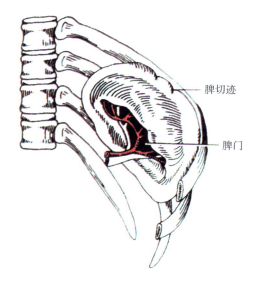

脾切迹

脾门

图8-75　脾的位置和形态

后下方；脾的上缘较锐，朝向前上方，有2～3个切迹，称脾切迹（splenic noch）。脾肿大时，脾切迹可作为触诊脾的标志。

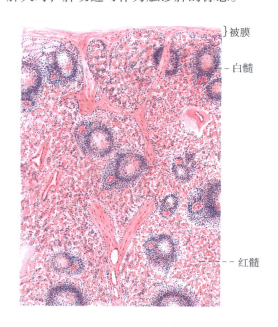

被膜

白髓

红髓

图8-76　脾的微细结构

3. 脾的微细结构　脾的表面有一层间皮，间皮深面为一层较厚的结缔组织构成的被膜。脾的实质主要由淋巴组织构成，通常分为红髓和白髓，在脾的新鲜切面上观察，脾的实质大部分呈暗红色，称为红髓；在红髓中散在有1～2mm大小的灰白色小点，称为白髓（图8-76）。在组织切片面上观察，红髓为淋巴细胞与网状细胞、巨噬细胞、浆细胞和红细胞等构成的细胞索及脾血窦，白髓为淋巴小结与动脉周围的淋巴细胞。

4. 脾的功能

（1）滤血：血液流经脾时，脾内的巨噬细胞可吞噬血液中的细菌、异物以及体内衰老的红细胞和血小板等。当脾功能亢进时，可因其吞噬过度而引起红细胞和血小板的减少，导致贫血。

（2）造血：胚胎时期，脾能产生各种血细胞。出生后，脾主要产生淋巴细胞，同时脾保持有产生多种血细胞的潜能，当严重贫血或某些病理状态下，能重新产生多种

血细胞。

（3）储血：脾内的血窦可储存大约 40ml 的血液。当机体需要时可将储存的血液输入血液循环。

（4）参与免疫反应：脾内的 T 淋巴细胞、B 淋巴细胞和巨噬细胞都参与机体的免疫反应。当细菌等抗原物质侵入血液时，可引起脾内 T、B 淋巴细胞的免疫应答。

 知识链接一

单核吞噬细胞系统

单核吞噬细胞系统（mononuclear phagocytic system）是人体内除血液里的中性粒细胞外，所有具有吞噬功能的细胞的总称。它包括结缔组织中的巨噬细胞、血液中的单核细胞、肝内的巨噬细胞、肺内的巨噬细胞、神经系统内的小胶质细胞和淋巴结、脾、骨髓中的巨噬细胞等。

单核吞噬细胞系统在形态结构上无直接联系，但它们均起源于血液中的单核细胞，而且它们的功能也相同。单核吞噬细胞系统具有吞噬和清除侵入人体内的病菌、异物和体内衰老死亡的细胞的功能，并参与免疫反应，对人体具有重要的防御作用。

 知识链接二

胸外心按压术的相关解剖学知识

胸外心按压术是抢救心跳骤停患者的一项基本技术，适用于因各种创伤、电击、溺水、窒息、心脏疾病、药物过敏等引起的心跳骤停。

胸外心按压术是通过有节奏的将心挤压于胸骨和脊柱之间，使血液从左、右心室排出，解除按压时，静脉血向心回流，以此推动血液循环。胸外心按压每做一次，心被动排空、充盈一次，如此反复，导致心射血和充血，维持有效的大、小循环。同时通过挤压刺激心脏，促进其恢复自主节律，达到复苏的目的。

胸外心按压时，按压的正确部位应在胸骨的中、下 1/3 交界处。胸外心按压频率为 100 次/分。每次按压使胸骨下陷 3～4cm（成人），随即放松，按压的力量要均匀、适度。

知识链接三

心内注射术的相关解剖学知识

心内注射术是将穿刺针经胸前壁刺入心室内，向心室内注射药物的一种复苏术，主要用于抢救心跳骤停的患者。

进行心内注射时，多在左侧第四肋间隙或第 5 肋间隙，距胸骨左缘 0.5～2cm 处，沿肋骨上缘垂直刺入 3～4cm，进入右心室。

心内注射穿刺针穿过的结构依次为皮肤、浅筋膜、深筋膜、胸大肌、肋间外肌、肋间内肌、胸内筋膜、心包、右心室前壁至右心室。穿刺点不可偏外，以免穿破胸膜，造成气胸；也要避免针太靠内而伤及胸廓内血管。

心包穿刺术的相关解剖学知识

心包穿刺术是将穿刺针直接刺入心包腔的诊疗技术，主要用于确定心包积液的性质与病原体；穿刺抽液，缓解心包填塞所形成的压迫；注射药物进行治疗等。

心包穿刺术常用穿刺方法有心前区穿刺和胸骨下穿刺：①心前区穿刺：在左侧第5肋间隙或第6肋间隙，心浊音界内2.0cm处作穿刺点，穿刺针应由下而上，向脊柱方向缓慢刺入。进针深度成人为2~3cm。②胸骨下穿刺：在剑突与左肋弓缘夹角处作穿刺点，穿刺针与腹壁成30°~40°，向上、后、内刺入心包腔后下部。进针深度成人为3~5cm。

心前区穿刺时，穿刺针经过层次为皮肤、浅筋膜、深筋膜、胸大肌、肋间外肌、肋间内肌、胸内筋膜、纤维心包、浆膜心包壁层，进入心包腔。

胸骨下穿刺时，穿刺针经过层次为皮肤、浅筋膜、深筋膜、腹直肌、膈、纤维心包、浆膜心包壁层，进入心包腔。

动脉穿刺术的相关解剖学知识

动脉穿刺术是通过穿刺将导管插入动脉，借助X线透视定位，导管可插入到不同器官的动脉，注入造影剂，使器官内动脉显影，主要用于脑血管造影、冠状动脉造影及肝、肾动脉造影。也可通过动脉穿刺采血或注射药物。

动脉穿刺术常用的动脉是颈总动脉和股动脉。

颈总动脉的穿刺点选择在胸锁乳突肌前缘中点处，能摸到颈总动脉的搏动部位。穿刺针依次穿经皮肤、浅筋膜、颈阔肌、颈深筋膜浅层、颈动脉鞘、颈总动脉壁。

股动脉的穿刺点选择在腹股沟韧带中点下方2~3cm处，股动脉搏动最明显的部位。穿刺针依次穿经皮肤、浅筋膜、阔筋膜（大腿的深筋膜）、股鞘、股动脉壁。

静脉穿刺术的相关解剖学知识

1. 浅静脉穿刺术 浅静脉穿刺的目的主要是采血，用于血液检查和献血；输液、输血；注射药物，适用于不宜口服和肌内注射的药物或要求迅速产生药效的药物；注入药物协助临床诊断等。

浅静脉穿刺常选的静脉有头皮静脉、颈外静脉、手背静脉、贵要静脉、头静脉、肘正中静脉、足背静脉、大隐静脉、小隐静脉等。

浅静脉穿刺虽选用的静脉部位不同，但穿经的层次基本相同，即皮肤、皮下组织和静脉壁。

2. 股静脉穿刺术   股静脉穿刺术适用于外周浅静脉穿刺困难，但需采血标本或需静脉输液用药的患者，也适用于心导管检查术。临床上最常用于婴幼儿静脉采血。

股静脉穿刺的穿刺点选在髂前上棘与耻骨结节连线的中、内1/3交界点下方2～3cm处，股动脉搏动处的内侧0.5～1.0cm处。

股静脉穿刺需穿经皮肤、浅筋膜、阔筋膜、股鞘达股静脉。

思考题

1. 循环系统的组成和主要功能如何？

2. 简述体循环和肺循环的途径。

3. 心的各腔各有哪些开口？心的瓣膜各位于何处？心瓣膜有何功能？

4. 冠状动脉的起始和分布范围如何？

5. 主动脉的行程和分部如何？

6. 主动脉弓、胸主动脉、腹主动脉各发出哪些主要分支？

7. 腹腔干、肠系膜上动脉、肠系膜下动脉、锁骨下动脉、腋动脉、肱动脉、桡动脉、尺动脉、股动脉、腘动脉、胫前动脉、胫后动脉的起始和分布如何？

8. 简述颈总动脉、面动脉、颞浅动脉、锁骨下动脉、肱动脉、桡动脉、股动脉、足背动脉的摸脉点和压迫止血点。

9. 简述上腔静脉、下腔静脉的组成、注入部位和收集范围。

10. 上肢的浅静脉、下肢的浅静脉各有哪些？它们的起始、行程如何？

11. 肝硬化病人的晚期为什么会出现呕血、便血和脐周静脉曲张？

12. 叙述胸导管的起始、行程、注入和收集范围。

13. 简述下颌下淋巴结、颈外侧深淋巴结、腋淋巴结、腹股沟淋巴结的位置和收集范围。

14. 从大隐静脉注入药物，经哪些主要途径到达肾？

15. 在臀部进行肌肉注射，药物经哪些主要途径到达阑尾？

16. 名词解释：动脉、静脉、微循环、心包腔、动脉韧带、颈动脉窦、静脉角、乳糜池、单核吞噬细胞系统。

（刘伏祥）

第九章 | 感 觉 器

第一节 概 述

一、感觉器的组成

感觉器（sensory organs）是指能够感受特定刺激的器官，由特殊感受器及其附属器构成。感觉器主要有眼（视器）和耳（前庭蜗器）等。

感受器（receptor）是机体内能够感受内、外环境各种刺激并产生神经冲动的结构。感受器的分类方法较多。

根据感受器特化的程度，感受器可分为两类：①一般感受器，由感觉神经末梢构成，分布于全身各部，如皮肤、肌、腱、关节等处的痛觉、温度觉、触觉、压觉、本体觉感受器和内脏、心血管等处的化学、压力感受器等。②特殊感受器，由感觉细胞构成，主要分布在头部的某些器官内，如眼、耳、舌和鼻等器官内的视觉、听觉、味觉和嗅觉等感受器。

根据感受器所在的部位和所接受刺激的来源，感受器可分为三类：①外感受器（exteroceptor），分布于皮肤、黏膜、眼和耳等处，感受来自外界环境的刺激，如疼痛、温度、触、压、光和声等的刺激。②内感受器（interoceptor），分布于内脏和心血管等处，感受来自内环境的物理或化学刺激，如压力、渗透压、温度、离子和化合物浓度等的刺激。③本体觉感受器（proproceptor），分布于肌、肌腱、关节和内耳的位觉器等处，感受机体运动和平衡变化时所产生的刺激。

皮肤具有多种功能，因它与感觉功能有关，故也在本章一并叙述。

二、感觉器的主要功能

感觉器不能产生感觉，它只感受刺激，产生神经冲动。感受器感受刺激后，把刺激转变为神经冲动，该冲动经感觉神经传入中枢神经系统，到达大脑皮质的感觉中枢，产生相应的感觉。

<h1 style="text-align:center">第二节　眼</h1>

眼（eye）又称视器（visual organ），是感受可见光刺激的视觉器官，由眼球及眼副器两部分组成（图9-1）。眼球的主要功能是感受光波的刺激，将感受的光波刺激转变为神经冲动，经视觉传导通路传导到大脑皮质视觉中枢，产生视觉。眼副器包括眼睑、结膜、泪器和眼球外肌等，对眼球有保护、运动和支持的作用。

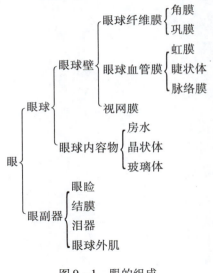

图9-1　眼的组成

一、眼球

眼球（eyeball）位于眶内，后端由视神经连于间脑。眼球近似球形，是眼的主要部分。眼球由眼球壁和眼球内容物组成（图9-2）。

（一）眼球壁

眼球壁由外向内依次分为眼球纤维膜、眼球血管膜和视网膜三层。

1. 眼球纤维膜（fibrous tunic of eyeball）　　由致密结缔组织构成，厚而坚韧，具有保护眼球内容物和维持眼球形态的作用。纤维膜可分为角膜和巩膜两部分。

（1）角膜（cornea）：占眼球纤维膜的前1/6，略向前凸，无色透明，无血管，但有丰富的感觉神经末梢，触觉和痛觉敏锐。光线可穿过角膜射入眼球内，角膜有屈光作用。

角膜发生病变时，疼痛剧烈。角膜炎症或溃疡可致角膜混浊，痊愈后形成瘢痕，使角膜失去透明性，影响视觉。

（2）巩膜（sclera）：占眼球纤维膜的后5/6，呈乳白色，不透明。巩膜前部露于眼裂的部分，正常呈乳白色，如黄色常是黄疸的重要体征。

巩膜与角膜交界处的深部有一环形小管，称巩膜静脉窦，是房水回流的通道。

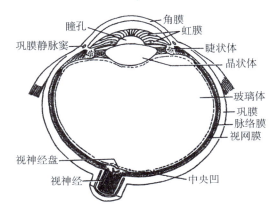

图9-2 眼球的构造

2. 眼球血管膜（vascular tunic of eyeball） 由疏松结缔组织构成，含有丰富的血管和色素细胞，呈棕黑色。血管膜从前向后分为虹膜、睫状体和脉络膜三部分（图9-2，3）。

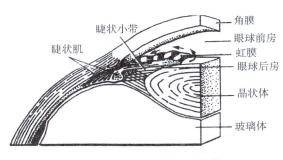

图9-3 睫状体和晶状体

（1）虹膜（iris）：是血管膜的前部，位于角膜后方。虹膜呈圆盘形，中央有一圆孔，称瞳孔（pupil），是光线射入眼内的孔道。正常成人瞳孔直径约为4mm，其变化范围在1.5～8.0mm之间，若小于2mm则为瞳孔缩小，大于5mm则为瞳孔散大。

虹膜内有两种排列方向不同的平滑肌：以瞳孔为中心向四周呈放射状排列的称瞳孔开大肌（dilator pupillae），收缩时可使瞳孔开大；在瞳孔周围呈环形排列的称瞳孔括约肌（sphincter pupillae），收缩时可使瞳孔缩小。瞳孔开大或缩小可调节进入眼球内光线的多少，在弱光下或视远物时，瞳孔开大；在强光下或视近物时，瞳孔缩小。

在活体上，透过角膜可见到虹膜和瞳孔。

（2）睫状体（ciliary body）：位于虹膜的外后方，是眼球血管膜的增厚部分。睫状体前部有许多向内突出呈放射状排列的皱襞，称睫状突（ciliary processes）。睫状突发出许多睫状小带与晶状体相连。

睫状体内含有平滑肌，称睫状肌（ciliary muscle），该肌收缩与舒张，牵动睫状小带松弛或紧张，以调节晶状体的曲度。

睫状体还有产生房水的功能。

（3）脉络膜（choroid）：续于睫状体后部，占眼球血管膜的后2/3。脉络膜含有丰富的血管和色素细胞，有营养眼球、吸收眼内散射光线的作用。

3. 视网膜（retina） 贴附于眼球血管膜的内面。

视网膜后部中央稍偏鼻侧处，在视神经的起始处有一白色圆盘形隆起，称视神经盘（optic disc）（视神经乳头，papilla optic nerve）。视神经盘处无感光作用，故称盲点。在视神经盘的颞侧约 3.5mm 处，有一黄色区域，称黄斑（macula lutea），黄斑中央凹陷，称中央凹（fovea centralis），是感光和辨色最敏锐的部位（图 9 - 4）。

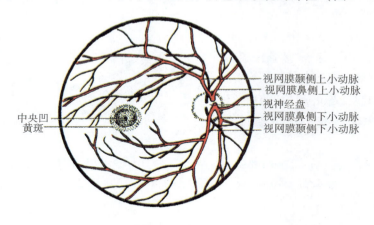

视网膜颞侧上小动脉
视网膜鼻侧上小动脉
视神经盘
视网膜鼻侧下小动脉
视网膜颞侧下小动脉

中央凹
黄斑

图 9 - 4   右眼眼底

视网膜的组织结构分内、外两层（图 9 - 5），外层为色素上皮层，内层为神经层。

（1）色素上皮层：由单层矮柱状的色素上皮细胞（pigment epithelium cell）构成。色素上皮细胞的胞体和突起内含有丰富的黑色素颗粒，其突起伸入神经层。色素上皮细胞有吸收光线的作用，可保护视细胞免受过强光线的刺激。

（2）神经层：由三层神经细胞构成，由外向内依次为视细胞、双极细胞和节细胞。

①视细胞（visual cell）：是感光细胞，有视锥细胞（cone cell）和视杆细胞（rod cell）两种。视锥细胞的形态似圆锥状，有感受强光和辨色的能力；视杆细胞的形态似杆状，仅能感受弱光，不能辨色。

②双极细胞（bipolar cell）：是连接视细胞和节细胞的联络神经元，其树突与视细胞形成突触，轴突与节细胞的树突形成突触。

③节细胞（ganglion cell）：是多极神经元，其树突与双极细胞形成突触，轴突向视神经盘集中，穿出眼球壁后构成视神经。

视网膜中央凹处全部由密集排列的视锥细胞构成。视神经盘处无视细胞，只有密集排列的神经纤维。

视网膜的色素上皮层和神经层两层连接疏

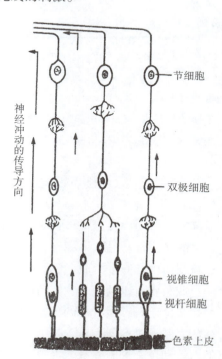

节细胞

神经冲动的传导方向

双极细胞

视锥细胞
视杆细胞

色素上皮

图 9 - 5   视网膜的结构（示意图）

松。病理情况下，视网膜的色素上皮层和神经层发生分离，临床上称"视网膜剥离症"。

人和绝大多数哺乳类动物的视网膜内含有三种视锥细胞，分别感受红、绿、蓝三种颜色。临床上的色盲患者，都是由于缺乏相应的特殊视锥细胞所致，其中以红色盲和绿色盲较为多见，而蓝色盲则极少见。

视杆细胞含有的能感受弱光刺激的感光物质，称视紫红质。维生素 A 是合成视紫红质的原料之一，如果长期摄入维生素 A 不足，视紫红质合成减少，将导致弱光视力减退，引起夜盲症。

（二）眼球内容物

眼球内容物包括房水、晶状体和玻璃体。

1. 眼房和房水

（1）眼房（chambers of eyeball）：是角膜与晶状体之间的腔隙，被虹膜分隔为眼球前房和眼球后房，前房与后房借瞳孔相通。眼球前房的周边部，即虹膜与角膜之间的夹角，称虹膜角膜角（前房角）。

（2）房水（aqueous humor）：充满于眼房内，为无色透明的液体。

房水由睫状体产生，充填于眼球后房，经瞳孔至眼球前房，经虹膜角膜角渗入巩膜静脉窦，最后汇入眼静脉。

房水具有屈光、营养角膜和晶状体以及维持眼内压的作用。

若因虹膜与晶状体粘连或前房角狭窄等原因造成房水循环发生障碍，则引起眼内压增高，导致视力减退甚至失明，临床上称为青光眼。

2. 晶状体（lens）

位于虹膜和玻璃体之间（图 9 - 3）。晶状体呈双凸透镜状，无色透明，具有弹性，无血管和神经。晶状体表面包有一层透明而有弹性的薄膜，称晶状体囊。晶状体实质由平行排列的晶状体纤维所组成。晶状体借睫状小带连于睫状体。

晶状体具有屈光功能，是眼球屈光系统的主要组成部分。晶状体的屈光功能，可随睫状肌的收缩和舒张而变化。视近物时，睫状肌收缩，睫状体向前内移位，睫状小带松弛，晶状体依其本身弹性变凸，屈光力增强。视远物时，睫状肌舒张，睫状体向后外移位，睫状小带拉紧，晶状体变扁，屈光力减弱。通过睫状肌对晶状体的调节，从不同距离的物体反射过来的光线进入眼球后，都能在视网膜上形成清晰的物象。

老年人的晶状体逐渐硬化而失去弹性，睫状肌对晶状体的调节功能减退，看近物时，晶状体屈光度不能相应增大，导致视物不清，称老花眼。若晶状体因疾病或创伤等原因而浑浊，影响视力，临床上称白内障。

3. 玻璃体（vitreous body）

位于晶状体与视网膜之间，为无色透明的胶状物质，表面被覆有玻璃体膜。玻璃体具有屈光和支撑视网膜的作用。若玻璃体混浊，可影响视力。

角膜、房水、晶状体和玻璃体都具有屈光作用，共同组成眼的屈光系统。外界物体发射或反射的光线，经屈光系统投射到视网膜上，引起视细胞兴奋，产生冲动，冲动依次经双极细胞、节细胞和视神经等传入脑，产生视觉。

外界物体的光线，经过眼的屈光系统后，在视网膜上形成清晰的物象，这种视力称为正视。如果眼球的前后径过长或眼的屈光系统的屈光率过大，看远物时物象落在视网膜之前，所以看不清远处的物体，称为近视。反之，如果眼球的前后径过短或眼的屈光系统的屈光率过小，看近物时物象落在视网膜之后，则称为远视。如果角膜不是正圆的球面，屈光率不一，平行光线不能聚成单一的焦点，则视物不清，物象变形，临床上称为散光。

二、眼副器

眼副器（accessory organs of eye）包括眼睑、结膜、泪器和眼球外肌等。眼副器有保护、运动和支持眼球的作用。

（一）眼睑

眼睑（eyelids）俗称眼皮，位于眼球的前方，具有保护眼球的功能。眼睑分上睑和下睑，上、下睑之间的裂隙称为睑裂。睑裂的内侧角叫内眦，外侧角叫外眦。眼睑的游离缘称睑缘，生有睫毛（图9-6）。睫毛的根部有皮脂腺，称睑缘腺，开口于睫毛毛囊。睑缘腺的急性炎症临床上称为麦粒肿。

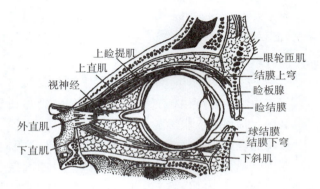

图9-6　眶（矢状切面）

眼睑的组织结构自外向内依次可分为五层（图9-6）：①皮肤，细薄而柔软。②皮下组织，为薄层疏松结缔组织，缺乏脂肪组织，易发生水肿。③肌层，主要为眼轮匝肌和上睑提肌。④睑板（tarsus），略呈半月形，由致密结缔组织构成，较硬，对眼睑有支撑作用。睑板内含有睑板腺（tarsal glands），开口于睑缘，其分泌物有润滑睑缘和防止泪液外溢等作用。当睑板腺的导管阻塞时，分泌物在腺内潴留，可形成睑板腺囊肿，亦称霰粒肿。⑤睑结膜，贴附在睑板内面，为一层很薄的黏膜。

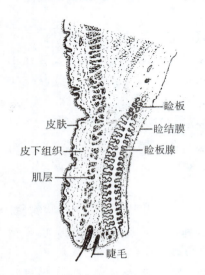

图9-7　眼睑的结构

（二）结膜

结膜（conjunctiva）是一层薄而透明的黏膜，富有血管（图9-6）。结膜按所在部位，可分为三部分：①睑结膜（palpebral conjunctiva），是贴附于上、下眼睑内面的部分。②球结膜（bulbar conjunctiva），是覆盖于巩膜前部表面的部分。③结膜穹窿（conjunctival fornix），是介于球结膜与睑结膜之间的移行部分，分别形成结膜上穹和结膜下穹（图9-6）。当睑裂闭合时，各部分结膜围成的囊状腔隙，称结膜囊（conjunctival sac），通过睑裂与外界相通。

（三）泪器

泪器（lacrimal apparatus）包括泪腺和泪道（图9-8）。

1. 泪腺（lacrimal gland） 位于眶上壁前外侧部的泪腺窝内，有10~20条排泄管，开口于结膜上穹的外侧部。泪腺分泌泪液。泪液具有湿润角膜、冲洗异物和杀菌等作用。

2. 泪道（lacrimal duct） 包括泪点、泪小管、泪囊和鼻泪管。

（1）泪点（lacrimal punctum）：上、下睑缘的内侧端各有一个乳头状隆起，中央有一小孔，叫泪点，是泪小管的入口。

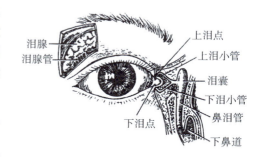

图9-8 泪器

（2）泪小管（lacrimal ductule）：为连接泪点与泪囊的小管，分为上泪小管和下泪小管，共同开口于泪囊。

（3）泪囊（lacrimal sac）：为一膜性囊，位于眶内侧壁前部的泪囊窝内，上端为盲端，下端移行为鼻泪管。

（4）鼻泪管（nasolacrimal duct）：为连接泪囊下端的膜性管道，位于骨性鼻泪管内，下端开口于下鼻道。鼻泪管开口处的黏膜内有丰富的静脉丛，患感冒时，黏膜易充血和肿胀，致使鼻泪管的开口闭塞，使泪液向鼻腔内引流不畅，故患感冒时常有流泪的症状。

泪腺不断地分泌泪液，泪液借助眨眼活动涂抹于眼球表面，多余的泪液经泪点、泪小管进入泪囊，再经鼻泪管到鼻腔。

（四）眼球外肌

眼球外肌（extraocular muscles）配布在眼球周围，为骨骼肌，包括6块运动眼球的肌和1块运动眼睑的肌（图9-9）。

运动眼球的肌有上直肌（rectus superior）、下直肌（rectus inferior）、内直肌（rectus medialis）、外直肌（rectus

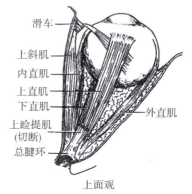

上面观

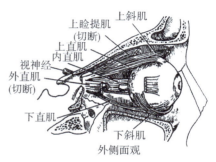

外侧面观

图9-9 眼球外肌（右眼）

lateralis）、上斜肌（obliquus superior）和下斜肌（obliquus inferior）。各直肌共同起自视神经孔周围的总腱环，沿眼球壁向前行，分别止于巩膜的上面、下面、内侧面和外侧面。上直肌使眼球转向上内方；下直肌使眼球转向下内方；内直肌和外直肌可分别使眼球转向内侧和外侧。上斜肌起自总腱环，向前行，以细腱穿过眶内侧壁前上方的滑车，然后转向后外，止于眼球上面后外侧部的巩膜，收缩时使眼球转向下外方。下斜肌起自眶下壁的前内侧部，沿眶下壁行向后外，止于眼球下面后外侧部的巩膜，收缩时使眼球转向上外方（图9－10）。

运动上眼睑的一块肌叫上睑提肌（levator palpebrae superioris），起自总腱环，沿眶上壁向前，以腱膜止于上睑，收缩时可上提上睑。上睑提肌麻痹时则引起上睑下垂。

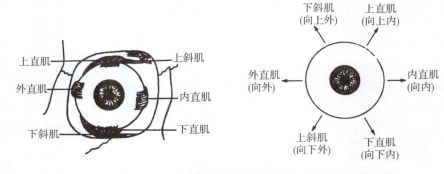

图9－10　眼球外肌的作用示意图（右眼）

正常情况下，运动眼球的6块眼球外肌互相协调，使眼球保持正常眼位。眼球的正常运动，非单一肌肉的收缩，而是两眼数块肌协同作用的结果。例如：侧视是一侧的外直肌和另一侧的内直肌同时收缩；两眼向中线聚视时，则必须是两眼的内直肌同时收缩。当某一块眼球外肌麻痹时，在其拮抗肌的作用下，眼球形成斜视。例如：内直肌麻痹时，在外直肌作用下，眼球转向外侧，称外斜视；反之，形成内斜视。发生斜视后，同一物体的物象不能投射到两眼视网膜的对应点上，视觉中枢不能将两眼传入的信息融合到一起，于是将一个物体看成是分离的两个物体，这种现象称复视。

三、眼的血管

（一）眼的动脉

分布到眼的动脉主要是眼动脉（ophthalmic artery）。眼动脉是颈内动脉在颅内的一个分支，伴视神经经视神经管入眶，在眶内分支分布于眼球、眼球外肌和泪器等处（图9－11）。

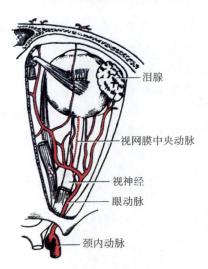

图9－11　眼的动脉

眼动脉的重要分支为视网膜中央动脉（central artery of retina），视网膜中央动脉在眼球后方穿入视神经，随视神经向前行至视神经盘处分为4支，即视网膜鼻侧上小动脉、视网膜鼻侧下小动脉和视网膜颞侧上小动脉、视网膜颞侧下小动脉（图9－10），分布于视网膜。

（二）眼的静脉

眼的静脉主要有眼上静脉和眼下静脉，收集眼球和眼副器的静脉血，向后经眶上裂入颅腔，主要注入海绵窦。其中视网膜中央静脉及其属支与视网膜中央动脉及其分支伴行，经视神经盘出视网膜后，离开视神经，注入眼静脉。眼的静脉无静脉瓣，向前经内眦静脉与面静脉相交通，向后主要注入颅内的海绵窦，故面部感染有可能蔓延至颅内。

视网膜中央动脉的分支和视网膜中央静脉的属支以及视神经盘、黄斑等结构都可利用眼底镜观察到，借此可协助诊断某些疾病。例如，用眼底镜观察视网膜中央动脉的分支形态，可协助对动脉硬化等疾病进行早期诊断。视网膜中央动脉阻塞时可产生眼全盲。

第三节　耳

耳（ear）又称前庭蜗器（vestibulocochlear organ），是位觉和听觉器官，包括感受头部位置变动的前庭器（位觉器）和感受声波刺激的蜗器（听觉器）两部分结构，二者在功能上不同，但在结构上关系密切。

耳按部位分为外耳、中耳和内耳三部分（图9－13）。外耳和中耳是收集和传导声波的结构；内耳有位觉和听觉感受器（图9－12）。

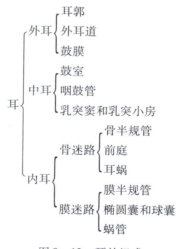

图9－12　耳的组成

一、外耳

外耳（external ear）包括耳郭、外耳道和鼓膜三部分。

（一）耳郭

耳郭（auricle）通常称耳廓，位于头部两侧。耳郭主要由弹性软骨作支架，外覆皮肤构成，皮下组织很少，但血管、神经丰富。耳郭下部向下垂的小部分无软骨，含有结缔组织和脂肪，称耳垂（auricular lobule），是临床常用的采血部位。

耳郭有收集声波的作用（图9-14）。

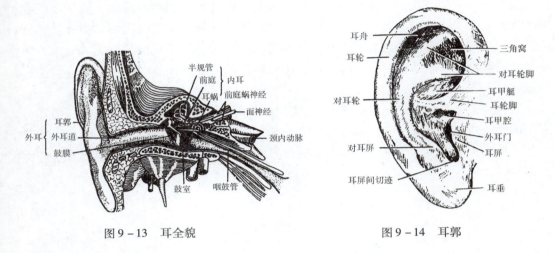

图9-13　耳全貌　　　　　　　　　　　图9-14　耳郭

（二）外耳道

外耳道（external acoustic meatus）是外耳门至鼓膜之间的弯曲管道，长约2.5cm。外耳道外侧1/3部以弹性软骨为基础，为软骨部；内侧2/3部位于颞骨内，为骨部，两部交界处较狭窄。外耳道是一弯曲管道，从外向内，其方向是先斜向后上，后斜向前下。临床上检查外耳道和鼓膜时，需将耳郭向后上方牵拉，使外耳道变直，以便于观察。

外耳道的皮肤较薄，含有毛囊、皮脂腺、耵聍腺和丰富的感觉神经末梢。耵聍腺的分泌物称耵聍，干燥后形成痂块。外耳道的皮下组织极少，皮肤与软骨膜或骨膜紧密结合，故外耳道发生疖肿时，疼痛剧烈。

（三）鼓膜

鼓膜（tympanic membrane）位于外耳道与鼓室之间，呈倾斜位。鼓膜为椭圆形半透明的薄膜。鼓膜的中心向内凹陷，称鼓膜脐（umbo of tympanic membrane）。鼓膜的上1/4部薄而松弛，称松弛部；下3/4部坚实紧张，称紧张部。活体观察鼓膜时，可见松弛部呈淡红色，紧张部呈灰白色。紧张部前下部从鼓膜脐向前下方有一三角形的反光区，称光锥（cone of light）（图9-15）。

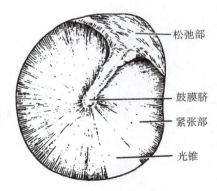

图9-15　鼓膜

二、中耳

中耳（middle ear）包括鼓室、咽鼓管、乳突窦和乳突小房等部分。

（一）鼓室

鼓室（tympanic cavity）位于鼓膜与内耳之间，是颞骨岩部内的一个不规则的含气小腔。鼓室有6个壁（图9-16），室内有3块听小骨。鼓室的内面衬有黏膜，并与咽鼓管和乳突窦、乳突小房等处的黏膜相延续。

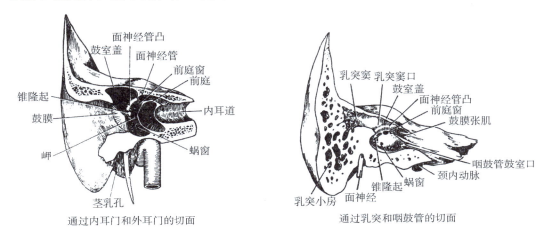

图 9 – 16 颞骨经鼓室的切面

1. 鼓室壁

（1）上壁：称鼓室盖，为一薄层骨板，鼓室借此与颅中窝相邻。

（2）下壁：称颈静脉壁，也是一薄层骨板，将鼓室与颈内静脉起始部隔开。

（3）前壁：称颈动脉壁，即颈动脉管后壁。此壁上部有咽鼓管鼓室口。

（4）后壁：称乳突壁，此壁上部有乳突窦的开口，经乳突窦向后通乳突小房。

（5）外侧壁：称鼓膜壁，主要由鼓膜构成。

（6）内侧壁：称迷路壁，即内耳的外侧壁。此壁的后上部有一卵圆形孔，称前庭窗，被镫骨底封闭；后下部有一圆孔，称蜗窗，被第2鼓膜封闭。前庭窗的后上方有一弓形隆凸，称面神经管凸，其深部有面神经管，管内有面神经走行。

慢性化脓性中耳炎可侵蚀破坏鼓室壁的黏膜、骨膜和骨质，向邻近结构蔓延，引起各种并发症：向上侵蚀破坏鼓室盖，可引起颅内化脓性感染；向后蔓延到乳突窦和乳突小房，可引起乳突炎；向外侧侵蚀鼓膜可引起鼓膜穿孔；向内侧侵蚀内侧壁可引起迷路炎和损害面神经。

2. 听小骨（auditory ossicles）

有三块，由外向内为锤骨（malleus）、砧骨（incus）和镫骨（stapes）。锤骨形似鼓锤，锤骨柄附着于鼓膜内面。砧骨形如砧，分别与锤骨和镫骨相连。镫骨形如马镫，镫骨底封闭前庭窗。三块听小骨互以关节相连，构成听小骨链。当声波振动鼓膜时，振动通过听小骨链的传导，使镫骨底在前庭窗做向内或向外的运动，将声波的振动从鼓膜传入内耳（图9－17）。

中耳炎可引起听小骨粘连、韧带硬化等，使听小骨链的活动受到限制，致听力下降。

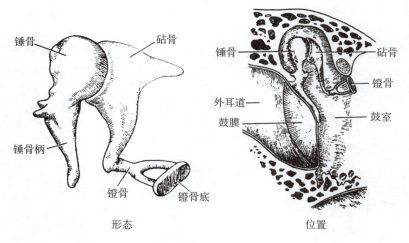

形态　　　　　　　　　　　　　　　　位置

图9－17　听小骨

（二）咽鼓管

咽鼓管（auditory tube）是咽腔通连鼓室的管道。咽鼓管鼓室口开口于鼓室的前壁；咽鼓管咽口开口于鼻咽侧壁。咽鼓管咽口平时处于闭合状态，当吞咽或张大口时开放，空气沿咽鼓管进入鼓室，使鼓室的气压和外界的气压平衡，有利于鼓膜的正常振动。

婴幼儿的咽鼓管较成人短而平直，腔径相对较大，故咽部感染易沿此管侵入鼓室，引起中耳炎。

当咽部有炎症时，咽鼓管因黏膜肿胀而阻塞，空气不能经咽鼓管进入鼓室，而鼓室内原有的空气被吸收，使鼓室内的气压形成负压，导致鼓膜内陷，病人常有耳内堵塞感及耳聋、耳鸣等症状。

（三）乳突窦和乳突小房

乳突窦（mastoid antrum）是介于鼓室与乳突小房之间的腔隙，向前开口于鼓室后壁的上部，向后下通乳突小房。

乳突小房（mostoid cells）是颞骨乳突内的许多含气小腔，相邻的小房相互通连。

三、内耳

内耳（internal ear）位于颞骨岩部内，在鼓室与内耳道底之间。内耳由构造复杂的管道组成，故又称迷路（labyrinth）。迷路由骨迷路和膜迷路两部分组成。骨迷路为颞骨岩部内的骨性隧道，膜迷路是套在骨迷路内的膜性小囊和小管。膜迷路内含有内淋巴，膜迷路与骨迷路之间的间隙内充满外淋巴，内、外淋巴互不相通。

（一）骨迷路

骨迷路（bony labyrinth）分为骨半规管、前庭和耳蜗三部分（图9－18）。

1. 骨半规管（bony semicircular canals）　　为骨迷路的后部，是3个相互垂直排列的半环形小管。骨半规管按其位置分别为前骨半规管、外骨半规管和后骨半规管。每个半规管有2个骨脚连于前庭，其中有1骨脚膨大，称骨壶腹。但前、后骨半规管的另1骨脚合并成1个总脚，因此3个骨半规管有5个骨脚开口于前庭。

2. 前庭（vestibule）　　为骨迷路的中部，是不规则的椭圆形空腔。前庭的外侧壁即鼓室的内侧壁，有前庭窗和蜗窗。前庭向前通耳蜗，向后通3个骨半规管。

3. 耳蜗（cochlea）　　为骨迷路的前部，形似蜗牛壳。耳蜗是由一骨性蜗螺旋管环绕蜗轴螺旋状盘绕两圈半构成。蜗轴是耳蜗的骨质中轴，它伸出骨螺旋板突入蜗螺旋管内，此板约达蜗螺旋管腔的一半，其缺损处由膜迷路（蜗管）填补封闭。骨螺旋板和蜗管将蜗螺旋管分为上部的前庭阶（scala vestibuli）和下部的鼓阶（scala tympani）（图9-19）。前庭阶通前庭窗，鼓阶通向蜗窗。前庭阶和鼓阶在蜗顶相通。

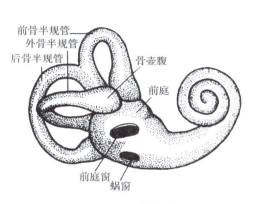

图9-18　骨迷路

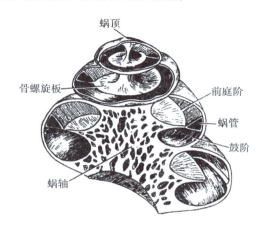

图9-19　耳蜗切面示意图

（二）膜迷路

膜迷路（membranous labyrinth）也分三部分，即膜半规管、椭圆囊和球囊、蜗管（图9-20）。

1. 膜半规管（membranous semicircular ducts）　　为3个半环形膜性小管，套在骨半规管内，形状和骨半规管相似，每个膜半规管在骨壶腹的部分也膨大，称膜壶腹。

膜壶腹壁内面有一嵴状隆起，称壶腹嵴（crista ampullaris），是位觉感受器，能感受头部旋转变速运动的刺激。

2. 椭圆囊（utricle）和球囊（saccule）　　为位于前庭内的两个膜性小囊。椭圆囊位于后上方，连通3个膜半规管；球囊位于前下方，与蜗管相通。两囊之间有椭圆球囊管相连。

椭圆囊和球囊壁的内面各有一斑块状隆起，分别称椭圆囊斑（maculautriculi）和球囊斑（macula sacculi），是位觉感受器，能感受头部静止的位置及直线变速运动的刺激。

椭圆囊斑、球囊斑和3个壶腹嵴合称为前庭器。前庭器是位觉感受器，对维持身体的平衡有重要作用。当人体位置变动时，椭圆囊、球囊和膜半规管内的内淋巴流动，刺激椭圆囊斑、球囊斑和3个壶腹嵴，产生冲动，由前庭神经传向中枢神经，经过分析综合，产生位置觉，从而进一步协调人体的姿势，维持身体的平衡。

3. 蜗管（cochlear duct）　为套在蜗螺旋管内的膜性管道。蜗管的横切面呈三角形，有上壁、外侧壁和下壁三个壁。上壁称前庭膜，外侧壁为蜗螺旋管内表面骨膜的增厚部分，下壁由骨螺旋板和螺旋膜（基底膜）组成。

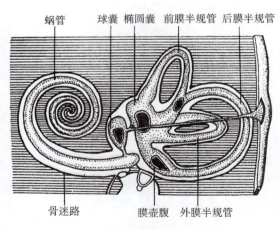

图 9 – 20　膜迷路和骨迷路

螺旋膜上有螺旋器（spiral organ），又称 Corti 器。螺旋器主要由支持细胞、毛细胞和盖膜构成，是听觉感受器，能感受声波刺激（图 9 – 21）。当蜗管内的内淋巴振动引起盖膜振动时，可以引起毛细胞兴奋并产生神经冲动，神经冲动经蜗神经等传入大脑皮质的听觉中枢，产生听觉。

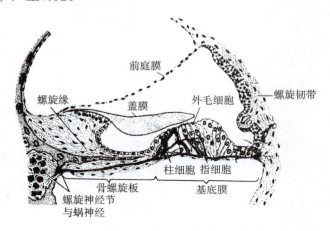

图 9 – 21　蜗管与螺旋器

四、声波的传导途径

声波由外界传入内耳的感受器有两条途径，一是空气传导，二是骨传导。

（一）空气传导

空气传导是指声波经外耳道引起鼓膜振动，经听小骨链和前庭窗传入内耳的过程。空气传导的主要途径是：声波→外耳道→鼓膜→听小骨链→前庭窗→前庭阶的外淋巴→前庭膜→蜗管的内淋巴→螺旋膜→螺旋器→蜗神经→中枢神经→大脑皮质听觉中枢（图 9 – 22）。

在鼓膜穿孔或听小骨链功能障碍的病人，声波可以经鼓室内空气引起第2鼓膜振动进行传导：声波→外耳道→鼓室内空气→蜗窗第2鼓膜→鼓阶的外淋巴→蜗管的内淋巴→螺旋膜→螺旋器→蜗神经→中枢神经→大脑皮质听觉中枢。这一途径的传导引起听力显著下降，但不会导致听力完全丧失。

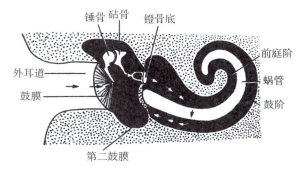

图9-22　声波传导途径示意图

（二）骨传导

骨传导是指声波经颅骨（骨迷路）传入内耳的过程。骨传导的主要途径是：声波→颅骨→骨迷路→前庭阶和鼓阶的外淋巴→蜗管的内淋巴→螺旋膜→螺旋器→蜗神经→中枢神经→大脑皮质听觉中枢。

在正常情况下，声波的传导以空气传导为主，但在听力检查中可用到骨传导，对于鉴别传导性耳聋与神经性耳聋极为重要。

鼓膜、听小骨链损伤或功能障碍引起的听力下降，称传导性耳聋；内耳螺旋器、蜗神经和中枢神经病变引起的听力下降或障碍，称神经性耳聋。传导性耳聋经骨传导可以听到声音，神经性耳聋声波无论从何途径传入，都不能引起听觉。如聋哑病人多属神经性耳聋。

第四节　皮　肤

皮肤（skin）覆盖于人体表面，借皮下组织与深部的结构相连。皮肤是人体最大的器官，约占成人体重的16%，总面积1.2~2.2m²。

一、皮肤的微细结构

皮肤分为表皮和真皮两层（图9-23）。

（一）表皮

表皮（epidermis）为皮肤的浅层，由复层扁平上皮构成。根据上皮细胞的分化程度和结构特点，表皮从基底到表面可分为五层：基底层、棘层、颗粒层、透明层和角质层。

1. 基底层（stratum basale）　位于表皮的最深层，借基膜与深部的真皮相连。基底层是一层排列整齐的矮柱状细胞。基底层细胞有较强的分裂增殖能力，可不断产生新细胞，故基底层又称生发层。新生的细胞向浅层推移，逐渐分化成表皮的其余几层细胞。

2. 棘层（stratum spinosum）　一般由4~10层多边形细胞构成。细胞表面有许多细小的棘状突起。

3. 颗粒层（stratum granulosum）　由 2~3 层梭形细胞构成。细胞质内有较粗大的透明角质颗粒。

4. 透明层（stratum lucidum）　为数层扁平细胞。细胞质呈均质透明状，细胞核已消失。

5. 角质层（stratum corneum）　由数层或数十层扁平的角质细胞构成。角质细胞是一些干硬的死细胞，已无细胞核和细胞器。角质层是皮肤的重要保护层，对摩擦、酸、碱等多种刺激都有较强的抵抗作用，并有阻挡病原体侵入和防止体内组织液丢失的作用。角质层表层细胞不断脱落，形成皮屑。

（二）真皮

真皮（dermis）位于表皮深面，由致密结缔组织构成。真皮分为乳头层和网织层两部分。

1. 乳头层（papillary layer）　紧靠表皮的基底层。结缔组织呈乳头状突向表皮。乳头内含有丰富的毛细血管和感受器，如游离神经末梢、触觉小体等。

2. 网织层（reticular layer）　较厚，在乳头层的深面，二者无明显分界。网织层的结构较致密，结缔组织纤维束互相交织成网，使皮肤具有较强的韧性和弹性。网织层含有较多的小血管、淋巴管和神经，以及毛囊、皮脂腺、汗腺和环层小体等。

真皮的深面为皮下组织（hypodermis），又称浅筋膜。皮下组织不属于皮肤结构，主要由疏松结缔组织和脂肪组织构成。皮下组织有保持体温和缓冲机械压力的作用。

二、皮肤的附属器

皮肤的附属器包括毛发、皮脂腺、汗腺和指（趾）甲等（图 9-24）。

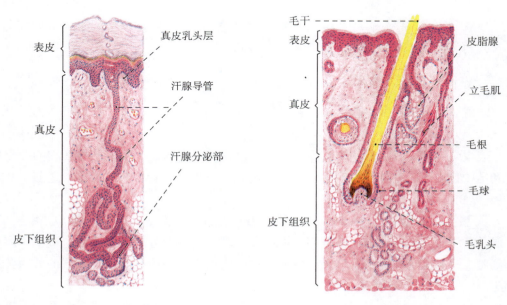

图 9-23　皮肤的微细结构（手指）　　　　图 9-24　皮肤的附属器

（一）毛发

毛发（hair）可分毛干、毛根两部分。毛干（hair shaft）是露出皮肤以外的部分，毛根（hair root）是埋入皮肤以内的部分。毛根周围包有毛囊（hair follicle）。毛囊的一侧附有一束斜行的平滑肌，称立毛肌（arrector pili muscle）。立毛肌受交感神经支配，收缩时可使毛发竖立。

（二）皮脂腺

皮脂腺（sebaceous gland）位于毛囊和立毛肌之间，其导管开口于毛囊。皮脂腺的分泌物叫皮脂，对皮肤和毛有润滑作用。

（三）汗腺

汗腺（sweat gland）是弯曲的管状腺，分为分泌部和导管部。其分泌部位于真皮网织层内，蟠曲成团；导管经真皮到达表皮，开口于皮肤表面。汗腺遍布于全身大部分皮肤中，以手掌、足底和腋窝处最多。汗腺分泌汗液，可以调节体温和排泄废物。

腋窝、会阴等处的皮肤分布有一种大汗腺，其分泌物较黏稠，经细菌作用后，可产生特殊的气味，形成狐臭。

（四）指（趾）甲

指（趾）甲（nail）位于手指和足趾远端的背面，由排列紧密的表皮角质层形成。甲的前部露于体表，称甲体；后部埋入皮肤内，称甲根。指（趾）甲对指（趾）末节起保护作用。

三、皮肤的功能

皮肤具有多种功能：①防止体外物质（如病原微生物、化学物质等）的侵入，是人体免疫系统的第一道防线，对人体具有重要的屏障保护功能。②防止体液的丧失。③皮肤表面有汗腺的开口，可在排出汗液的同时调节体温和排泄废物。④皮肤内含有多种感受器，具有感受痛觉、温度觉、触觉、压觉等感觉功能。

知识链接一

泪道冲洗术的相关解剖学知识

泪道冲洗术是将液体注入泪道，疏通其不同部位阻塞的操作技术，可用于检查泪道有无狭窄和阻塞，也可用于清除泪囊内积存的分泌物。

泪道冲洗时，嘱患者眼球外展，充分暴露泪点，术者将患者下睑内1/3处皮肤向外下方牵拉，将针头先垂直插入泪点1.5~2mm，转向水平方向，朝内眦顺泪小管方向推进5~6mm，到达骨壁后稍后退1~2mm，缓慢注入生理盐水。冲洗前注意针头不要顶住泪囊的内侧壁，以免推注液体时不易流出，误认为泪道阻塞；进针须注意顺泪小管方向缓慢推进，以免刺破泪小管壁造成假道。

 **知识链接二**

皮内注射和皮下注射的相关解剖学知识

1. 皮内注射　皮内注射是将少量药液或生物制剂注入表皮与真皮之间的方法。

皮内注射一般用于药物过敏试验、抗毒血清测敏试验，观察有无过敏反应；预防接种等。

皮内注射时，如做过敏试验，注射部位多选择前臂掌侧下部；做预防接种，注射部位选择上臂三角肌下缘处。

皮内注射穿经结构由浅入深依次为表皮角质层、透明层、颗粒层、棘层、基底层至表皮与真皮之间。

2. 皮下注射　皮下注射是将少量药液或生物制剂注入皮下组织的方法。

皮下注射一般用于预防接种；局部麻醉用药；需要迅速达到药效而不能或不宜经口服给药时，如胰岛素、阿托品、肾上腺素等药物的注射。

皮下注射常选用上臂三角肌下缘，两侧腹壁、后背、大腿前侧和外侧。局部麻醉用药根据需要可在任何部位皮下注射。

皮下注射穿经结构为表皮、真皮达皮下组织。

 **思考题**

1. 简述眼球的结构。
2. 简述视网膜的形态和组织结构。
3. 房水的产生和循环途径如何？
4. 视近物或视远物时，眼球内的有关结构是如何调节的？
5. 眼球外肌有哪些？各有何作用？
6. 光线从外界进入眼球到达视网膜需经过哪些结构？
7. 简述耳的组成。
8. 简述声波的主要传导途径。
19. 名词解释：瞳孔、视神经盘、中央凹、视网膜剥离症、青光眼、白内障、前庭器、传导性耳聋、神经性耳聋、皮内注射、皮下注射。

（臧　慧）

第十章 | 内分泌系统

学习目标

1. 掌握内分泌系统的组成和主要功能；甲状腺的形态、位置和主要功能；肾上腺的形态、位置和主要功能；垂体的形态、位置、分部和主要功能。

2. 熟悉甲状腺、肾上腺、垂体的微细结构；甲状旁腺的形态、位置、微细结构和主要功能；胸腺的位置、形态、微细结构和主要功能。

3. 了解松果体的位置和主要功能。

第一节 概 述

一、内分泌系统的组成

内分泌系统（endocrine system）包括内分泌器官和内分泌组织两部分。内分泌器官是指形态结构上独立存在、肉眼可见的内分泌腺（endocorine glands），如甲状腺、甲状旁腺、肾上腺、垂体、胸腺和松果体等。内分泌组织是指分散存在于其他器官组织中的内分泌细胞团，如胰腺内的胰岛、睾丸内的间质细胞、卵巢内的卵泡和黄体，以及消化管壁内、肾内等处的内分泌细胞等（图10－1）。

二、内分泌系统的主要功能

内分泌系统是人体内的重要调节系统。内分泌细胞的分泌物称为激素（hormone）。激素

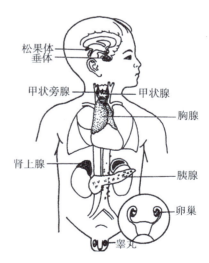

图 10 － 1 人体的内分泌腺分布

直接进入血液或淋巴，随血液循环运送至全身各部，调节人体的新陈代谢、生长发育和生殖功能等。

内分泌系统与神经系统在结构和功能上有密切联系。一方面内分泌腺直接或间接

受神经系统的控制和调节，神经系统通过对内分泌腺的作用，间接地调节人体各器官的功能，这种调节称神经体液调节；另一方面内分泌腺也可以影响神经系统的功能，如甲状腺分泌的甲状腺素可影响脑的发育和正常功能。

第二节　甲　状　腺

一、甲状腺的形态和位置

甲状腺（thyroid gland）呈棕红色、质地柔软，近似"H"形，分为左、右两个侧叶以及中间的甲状腺峡。有半数人的甲状腺从甲状腺峡向上伸出一锥状叶（图10-2）。

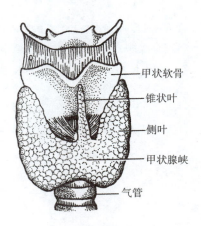

甲状腺位于颈前部，左、右侧叶贴于喉下部和气管上部的两侧，甲状腺峡多位于第2~4气管软骨环的前方。甲状腺借结缔组织固定于喉软骨，故吞咽时甲状腺可随喉上下移动，临床上可借此判断颈部肿块是否与甲状腺有关。

甲状腺左、右侧叶的后外方与颈部血管相邻，内侧面与喉、气管、咽、食管、喉返神经等相邻，故当甲状腺肿大时，可压迫以上结构，导致呼吸困难、吞咽困难和声音嘶哑等症状。

图10-2　甲状腺

（图右侧标注：甲状软骨、锥状叶、侧叶、甲状腺峡、气管）

二、甲状腺的微细结构

甲状腺表面包有结缔组织被膜，被膜中的结缔组织伸入腺的实质内，将甲状腺实质分为许多小叶，每个小叶内含有许多甲状腺滤泡，滤泡上皮细胞之间和滤泡之间的结缔组织内有滤泡旁细胞（图10-3）。

甲状腺滤泡（thyroid follicle）是由单层滤泡上皮细胞围成的泡状结构，大小不一，呈球形或椭圆形。滤泡壁由滤泡上皮细胞围成，滤泡上皮细胞通常为立方形，细胞核圆形，位于细胞中央。滤泡腔内充满胶状物质，是滤泡上皮细胞的分泌物，其主要成分是甲状腺球蛋白，在切片上呈均质状，嗜酸性。

滤泡旁细胞（parafollicular cell）位于滤泡上皮细胞之间和滤泡之间的结缔组织内，单个或成群分布。细胞呈卵圆形，体积较大，细胞质染色较浅。

三、甲状腺的主要功能

（一）滤泡上皮细胞的功能

滤泡上皮细胞能合成和分泌甲状腺素。甲状腺素（thyroxine）的主要功能是促进机体的新陈代谢，提高神经系统的兴奋性，促进机体的生长发育。甲状腺素尤其对婴幼儿的骨骼和中枢神经系统的发育十分重要。

（二）滤泡旁细胞的功能

滤泡旁细胞能分泌降钙素。降钙素（calcitonin）能促进成骨细胞的活动，使骨盐沉着于骨质，并抑制胃肠道和肾小管吸收钙离子，从而使血钙浓度降低。

在幼年期，如果甲状腺功能低下，甲状腺素分泌不足，可导致身材矮小、智力低下，形成呆小症；成年人甲状腺功能低下，可导致新陈代谢率降低、毛发稀少、精神呆滞，发生黏液性水肿等。

如果甲状腺功能过强，甲状腺素分泌增多，称甲状腺功能亢进。甲状腺功能亢进时，新陈代谢率增高，可导致突眼性甲状腺肿，病人常有心跳加速、神经过敏、体重减轻及眼球突出等症状。

碘是甲状腺合成甲状腺素不可缺少的物质，如果缺碘，甲状腺素合成的原料不足，可导致甲状腺组织过度增生、肥大，形成单纯性甲状腺肿。

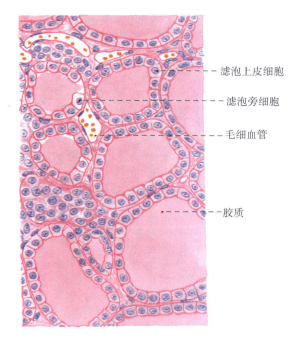

滤泡上皮细胞
滤泡旁细胞
毛细血管
胶质

图 10-3　甲状腺的微细结构

第三节　甲状旁腺

一、甲状旁腺的形态和位置

甲状旁腺（parathyroid gland）为棕黄色的扁椭圆形小体，大小似黄豆（图 10-4）。

甲状旁腺通常有上、下两对，分别位于甲状腺左、右侧叶的后缘，有时埋入甲状腺的实质内。

二、甲状旁腺的微细结构

甲状旁腺表面包有结缔组织被膜，实质内腺细胞排列成索团状。甲状旁腺的腺细胞有主细胞和嗜酸性细胞两种。

主细胞（chief cell）是甲状旁腺的主要腺

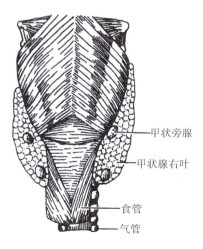

甲状旁腺
甲状腺右叶
食管
气管

图 10-4　甲状旁腺

细胞，呈圆形或多边形，细胞核呈圆形，位于细胞的中央，HE 染色细胞质着色浅。

嗜酸性细胞（oxyphil cell）单个或成群存在于主细胞之间。嗜酸性细胞比主细胞大，核较小，染色深，细胞质内有密集的嗜酸性颗粒（图10 - 5）。

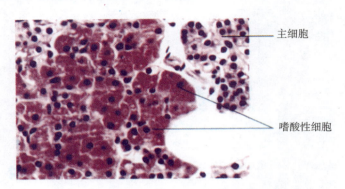

主细胞

嗜酸性细胞

图 10 - 5　甲状旁腺的微细结构

三、甲状旁腺的主要功能

甲状旁腺的主细胞分泌甲状旁腺素。嗜酸性细胞的功能还不明确。

甲状旁腺素（parathyroid hormone）的主要作用是增强破骨细胞的活动，促使骨盐溶解，并能促进胃肠道和肾小管对钙离子的吸收，从而使血钙浓度升高。

在甲状旁腺素和降钙素共同调节下，人体维持血钙浓度的稳定。钙在体内有多方面的作用，其中包括：形成骨质；参与血凝；降低神经和骨骼肌的兴奋性等。

甲状旁腺素分泌不足时（如临床手术损伤或误切甲状旁腺），可导致血钙浓度降低，使神经、肌肉组织兴奋性增高，引起手足抽搐。甲状旁腺功能亢进时，可引起骨质过度脱钙，导致骨质疏松，容易发生骨折。

第四节　肾上腺

一、肾上腺的形态和位置

肾上腺（suprarenal gland）左、右各一，质地柔软，呈淡黄色，左肾上腺近似半月形，右肾上腺呈三角形。

肾上腺位于腹膜后，两肾的上内方，与肾共同包裹在肾筋膜和肾脂肪囊内。

二、肾上腺的微细结构

肾上腺的表面包有结缔组织被膜，肾上腺的实质分为皮质和髓质两部分（图10 - 6）。

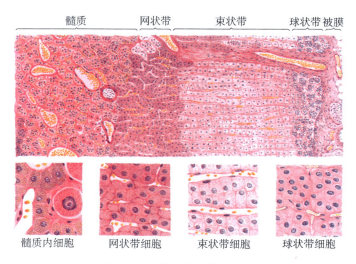

图 10 - 6　肾上腺的微细结构

（一）肾上腺皮质

肾上腺皮质（adrenal cortex）为肾上腺的周围部，占肾上腺体积的 80% ~ 90%，根据细胞的排列形式，可将皮质分为球状带、束状带和网状带。

1. 球状带（zona glomenrulosa）　位于皮质浅层，较薄。细胞排列成球状团块。细胞较小，呈矮柱状，细胞核小染色深，细胞质呈弱嗜酸性。

2. 束状带（zona fasciculata）　位于皮质中层，最厚。细胞排列成索状。细胞较大，呈立方形或多边形，细胞核圆形，较大，着色浅，细胞质内含大量脂滴。

3. 网状带（zona reticularis）　位于皮质内层。细胞排列成索状并互连接成网。网状带细胞较小，呈多边形，细胞核小，着色较深，细胞质呈嗜酸性。

（二）肾上腺髓质

肾上腺髓质（adrenal madulla）位于肾上腺的中央部，主要由髓质细胞构成。髓质细胞排列成团或索。细胞体积较大，呈多边形，细胞核圆形，核仁明显，细胞质内有许多易被铬盐染成棕黄色的颗粒，故髓质细胞亦称嗜铬细胞（chromaffin cell）。

三、肾上腺的主要功能

（一）肾上腺皮质的主要功能

肾上腺皮质细胞分泌盐皮质激素、糖皮质激素、雄激素和少量的雌激素。

肾上腺皮质球状带的腺细胞分泌盐皮质激素（mineralocorticoid），其主要成分是醛固酮。盐皮质激素的主要作用是调节体内的水盐代谢。例如醛固酮能促进肾远端小管曲部和集合小管重吸收钠离子和排出钾离子等，从而使钠离子浓度升高，钾离子浓度降低，对于调节机体内电解质和水的平衡起重要作用。

肾上腺皮质束状带的腺细胞分泌糖皮质激素（glucocorticoid），主要为皮质醇（如氢化泼尼松）和皮质酮。糖皮质激素的主要作用是调节糖和蛋白质的代谢，可促使蛋白质及脂肪分解并转变成糖。糖皮质激素有降低免疫反应及抗炎等作用，故临床上常用这种激素配合其他药物治疗过敏性疾病和严重感染。

肾上腺皮质网状带的腺细胞分泌性激素，以雄激素为主，也有少量的雌激素。正常情况下，肾上腺皮质分泌的性激素量很少，所以对机体作用不明显。如果肾上腺皮质分泌的性激素量过多，则可表现为女性男性化和男性第二性征过早出现。

（二）肾上腺髓质的主要功能

肾上腺髓质细胞分泌肾上腺素和去甲肾上腺素。

肾上腺素（adrenaline epinephrine）的主要作用是使心率加快、心肌收缩力加强，心和骨骼肌的血管扩张。去甲肾上腺素（noradrenaline）的主要作用是使小动脉的平滑肌收缩，血压升高，心、脑和骨骼肌内的血流加速。

肾上腺皮质功能亢进或长期大量使用糖皮质激素，可引发库欣综合征，呈现脂肪的向心性分布，临床上描绘为"满月脸"、"水牛背"及其他病症。

第五节　垂　体

一、垂体的形态和位置

垂体（hypophysis）呈椭圆形，色灰红，重量不足 1g。

垂体位于颅中窝蝶骨体上面的垂体窝内，上端通过漏斗连于下丘脑。垂体的前上方与视交叉相邻，当垂体发生肿瘤时，可压迫视交叉的交叉纤维，引起双眼视野颞侧半偏盲。

二、垂体的分部

根据发生和结构特点，垂体分为前部的腺垂体和后部的神经垂体。腺垂体（adeno-hypophysis）包括远侧部、结节部和中间部。神经垂体（neurophpophysis）包括神经部及漏斗。通常将远侧部和结节部称垂体前叶，将中间部和神经部称垂体后叶（图 10-7，图 10-8）。

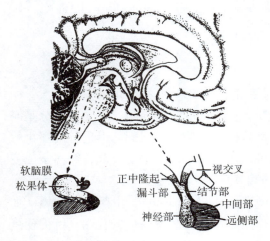

图 10-7　垂体和松果体

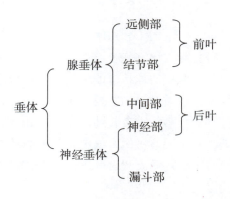

图 10-8　垂体的分部

三、垂体的微细结构

（一）腺垂体

腺垂体主要由腺细胞构成，腺细胞排列成索或团状，细胞团、索之间有丰富的血窦。在 HE 染色标本中，依据腺细胞着色的差异，可将腺垂体的腺细胞分为嗜酸性细胞、嗜碱性细胞和嫌色细胞（图 10 - 9）。

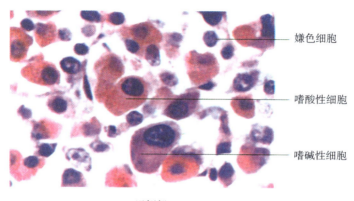

远侧部

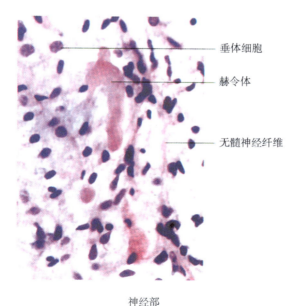

神经部

图 10 - 9　垂体的微细结构

1. 嗜酸性细胞（acidophilic cell）　数量较多，细胞体积较大，呈圆形或卵圆性，细胞质中含有粗大的嗜酸性颗粒。

2. 嗜碱性细胞（basophilic cell）　数量少，细胞呈圆形或多边形，体积大小不等，细胞质中含有嗜碱性颗粒。

3. 嫌色细胞（chromophobe cell）   数量多，染色浅，细胞轮廓不清。嫌色细胞可能是脱颗粒的嗜酸性细胞和嗜碱性细胞，或是处于形成嗜酸性细胞和嗜碱性细胞的初级阶段。

（二）神经垂体

神经垂体主要由无髓神经纤维和神经胶质细胞构成，不含腺细胞，无内分泌功能。无髓神经纤维来自下丘脑的视上核和室旁核，是两个神经核内分泌神经元的轴突。视上核和室旁核内分泌神经元分泌的激素经无髓神经纤维运输至神经垂体储存，待需要时释放入血。神经垂体的神经胶质细胞又称垂体细胞，其形状和大小不一，垂体细胞具有支持和营养神经纤维的作用。

四、垂体的主要功能

（一）腺垂体的主要功能

腺垂体的腺细胞分泌多种激素。

1. 嗜酸性细胞分泌两种激素：①生长激素（somatotropic hormone），能促进体内多种代谢过程，在蛋白质、脂类和糖代谢中起重要作用，尤其是能促进骨骼的生长。②催乳激素（mammotropin，prolactin），能促进乳腺的发育，在妊娠晚期和哺乳期能促进乳汁的分泌。

在幼年时期，生长激素分泌不足，可引起身材矮小，称为侏儒症；生长激素分泌过多，引起身材异常高大，称为巨人症。在成人，生长激素分泌过多，可引起手大、指粗、鼻高、下颌突出等体征，称为肢端肥大症。

2. 嗜碱性细胞主要分泌三种激素：①促甲状腺激素（thyrotropin，thyroid stimulating hormone），能促进甲状腺滤泡的增生和甲状腺素的合成和释放。②促肾上腺皮质激素（adrenocorticotrophic hormone），能促进肾上腺皮质束状带分泌糖皮质激素。③促性腺激素，包括两种激素：卵泡刺激素（follicle stimulating hormone），在女性可促进卵泡的发育，在男性可促进精子的生成；黄体生成素（luteinizing hormone），在女性可促进黄体的形成，在男性称间质细胞刺激素（interstitial cell stimulating hormone），能促进睾丸间质细胞分泌雄激素。

（二）神经垂体的主要功能

在下丘脑视上核及室旁核内合成、由神经垂体释放的激素有抗利尿激素和催产素两种。

1. 抗利尿激素（antidiureric hormone）（加压素）   由视上核合成，能促进肾远端小管曲部和集合小管对水的重吸收，使尿量减小。抗利尿激素也能使小动脉的平滑肌收缩，血压升高，故也称加压素（vasopressin）。

2. 催产素（oxytocin）   由室旁核合成，能促进妊娠子宫平滑肌的收缩，加速胎儿娩出；也能促进乳腺分泌乳汁。

如果下丘脑或垂体后叶有病变，抗利尿激素分泌不足，可出现"尿崩症"，每天尿量可达几升或十几升之多。

第六节　胸　腺

一、胸腺的位置和形态

胸腺（thymus）位于胸骨柄后方，上纵隔前部。有的人的胸腺可向上突入颈根部。

胸腺色灰红，质柔软，上窄下宽，分为不对称的左、右两叶（图10－10）。新生儿及幼儿的胸腺相对较大，随年龄的增长，胸腺继续发育，性成熟后最大，重25～40g。成年以后胸腺逐渐萎缩退化，常被结缔组织所代替。

二、胸腺的微细结构

胸腺表面有结缔组织形成的被膜。被膜的结缔组织伸入胸腺实质内，把胸腺分成许多小叶。每个小叶可分为表浅部分的皮质和深部的髓质。

胸腺的实质主要由上皮性网状细胞（epithelial reticular cell）和淋巴细胞所构成。上皮性网状细胞呈扁平状，有突起，相邻细胞的突起互相连接成网。胸腺内的淋巴细胞都是T淋巴细胞，又称胸腺细胞（thymocyte）（图10－11），密集排布于上皮性网状细胞的网眼中。

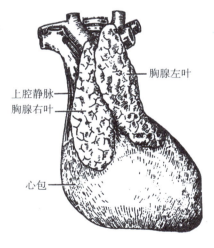

图10－10　胸腺

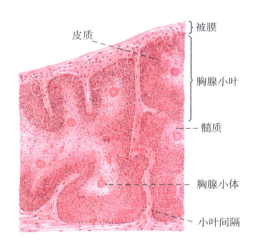

图10－11　胸腺的微细结构（小儿）

三、胸腺的主要功能

胸腺的主要功能是分泌胸腺素和产生T淋巴细胞。

胸腺素（thymosin）由上皮性网状细胞分泌，它可以使从骨髓来的造血干细胞分裂和分化，成为具有免疫活性的淋巴细胞，称胸腺依赖性淋巴细胞，简称T淋巴细胞。T淋巴细胞随血流离开胸腺，播散到淋巴结和脾等淋巴器官，成为这些器官T淋巴细胞的发生来源，因此胸腺是人体重要的免疫器官，是T淋巴细胞分化成熟的场所。当T淋巴细胞充分繁殖并播散到其他淋巴器官后，胸腺的重要性也就逐渐降低。

　　胸腺对于新生儿和婴幼儿淋巴组织的正常发育至关重要，这个时期如切除胸腺会导致周围淋巴器官的发育不全、退化，不能行使有效的免疫反应，可导致进行性致死后果。胸腺不发育或胸腺发育不全患者，因淋巴细胞数量的减少，常在生命早期死于感染。

第七节　松果体

一、松果体的位置和形态

　　松果体（pineal body）位于背侧丘脑的后上方，以细柄连于第 3 脑室顶的后部，又称脑上腺（图 10 – 7）。

　　松果体为一椭圆形小体，形似松果，颜色灰红。松果体在儿童时期比较发达，一般 7 岁以后开始退化。

二、松果体的微细结构

　　松果体腺实质主要由松果体细胞（pinealocyte）、神经胶质细胞和无髓神经纤维等组成。松果体细胞约占腺实质细胞总数的 90%，在 HE 染色切片中，细胞体呈圆形或不规则形，细胞核大，细胞质少，细胞质呈弱嗜碱性。

三、松果体的主要功能

　　松果体细胞分泌褪黑激素（melatonin）。在哺乳动物，褪黑激素具有抑制生殖腺发育，抑制性成熟的作用。褪黑激素的作用主要是通过抑制腺垂体分泌促性腺激素，从而间接抑制生殖腺的发育。

　　褪黑激素的合成与光照密切相关。白天，松果体几乎停止分泌活动，夜间才分泌褪黑激素。

　　松果体有病变破坏而功能不足时，可出现性早熟和生殖器官过度发育。

思考题

1. 内分泌系统由哪些部分组成？
2. 简述甲状腺的形态、位置和主要功能。
3. 简述肾上腺的形态、位置和主要功能。
4. 简述垂体的形态、位置和分部。
5. 垂体分泌和释放的激素有哪些？各有何主要功能。
6. 简述胸腺的形态、位置和主要功能。

（韩　雪）

第十一章 | 神经系统

学习目标

1. 掌握神经系统的组成；神经系统的常用术语；脊髓的位置、外形和内部结构；脑的分部；脑干的位置、组成和外形；小脑的位置和外形；间脑的位置和分部；下丘脑的组成；背侧丘脑、下丘脑的主要功能；后丘脑的组成及其功能；大脑半球的外形和内部结构；脑、脊髓被膜的分层及其结构；侧脑室、第3脑室、第4脑室的位置和交通；脑脊液的产生和循环途径；颈丛、臂丛、腰丛、骶丛的组成、位置、主要分支的分布；胸神经前支的分布；动眼神经、三叉神经、面神经、舌咽神经、迷走神经的分布概况；内脏运动神经的结构特点；交感神经和副交感神经的区别。躯干和四肢的本体觉传导通路；躯干和四肢的浅感觉传导通路；头面部的浅感觉传导通路；视觉传导通路；锥体系。

2. 熟悉神经系统的基本功能；反射的概念和反射弧的结构；脊髓节段及其与椎骨的对应关系；脊髓的功能；脑干的内部结构和功能；小脑的内部结构和功能；脑和脊髓的血管；血脑屏障；12对脑神经的名称、性质、连脑位置和分布概况；内脏神经的概念；交感神经和副交感神经的组成和分布概况；神经系统各部损伤的临床表现。

3. 了解内脏感觉神经的特点和牵涉痛的概念；锥体外系的概念。

第一节 概 述

一、神经系统的组成

神经系统（nervous system）由中枢神经系统（central nervous system）和周围神经系统（peripheral nervous system）两大部分组成（图11-1）。

中枢神经系统包括脑和脊髓，分别位于颅腔和椎管内。

周围神经系统是指中枢神经系统以外的所有神经成分。周围神经系统按其与中枢神经系统的连接关系可分为与脑相连的12对脑神经（cranial nerves）和与脊髓相连的31对脊神经（spinal nerves）。周围神经系统按其分布的范围不同可分为躯体神经（somatic nerves）和内脏神经（visceral nerves）。躯体神经主要分布于皮肤、骨、关节和骨骼肌；内脏神经主要分布于内脏、心血管和腺体。躯体神经和内脏神经均含有感觉纤维和运动纤维。内脏运动神经依据其功能的不同，分为交感神经和副交感神经两部分（图 11 - 2）。

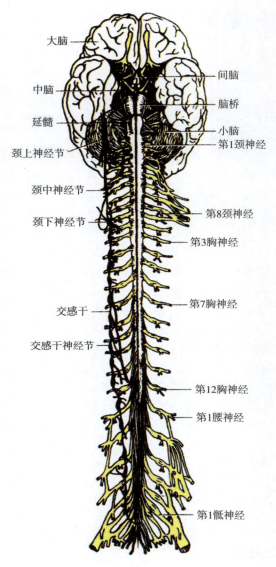

图 11 - 1　神经系统概观

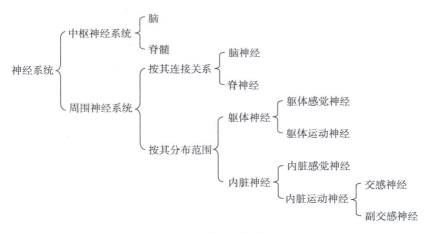

图 11 - 2　神经系统的组成

二、神经系统的主要功能

神经系统是机体内起主导作用的系统，其主要功能是：

（1）控制和协调人体内部各系统器官的功能活动，使之互相联系、互相配合，使人体成为一个完整的统一体。例如，当人体进行剧烈的活动时，随着骨骼肌的强力收缩，同时会出现心跳加快、呼吸加深、加快等一系列变化，这些变化都是在神经系统的控制和协调之下完成的。

（2）通过感受各种刺激而调整机体的功能，使人体适应不断变化的外界环境，维持机体与外界环境的统一。例如，天气寒冷时，通过神经系统的调节，使周围小血管收缩，减少热量散发，使体温维持在正常水平。

（3）人类在长期的进化过程中，伴随生产劳动和语言功能的产生以及社会生活的发展，大脑皮质高度发展。大脑皮质不仅是各种感觉和运动的最高中枢，也是思维活动的物质基础。人脑作为高级神经活动的器官，又进一步推动了劳动和语言的发展。因此，人类不但能适应外界环境的变化，而且能主动地认识和改造客观世界。

三、神经系统的活动方式

神经系统的基本活动方式是反射。反射是指神经系统在调节机体的活动中对内、外界环境的刺激所作出的反应。

反射的结构基础是反射弧。反射弧包括感受器、传入神经、中枢、传出神经和效应器五部分（图 11 - 3）。例如叩击髌韧带引起伸膝运动的膝跳反射，其感受器位于髌韧带内，传入神经是股神经的躯体感觉纤维，中枢位于脊髓腰段，传出神经是

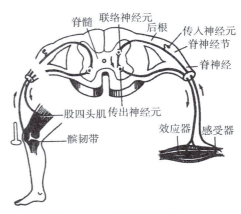

图 11 - 3　反射弧示意图

股神经的躯体运动纤维，效应器在股四头肌。反射弧的任何部位受损，反射活动即出现障碍。因此，临床上常用检查反射的方法来诊断神经系统的疾病。

四、神经系统的常用术语

神经系统内神经元的胞体和突起在不同的部位常有不同的集聚方式，因而具有不同的术语名称。

（一）灰质和白质

中枢神经系统内，神经元细胞体连同其树突集中的部位，色泽灰暗，称为灰质（gray matter）；中枢神经系统内，神经纤维集中的部位，色泽白亮，称为白质（white matter）。位于大脑和小脑表层的灰质，特称为皮质（cortex）；位于大脑和小脑深部的白质，特称为髓质（medulla）。

（二）神经核和神经节

中枢神经系统内，形态和功能相似的神经元胞体集聚而成的团块，称神经核（nucleus）；周围神经系统内，形态和功能相似的神经元胞体集聚而成的团块，称神经节（ganglion）。

（三）纤维束和神经

中枢神经系统内，起止、行程与功能相同的神经纤维聚集成束，称纤维束（fasciculus）或传导束；周围神经系统内，神经纤维聚集成粗细不等的神经纤维束，称神经（nerve）。

（四）网状结构

中枢神经系统内，神经纤维交织成网，灰质团块散在其中的部位，称网状结构（reticular formation）。

第二节　中枢神经系统

一、脊髓

（一）脊髓的位置

脊髓（spinal cord）位于椎管内，上端在枕骨大孔处与延髓相连，下端在成人约平第1腰椎体的下缘，在新生儿约平第3腰椎体下缘。

（二）脊髓的外形

脊髓呈前后略扁粗细不均的圆柱状，长42～45cm。脊髓全长有两处膨大，位于上部的称颈膨大（cervical enlargement），自脊髓第4颈节至脊髓第1胸节，连有分布到上肢的神经；位于下部的称腰骶膨大（lumbosacral enlargement），自脊髓第2腰节至脊髓第3骶节，连有分布到下肢的神经。脊髓的末端变细，呈圆锥状，称脊髓圆锥（conus medullaris）。脊髓圆锥的下端延续为无神经组织的细丝，称终丝（filum terminale），止于尾骨的背面，有固定脊髓的作用（图11-4）。

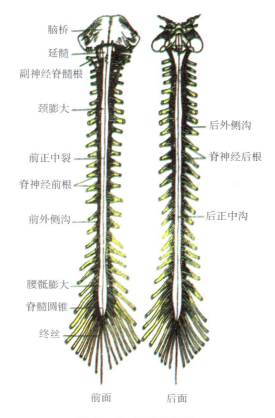

图 11 - 4　脊髓的外形

　　脊髓表面有 6 条纵行的沟裂。前面正中的深沟称前正中裂（anterior median fissue）；后面正中的浅沟称后正中沟（posterior median sulcus）；前正中裂两侧有两条浅沟，称前外侧沟；后正中沟两侧有两条浅沟，称后外侧沟。前外侧沟和后外侧沟分别连有脊神经前根和脊神经后根。脊神经后根上有膨大的脊神经节（图 11 - 5）。脊神经前根和脊神经后根在椎间孔处合成脊神经。

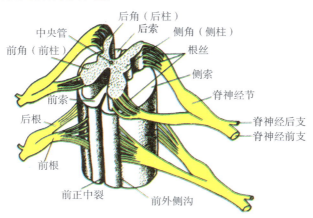

图 11 - 5　脊髓结构示意图

（三）脊髓节段及其与椎骨的对应关系

脊髓在外形上没有明显的节段性，将每对脊神经前、后根相连的一段脊髓，称为一个脊髓节段。脊髓两侧连有31对脊神经，因此，脊髓可相应分为31个节段，即颈髓（C）8节、胸髓（T）12节、腰髓（L）5节、骶髓（S）5节、尾髓（Co）1节。

在胚胎3个月以前，脊髓与脊柱等长，脊髓各节段与相应的椎骨大致平齐，所有脊神经根都平伸向外出相应的椎间孔。从胚胎第4个月起，脊髓生长的速度比椎管慢下来，因此成人脊髓与脊柱的长度是不相等的，所以，脊髓节段与相应的椎骨也不完全对应。脊髓颈上部各节段与相应椎体的位置关系大致相当，但以下的脊髓各节段则逐渐高于相应的椎骨，脊神经根也向下斜行至相应椎间孔。腰、骶、尾部的脊神经根出椎间孔之前，在椎管内垂直下降，围绕终丝集聚成束，称马尾（cauda equina）。成年人，在第1腰椎以下已无脊髓，故临床上腰椎穿刺常在第3、4或第4、5腰椎之间进行，不致损伤脊髓。

在成年人，脊髓节段与椎骨的对应关系大致是：颈髓上部脊髓节（$C_{1\sim4}$）和同序数椎骨相对应；颈髓下部脊髓节（$C_{5\sim8}$）和胸髓上部脊髓节（$T_{1\sim4}$）比同序数椎骨高1个椎体；胸髓中部脊髓节（$T_{5\sim8}$）比同序数椎骨高2个椎体；胸髓下部脊髓节（$T_{9\sim12}$）比同序数椎骨高3个椎体；全部腰髓脊髓节（$L_{1\sim5}$）平对第10～12胸椎体；骶髓脊髓节（$S_{1\sim5}$）和尾髓脊髓节（Co_1）平对第1腰椎体（表11-1，图11-6）。

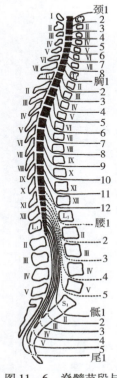

图11-6　脊髓节段与椎骨的对应关系

了解脊髓节段与椎骨的对应关系，对确定脊髓和脊柱病变的位置和范围以及麻醉的定位有重要意义。

表11-1　脊髓节段与椎骨的对应关系

脊髓节段		相应的椎骨	推算举例
$C_{1\sim4}$		与相同序数的椎骨同高	第3颈节与第3颈椎相对
$C_5\sim T_4$		比同序数椎骨高1个椎骨	第5颈节与第4颈椎相对
$T_{5\sim8}$		比同序数椎骨高2个椎骨	第6胸节与第4胸椎相对
$T_{9\sim12}$		比同序数椎骨高3个椎骨	第10胸节与第7胸椎相对
$L_{1\sim5}$		平对第10～12胸椎	
$S_{1\sim5}$	Co_1	平对第1腰椎	

（四）脊髓的内部结构

脊髓由灰质和白质构成。脊髓中央的纵行小管，称中央管（central canal）（图11-

7）。中央管的周围是灰质，灰质的周围是白质。

1. 灰质 在横切面上呈"H"形，每侧灰质前部扩大称前角（柱）；后部狭细称后角（柱）；脊髓的第1胸节至第3腰节的前、后角之间有向外侧突出的侧角（柱）。

（1）前角（anterior horn）：内含躯体运动神经元的胞体，其轴突出脊髓，构成脊神经前根中的躯体运动成分，支配躯干和四肢的骨骼肌运动。根据形态和功能，前角运动神经元可分为大型的 α 运动神经元和小型的 γ 运动神经元。α 运动神经元支配骨骼肌的运动；γ 运动神经元与调节肌张力有关。

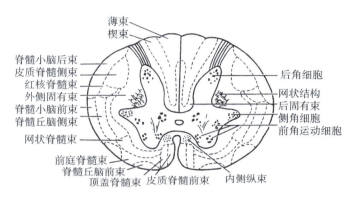

图 11-7 脊髓的内部结构

脊髓前角运动神经元受损（如脊髓灰质炎）时，表现为其所支配的骨骼肌的随意运动障碍，肌张力低下，腱反射消失，肌萎缩等，临床上称弛缓性瘫痪（软瘫）。

（2）后角（posterior horn）：内含联络神经元的胞体，接受脊神经后根感觉纤维传来的神经冲动，其轴突有的进入白质形成上行纤维束，将脊神经后根传入的神经冲动传导到脑；有的在脊髓的不同节段起联络作用。

（3）侧角（lateral horn）：仅见于脊髓的第1胸节至第3腰节，是交感神经的低级中枢。侧角内含交感神经元的胞体，其轴突出脊髓，构成脊神经前根中的交感神经纤维。

骶髓无侧角，在骶髓第2～4节段，相当于侧角的部位，有副交感神经元胞体组成的核团，称骶副交感核（sacral parasympathetic nucleus），是副交感神经的低级中枢。其轴突也随脊神经前根走出。

2. 白质 位于脊髓灰质周围，每侧白质借脊髓的沟、裂分为3个索：前正中裂与前外侧沟之间的白质称前索；前、后外侧沟之间的白质称外侧索；后正中沟与后外侧沟之间的白质称后索。

白质主要由许多纤维束构成。在白质中向上传递神经冲动的纤维束称为上行（感觉）纤维束，向下传递神经冲动的纤维束称为下行（运动）纤维束。

（1）上行（感觉）纤维束：主要有薄束和楔束、脊髓丘脑束。

①薄束（fasciculus gracilis）和楔束（fasciculus cuneatus）：上行于脊髓后索。薄束和楔束都由脊神经节内假单极神经元的中枢突经脊神经后根进入脊髓同侧后索上延而

成，这些脊神经节细胞的周围突，随脊神经分布到肌、腱、关节和皮肤等处的感受器。薄束位于后正中沟两侧，由脊髓第5胸节以下来的纤维组成；楔束在薄束外侧，由脊髓第4胸节以上来的纤维组成。

薄束和楔束传导来自同侧躯干和四肢的本体觉（来自肌、腱、关节等处的位置觉、运动觉和振动觉）和精细触觉（如辨别两点的距离和物体的纹理粗细等）的冲动（图11－8）。

②脊髓丘脑束（spinothalamic tract）：上行于脊髓外侧索的前部和前索。脊髓丘脑束主要起自脊髓后角细胞，这些细胞发出的轴突交叉到对侧脊髓的外侧索和前索上行，经脑干终于背侧丘脑。在外侧索上行的纤维束称脊髓丘脑侧束（lateral spinothalamic tract），其功能是传导躯干和四肢的痛觉、温度觉的冲动；在前索中上行的纤维束称脊髓丘脑前束（anterior spinothalamic tract），其功能是传导躯干和四肢的粗触觉和压觉的冲动。

脊髓丘脑束传导来自对侧躯干和四肢的痛觉、温度觉及粗触觉和压觉的冲动（图11－9）。

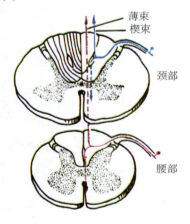

图11－8　薄束和楔束

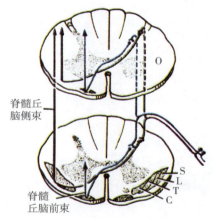

图11－9　脊髓丘脑侧束和脊髓丘脑前束

（2）下行（运动）纤维束：主要有皮质脊髓束。

皮质脊髓束（corticospinal tract）下行于脊髓外侧索的后部和前索。皮质脊髓束起自大脑皮质躯体运动中枢的运动神经元，纤维下行经内囊和脑干，在延髓的锥体交叉处，大部分纤维交叉到对侧后，继续下行于脊髓外侧索后部，称皮质脊髓侧束（lateral corticospinal tract），其纤维止于同侧脊髓前角细胞；皮质脊髓束的小部分纤维，在延髓的锥体交叉处不交叉，下行于同侧脊髓前索的前正中裂两侧，称皮质脊髓前束（anterior corticospinal tract），其纤维止于双侧脊髓前角细胞。皮质脊髓前束一般不超过胸段。

皮质脊髓束将来自大脑皮质的神经冲动，传至脊髓前角运动神经元，管理躯干和四肢骨骼肌的随意运动（图11－10）。

脊髓前角运动神经元主要接受对侧大脑半球的纤维，但也接受来自同侧的少量纤维。支配上肢肌、下肢肌的前角运动神经元只接受来自对侧大脑半球的皮质脊髓束纤维，而支配躯干肌的前角运动神经元接受双侧皮质脊髓束的支配。因此，脊髓一侧的皮质脊髓束损伤后，只出现上肢、下肢肌的瘫痪，而躯干肌不瘫痪。

（五）脊髓的功能

1. 传导功能　脊髓通过上行纤维束能将躯干和四肢的感觉冲动上传入脑，通过下行纤维束能将脑发放的运动冲动传至效应器。因此，脊髓成为脑与脊髓低级中枢和周围神经联系的通道。

2. 反射功能　脊髓灰质内有许多反射活动的低级中枢。脊髓可完成一些反射活动，如腱反射（如膝跳反射）、排尿和排便反射等。

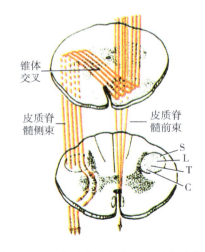

图 11 - 10　皮质脊髓侧束和皮质脊髓前束

二、脑

脑（brain，encephalon）位于颅腔内，可分为脑干、小脑、间脑和端脑四部分（图11 - 11）。成人的脑平均重量约为 1400g。

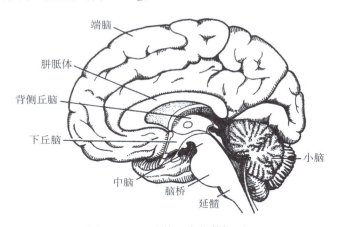

图 11 - 11　脑的正中矢状切面

（一）脑干

1. 脑干的位置　脑干（brain stem）伏于颅后窝枕骨大孔前方的骨面。

脑干自下而上由延髓、脑桥和中脑组成。延髓在枕骨大孔处下续脊髓，中脑向上接间脑，延髓和脑桥的背侧与小脑相连。

2. 脑干的外形

（1）脑干的腹侧面

①延髓（medulla oblongata）位于脑干的最下部。延髓表面有脊髓向上延续的沟裂。

在延髓上部前正中裂的两侧各有一纵形隆起，称锥体（pyramid），其内有皮质脊髓束通过。锥体下方，皮质脊髓束的大部分纤维左、右交叉，构成锥体交叉（decussation of pyramid）。锥体的外侧是前外侧沟。

②脑桥（pons）位于脑干的中部。脑桥下缘借延髓脑桥沟（bulbopontine sulcus）与延髓分界，上缘与中脑相连。脑桥的腹侧面膨隆，称脑桥基底部。基底部正中线上有一条纵行的浅沟，称基底沟（basilar sulcus），容纳基底动脉。基底部向两侧逐渐细窄，与背侧的小脑相连。

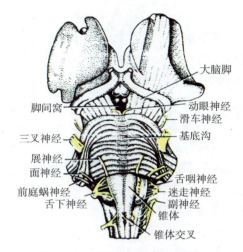

图 11－12　脑干的外形（腹侧面）

③中脑（midbrain）位于脑干的上部。中脑腹侧面有一对柱状结构，称大脑脚（cerebral peduncle）有锥体束等纤维通过。两脚之间的凹窝，称脚间窝（interpeduncular fossa）（图 11－12）。

（2）脑干的背侧面：延髓背侧面下部后正中沟的两侧，各有两个隆起，内侧的称薄束结节（gracile tubercle），外侧的称楔束结节（cuneate tubercle），两者深面分别有薄束核和楔束核。楔束结节外侧缘的浅沟是后外侧沟。延髓上部形成菱形窝（第 4 脑室底）的下半部。

脑桥背侧面形成菱形窝（rhomboid fossa）的上半部。

中脑背侧面有两对隆起，上方的一对称上丘（superior colliculus），是视觉反射中枢；下方的一对称下丘（inferior colliculus），是听觉反射中枢（图 11－13）。

（3）脑干连有后 10 对脑神经：脑神经共有 12 对，除第 1 对嗅神经和第 2 对视神经分别连于端脑和间脑外，其余后 10 对脑神经均与脑干相连。

与中脑相连的脑神经：第 3 对动眼神经自中脑脚间窝穿出；第 4 对滑车神经由中脑背侧下丘的下方穿出。

与脑桥相连的脑神经：在脑桥腹侧面开始变窄处连有第 5 对三叉神经；在延髓脑桥沟内，由内侧向外侧依次为第 6 对展神经、第 7 对面神经和第 8 对前庭蜗神经。

与延髓相连的脑神经：在延髓后外侧沟，自上而下是第 9 对舌咽神经、第 10 对

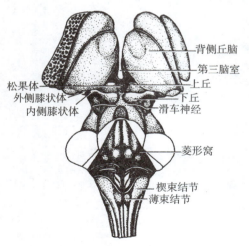

图 11－13　脑干的外形（背侧面）

迷走神经和第 11 对副神经；第 12 对舌下神经则经前外侧沟穿出。

3. 脑干的内部结构　脑干由灰质、白质和网状结构构成。脊髓中央管到延髓、脑桥背面与小脑之间扩展，形成第 4 脑室，在中脑内则为中脑水管。

（1）灰质：脑干的灰质配布与脊髓不同，它不形成连续的灰质柱，而是分散成团块，称神经核。脑干的神经核主要分为两种：一种是与第 3～12 对脑神经相连的，称脑神经核；第二种不与脑神经相连，但参与各种神经传导通路或反射通路的组成，称非脑神经核。

①脑神经核：脑神经核的名称多与其相连的脑神经名称一致（图 11 - 14）。如与动眼神经相连的脑神经核，称动眼神经核和动眼神经副核。

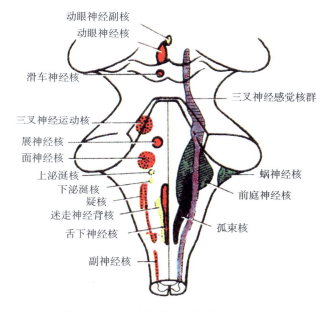

图 11 - 14　脑神经核在脑干背面的投影

各脑神经核在脑干内的位置，也多与其相连脑神经的连脑部位相对应。中脑含有动眼神经核（oculomotor nucleus）、动眼神经副核（accessory oculomotor nucleus）和滑车神经核（trochlear nucleus）。

脑桥内含有三叉神经运动核（motor nucleus of trigeminal nerve）、三叉神经感觉核群、展神经核（abducens nucleus）、面神经核（facial nucleus）、上泌涎核（superior salivatory nucleus）、前庭神经核（vestibular nuclei）和蜗神经核（cochlear nuclei）。

延髓内含有疑核（nucleus ambiguus）、下泌涎核（inferior salivatory nucleus）、孤束核（nucleus of solitary tract）、迷走神经背核（dorsal nucleus of vagus nerve）、副神经核（spinal accessory nucleus）和舌下神经核（hypoglossal nucleus）。

脑神经核按其功能性质可分为脑神经运动核和脑神经感觉核，运动核是脑神经运动纤维的起始核，包括躯体运动核和内脏运动核（副交感核），感觉核是脑神经感觉纤维的终止核，包括躯体感觉核和内脏感觉核。躯体运动核包括动眼神经核、滑车神经核、三叉神经运动核、展神经核、面神经核、疑核、副神经核、舌下神经核；内脏运动核包括动眼神经副核、上泌涎核、下泌涎核、迷走神经背核；躯体感觉核包括三叉神经感觉核群、前庭神经核、蜗神经核；内脏感觉核是孤束核。

表 11-2　脑神经核的性质、名称、位置及功能

性质	名称	位置	分布（功能）
躯体运动核	动眼神经核	上丘平面	上直肌、下直肌、内直肌、下斜肌、上睑提肌
	滑车神经核	下丘平面	上斜肌
	三叉神经运动核	脑桥中部	咀嚼肌
	展神经核	脑桥中部	外直肌
	面神经核	脑桥下部	面肌
	疑核	延髓	咽肌、喉肌
	副神经核	延髓	胸锁乳突肌、斜方肌
	舌下神经核	延髓	舌肌
内脏运动核	动眼神经副核	上丘平面	瞳孔括约肌、睫状肌
	上泌涎核	脑桥下部	泪腺、下颌下腺、舌下腺
	下泌涎核	延髓上部	腮腺
	迷走神经背核	延髓	胸、腹腔大部分脏器
躯体感觉核	三叉神经中脑核	中脑	面肌、咀嚼肌（深感觉）
	三叉神经脑桥核	脑桥	头面部、口腔、鼻腔（触觉）
	三叉神经脊束核	延髓	头面部（痛觉、温觉）
	前庭神经核	脑桥、延髓	前庭器
	蜗神经核	脑桥、延髓	螺旋器
内脏感觉核	孤束核	延髓	胸、腹腔大部分脏器和味蕾

②非脑神经核：主要包括薄束核与楔束核、红核和黑质等核团。

薄束核（gracile nucleus）与楔束核（cuneate nucleus）：分别位于延髓薄束结节和楔束结节的深面，是薄束和楔束的终止核，是本体觉和精细触觉冲动传导通路的中继性核团。

红核（red nucleus）和黑质（substantia nigra）：位于中脑。红核富有血管，在新鲜脑干切面上略呈粉红色；黑质的细胞内含黑色素，故呈黑色。红核和黑质对调节骨骼肌的张力有重要作用。黑质细胞主要合成多巴胺。黑质病变，多巴胺减少，可导致肌张力过高，运动减少并出现震颤，是引起震颤麻痹（帕金森病）的主要原因。

（2）白质：主要由上行纤维束和下行纤维束组成。

①上行纤维束：主要有内侧丘系、脊髓丘系和三叉丘系。

内侧丘系（medial leminiscus）：脊髓后索中的薄束和楔束上行至延髓，分别止于薄束核和楔束核。薄束核和楔束核发出的纤维在中央管前方左右交叉，称内侧丘系交叉。交叉后的纤维在中线的两侧折向上行，组成内侧丘系，上行终于背侧丘脑腹后外侧核。

脊髓丘系（spinal lemniscus）：脊髓丘脑束由脊髓向上行至脑干构成脊髓丘系，行于内侧丘系的背外侧，经过脑干各部，上行终于背侧丘脑腹后外侧核。

三叉丘系（trigeminal lemniscus）：脑桥三叉神经感觉核群发出的纤维交叉至对侧，转而上行组成三叉丘系，行于内侧丘系的背外侧，上行终于背侧丘脑腹后内侧核。三叉丘系传导来自对侧头面部皮肤和黏膜的痛、温、触、压觉的冲动。

②下行（运动）纤维束：主要有锥体束。

锥体束（pyramidal tract）：是大脑皮质躯体运动中枢发出的支配骨骼肌随意运动的纤维束。锥体束下行途经内囊、中脑大脑脚、脑桥基底部，到延髓形成锥体。

锥体束分为皮质核束和皮质脊髓束。皮质核束（corticonuclear tract）在脑干下行过程中陆续止于各脑神经躯体运动核，将来自大脑皮质躯体运动中枢的神经冲动，传至脑神经躯体运动核。皮质脊髓束在脊髓下行过程中陆续止于脊髓前角运动神经元。

（3）网状结构（reticular formation）：脑干内除上述神经核和纤维束外，在脑干的中央区域，神经纤维交织成网，其间散布着大量大小不等的神经元胞体核团，它们共同构成网状结构。

4. 脑干的功能

（1）传导功能：大脑皮质、间脑与小脑、脊髓相互联系的上行纤维束和下行纤维束，都经过脑干。因此脑干成为大脑、间脑与小脑、脊髓和周围神经联系的重要通道。

（2）反射功能：脑干内具有多个反射活动的低级中枢。如中脑内有瞳孔对光反射中枢；脑桥内有角膜反射中枢；延髓内有调节呼吸运动和心血管活动的呼吸中枢、心血管运动中枢等"生命中枢"。如果"生命中枢"受损，可致呼吸、心跳和血压等的严重障碍，危及生命。

（3）网状结构的功能：脑干内的网状结构有保持大脑皮质觉醒、调节骨骼肌张力、维持生命活动等功能。

（二）小脑

1. 小脑的位置　小脑（cerebellum）位于颅后窝内，在脑桥和延髓的背侧，与脑干相连。小脑与脑干之间的腔隙即第4脑室。

2. 小脑的外形　小脑中间部缩细称小脑蚓（vermis of cerebellum），两侧部膨大，称小脑半球（cerebellar hemisphere）。小脑上面平坦，下面膨隆。小脑半球下面靠近小脑蚓处，形成椭圆形隆起，称小脑扁桃体（tonsil of cerebellum）（图11－15）。

小脑扁桃体紧靠枕骨大孔，其腹侧邻近延髓。当颅内病变（脑炎、肿

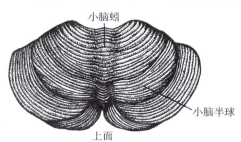

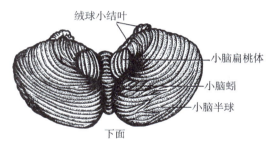

图 11－15　小脑的外形

瘤、出血）引起颅内压增高时，小脑扁桃体可被挤入枕骨大孔内，从而压迫延髓，危及生命，临床上称为枕骨大孔疝或小脑扁桃体疝。

3. 小脑的内部结构 小脑的表层为灰质，称小脑皮质（cerebellar cortex）；内部为白质，称小脑髓质（cerebellar madulla）。小脑髓质内有数对灰质核团，称小脑核（cerebellar nuclei），其中最大的小脑核是齿状核（dentate nucleus）（图 11 – 16）。

4. 小脑的功能 小脑是一个重要的运动调节中枢。小脑的主要功能是维持身体的平衡、调节肌张力和协调骨骼肌的随意运动。

小脑损伤时，可出现平衡失调，站立不稳，步态蹒跚；影响到肌张力时，常表现为肌张力降低；肢体运动不协调，走路时抬腿过高，取物时过度伸开手指等，令病人做指鼻试验时，动作不准确等，临床上称为"共济失调"。

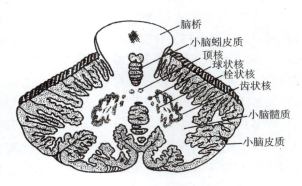

图 11 – 16 小脑的内部结构

（三）间脑

间脑（diencephalon）位于中脑和端脑之间，大部分被大脑半球掩盖。间脑内的腔隙称第 3 脑室。间脑主要包括背侧丘脑、下丘脑和后丘脑等部分（图 11 – 11）。

1. 背侧丘脑（dorsal thalamus） 又称丘脑，是一对卵圆形的灰质块，位于间脑的背侧份。

背侧丘脑被一"Y"形的白质板分隔为三个核群，即前核群、内侧核群和外侧核群。外侧核群可分为背侧部和腹侧部两部分，腹侧部核群又可分为腹前核、腹中间核和腹后核，腹后核又分为腹后内侧核和腹后外侧核（图 11 – 17）。

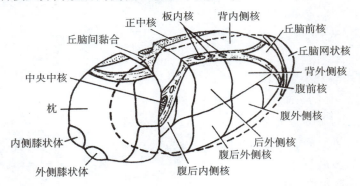

图 11 – 17 背侧丘脑核团模式图

背侧丘脑是感觉传导通路的中继站，是全身躯体浅感觉（痛、温、触、压觉）和深感觉（本体觉）传导通路第 3 级神经元胞体的所在处。背侧丘脑腹后核接受内侧丘系、脊髓丘系和三叉丘系的纤维，发出纤维组成丘脑皮质束（丘脑中央辐射），上传到大脑皮质的躯体感觉中枢。背侧丘脑也是一个复杂的分析器，为皮质下感觉中枢，一般认为痛觉在背侧丘脑即开始产生。

一侧背侧丘脑损伤，常见的症状是对侧半身感觉丧失、过敏或伴有剧烈的自发疼痛。

2. 下丘脑（hypothalamus）　　位于背侧丘脑的前下方，构成第 3 脑室的下壁和侧壁的下部。

在脑底面，可见下丘脑主要包括视交叉（optic chiasma）、灰结节（tuber cinerem）、漏斗（infundibulum）、垂体和乳头体（mammilary body）。视交叉前连视神经，向后延为视束。视交叉后方是灰结节，灰结节向下方延续为漏斗（infundibulum），漏斗下端连垂体（图 11 − 18）。灰结节后方的一对圆形隆起是乳头体。

下丘脑的结构较为复杂，内有多个神经核群，其中重要的有视上核和室旁核（图 11 − 18）。视上核（supraoptic nucleus）位于视交叉上方，分泌加压素；室旁核（para-ventricular nucleus）位于第 3 脑室侧壁内，分泌催产素。视上核和室旁核分泌的激素，经各自神经元的轴突，经漏斗直接输送到神经垂体，由垂体释放于血液。

下丘脑是调节内脏活动和内分泌活动的皮质下中枢，对体温、摄食、生殖、水盐代谢和内分泌活动等起着重要的调节作用，同时也参与睡眠和情绪反应活动等。

3. 后丘脑（metathalamus）　　是位于背侧丘脑后端外下方的一对隆起，位于内侧的称内侧膝状体，位于外侧的称外侧膝状体（图 11 − 17）。

内侧膝状体（medial geniculate body）是听觉传导通路的中继站，接受听觉传导通路的纤维，发出纤维组成听辐射至大脑皮质的听觉中枢。

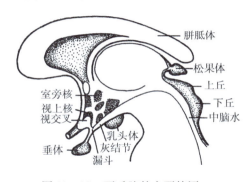

图 11 − 18　下丘脑的主要核团

外侧膝状体（lateral geniculate body）是视觉传导通路的中继站，接受视束的传入纤维，发出纤维组成视辐射至大脑皮质的视觉中枢。

（四）端脑

端脑（telencephalon）通常又称大脑（cerebrum），由左、右大脑半球构成。端脑覆盖于间脑、中脑和小脑的上面。

1. 大脑半球的外形　　两侧大脑半球之间的纵行裂隙，称大脑纵裂（cerebral longitu-dinal fissure）。两侧大脑半球后部与小脑之间的横行裂隙，称大脑横裂（cerebral trans-verse fissure）。大脑纵裂的底部为连接两侧大脑半球的横行纤维，称胼胝体（corpus callosum）。

大脑半球表面凹凸不平，有许多深浅不同的沟，称大脑沟（cerebral sulci），沟与沟之间的隆起称大脑回（cerebral gyri）。每侧大脑半球可分为上外侧面、内侧面和下面（底面）（图 11 − 19，20）。

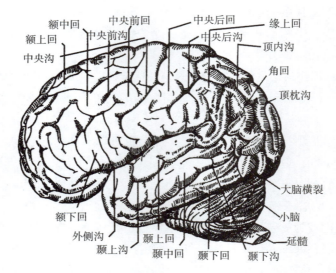

图 11 - 19　大脑半球的外形（上外侧面）

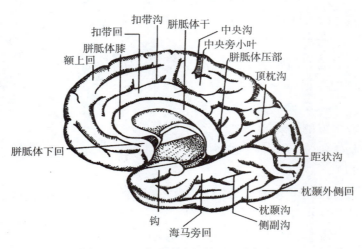

图 11 - 20　大脑半球的外形（内侧面）

（1）大脑半球的分叶（图 11 - 21）：每侧大脑半球借 3 条沟分为 5 个叶。

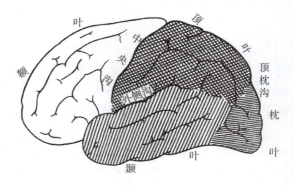

图 11 - 21　大脑半球的分叶

三条沟是：①中央沟（central sulcus），在大脑半球的上外侧面，起自半球上缘中点稍后方，斜向前下方，几乎达外侧沟。②外侧沟（lateral sulcus），起自大脑半球下面，至大脑半球上外侧面，自前下向后上斜行。③顶枕沟（parietoocipital sulcus），位于半球内侧面的后部，自胼胝体后端的稍后方，由前下向后上，并略转至半球上外侧面。

五个叶是：①额叶（frontal lobe），在外侧沟上方、中央沟前方的部分。②顶叶（parietal lobe），在外侧沟上方、中央沟与顶枕沟之间的部分。③枕叶（occipital lobe），在顶枕沟以后的部分。④颞叶（temporal lobe），在外侧沟下方的部分。⑤岛叶（insular lobe），在外侧沟的深处（图 11 – 22）。

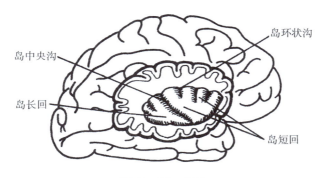

图 11 – 22　岛叶

（2）大脑半球的主要沟和回：

①大脑半球的上外侧面：

额叶：在中央沟的前方，有与之平行的中央前沟，两沟之间的大脑回，称中央前回（precentral gyrus）。自中央前沟的中部，向前发出上、下两条大致与半球上缘平行的沟，分别称额上沟和额下沟，两沟将额叶中央前沟之前的部分分为额上回、额中回和额下回。

顶叶：在中央沟的后方，有与之平行的中央后沟，两沟之间的大脑回，称中央后回（postcentral gyrus）。在顶叶下部，围绕外侧沟末端的大脑回称缘上回（supramarginal gyrus）；围绕颞上沟末端的大脑回称角回（angular gyrus）。

颞叶：上部有一条与外侧沟大致平行的颞上沟，两沟之间的大脑回称颞上回（superior temporal gyrus）。在颞上回的后部，外侧沟的下壁上，有两条横行的大脑回，称颞横回（transverse temporal gyrus）。

②大脑半球的内侧面：在间脑上方有联络两侧大脑半球的胼胝体。胼胝体上方的大脑回称扣带回（cingulate gyrus）。扣带回中部的上方，有中央前回和中央后回自半球上外侧面延续到半球内侧面的部分，称中央旁小叶（paracentral lobule）。

从胼胝体的后方，有一条向后走向枕叶后端的深沟，称距状沟（calcarine）。距状沟的前下方，有一自枕叶向前伸向颞叶的沟，称侧副沟。侧副沟内侧的大脑回，称海马旁回（parahippocampal gyrus）。海马旁回的前端向后弯曲的部分，称为钩（uncus）。

扣带回、海马旁回和钩，几乎呈环形围于大脑半球与间脑交界处的边缘，故合称边缘叶（limbic lobe）（图 11 - 20）。

③大脑半球的下面：额叶下面前端有一椭圆形结构，称嗅球（plfactory bulb）。嗅球接受嗅神经的纤维，向后延续为嗅束（olfactory tract），嗅束向后扩大为嗅三角。嗅球、嗅束和嗅三角与嗅觉冲动的传导有关。

2. 大脑半球的内部结构　大脑半球表面的一层灰质，称大脑皮质。大脑皮质深面为白质，称大脑髓质。在大脑半球的基底部，髓质内埋有灰质团块，称基底核。大脑半球内的腔隙，称侧脑室（图 11 - 23）。

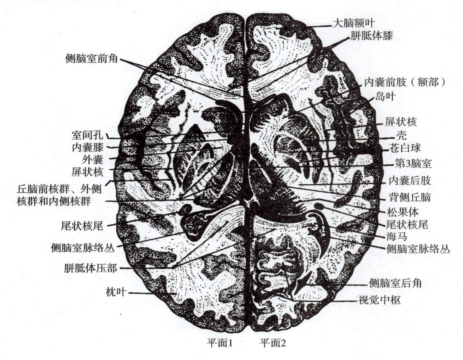

图 11 - 23　大脑水平切面

（1）大脑皮质及其功能定位：大脑皮质（cerebral cortex）主要由大量的神经元和神经胶质细胞构成。据估计，人类大脑皮质的总面积约 2200cm^2，约有 140 亿个神经元。

大脑皮质是神经系统的高级中枢。人体各部的感觉冲动传至大脑皮质，经大脑皮质的整合，或产生特定的意识性感觉，或产生运动冲动。随着大脑皮质的发育和分化，不同的皮质区具有不同的功能，将这些具有一定功能的皮质区称大脑皮质的功能定位，又称中枢（图 11 - 24，25）。大脑皮质重要的中枢有：

①躯体运动中枢：主要位于中央前回和中央旁小叶前部。一侧的躯体运动中枢管理对侧半身的骨骼肌运动。

一侧躯体运动中枢某一局部损伤，可引起对侧半身相应部位的骨骼肌运动障碍。

②躯体感觉中枢：主要位于中央后回及中央旁小叶后部。一侧的躯体感觉中枢接受背侧丘脑腹后核传来的对侧半身浅感觉和深感觉的冲动。

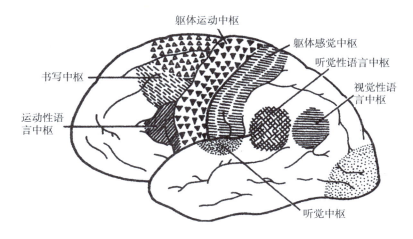

图 11 - 24　大脑皮质的中枢（上外侧面）

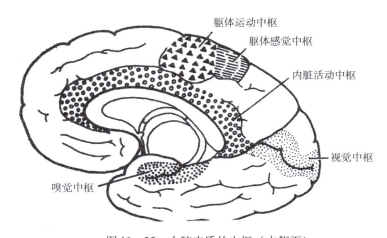

图 11 - 25　大脑皮质的中枢（内侧面）

一侧躯体感觉中枢某一局部损伤，可引起对侧半身相应部位的感觉障碍。

身体各部在躯体运动中枢和躯体感觉中枢的投射特点是：

倒置人形，但头部是正的。即中央旁小叶前部和中央前回上部支配下肢肌的运动；中央前回中部支配上肢肌、躯干肌的运动；中央前回下部支配头面部肌的运动（图11 -26）。身体各部在感觉中枢也形成一个倒置的人体投影（头面部不倒），自中央旁小叶后部开始依次是下肢、躯干、上肢、头面部的投射区（图 11 -27）。

左、右交叉，即一侧大脑半球的躯体运动中枢管理对侧半身的骨骼肌运动；一侧半身浅感觉和深感觉的冲动投射到对侧大脑半球的躯体感觉中枢。

身体各部分在大脑皮质的投射区的大小与各部分形体大小无关，而取决于功能的重要性和复杂程度。手指、舌和唇的投射区面积大。如拇指的投射区大于躯干或大腿的投射区。

③视觉中枢：位于枕叶内侧面距状沟两侧的皮质。一侧的视觉中枢接受同侧视网

膜颞侧半和对侧视网膜鼻侧半的视觉冲动。一侧视觉中枢损伤，可引起双眼视野对侧同向性偏盲。

④听觉中枢：位于颞横回。每侧听觉中枢都接受来自两耳的听觉冲动。一侧听觉中枢损伤，不会引起全聋。

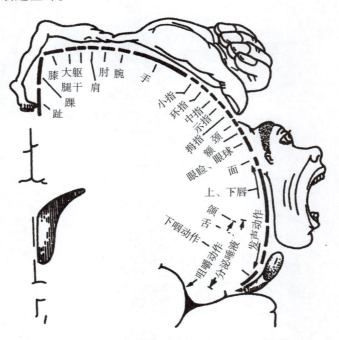

图 11 – 26　人体各部在躯体运动中枢的定位

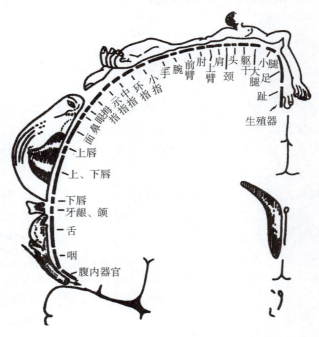

图 11 – 27　人体各部在躯体感觉中枢的定位

⑤嗅觉中枢：位于海马旁回的钩附近。

⑥内脏活动中枢：一般认为在边缘叶。

⑦语言中枢：语言功能是人类在社会历史发展过程中逐渐形成的，是人类大脑皮质所特有的。所谓语言功能是指能理解他人说的话和写、印出来的文字，并能用口语或文字表达自己的思维活动。凡不是由听觉、视觉或骨骼肌运动障碍而引起的语言功能障碍，均称失语症。

语言中枢多存在于左侧大脑半球。语言中枢主要有四个：

运动性语言中枢（说话中枢）：位于额下回后部。此中枢受损，喉肌等虽不瘫痪，但丧失说话能力，不能说出有意义的语言，称运动性失语症。

书写中枢：位于额中回后部。此中枢受损，手的运动正常，但却丧失了书写文字符号的能力，称失写症。

视觉性语言中枢（阅读中枢）：位于角回。此中枢受损，病人视觉无障碍，但不能理解文字符号的意义，不能阅读，称失读症（字盲）。

听觉性语言中枢（听话中枢）：位于颞上回后部。此中枢受损，病人听觉无障碍，即能听到别人的讲话，但不能理解其意义，故不能正确回答问题，称感觉性失语症（字聋）。

（2）基底核（basal nuclei）：是埋藏在大脑半球基底部髓质内的灰质核团，包括尾状核、豆状核和杏仁体等（图11－28）。

①尾状核（caudate nucleus）：弯曲如弓状，围绕在豆状核和背侧丘脑的上方，分头、体、尾三部分，尾端与杏仁体相连。

②豆状核（lentiferm nucleus）：位于背侧丘脑的外侧，岛叶的深部。豆状核在水平切面上呈三角形，被穿行于其中的纤维分成三部分，外侧部最大，称壳（putamen）；内侧两部分称苍白球（globus pallidus）。

在种系发生上，苍白球较古老，称旧纹状体；豆状核的壳与尾状核发生较晚，称新纹状体。尾状核与豆状核合称纹状体。

纹状体是锥体外系的重要组成部分，其主要功能是调节骨骼肌的张力，协调骨骼肌的运动。

③杏仁体（amygdaloid body）：连于尾状核的尾端，属于边缘系统，与调节内脏活动、内分泌活动和行为等有关。

（3）大脑髓质（cerebral medulla）：位于大脑皮质的深面，由大量神经纤维组成。这些纤维可分为三种：

①联络纤维（assoeration fibers）：是联系同侧大脑半球皮质叶与叶之间或回与回之间

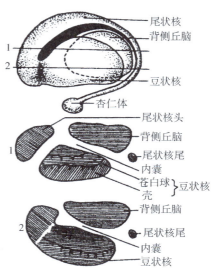

图11－28 纹状体和背侧丘脑示意图

的纤维。

②连合纤维（commissural fibers）：是连接左、右大脑半球皮质的纤维，其最主要者为胼胝体。

③投射纤维（projection fibers）：是联系大脑皮质与皮质下结构之间的上、下行纤维，这些纤维大部分都经过内囊。

内囊（internal capsule）：位于背侧丘脑、尾状核与豆状核之间，由上行的感觉纤维束和下行的运动纤维束构成（图11–29）。

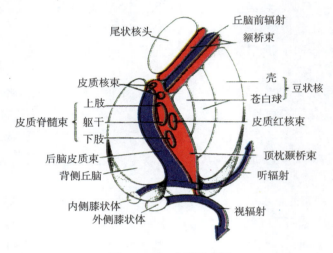

图11–29　内囊示意图

在大脑两半球的水平切面上，双侧内囊略呈"〉〈"形。内囊可分为三部分：位于尾状核与豆状核之间的部分为内囊前肢；位于背侧丘脑与豆状核之间的部分为内囊后肢；前、后肢相交处为内囊膝。

经内囊膝的投射纤维有皮质核束；经内囊后肢的投射纤维主要有皮质脊髓束、丘脑皮质束、视辐射和听辐射等。

内囊是上行感觉纤维和下行运动纤维密集而成的白质区，当内囊发生病变时，可导致严重的后果。一侧内囊损伤，可导致对侧半身随意运动障碍（皮质核束和皮质脊髓束受损）、对侧半身浅、深感觉障碍（丘脑皮质束受损）、双眼对侧半视野偏盲（视辐射受损），即临床所谓的"三偏"综合征。

3. 边缘系统（limbic system）　由边缘叶及其与之密切联系的皮质和皮质下结构（如杏仁体、下丘脑、背侧丘脑前核群等）所组成。其功能与内脏活动、情绪和记忆等有关，所以又称"内脏脑"。

三、脑和脊髓的被膜

脑和脊髓的外面包有三层膜，由外向内依次为硬膜、蛛网膜和软膜。它们有保护、支持脑和脊髓的作用。

（一）硬膜

硬膜是一层坚韧的致密结缔组织膜，其包被于脊髓的部分称硬脊膜；包被于脑的部分称硬脑膜。

1. 硬脊膜（spinal dura mater）　硬脊膜上端附着于枕骨大孔周缘，并与硬脑膜相续，下端自第 2 骶椎平面以下包裹终丝，末端附于尾骨的背面。

硬脊膜与椎管内面的骨膜之间的间隙称硬膜外隙（epidural space）。硬膜外隙内为负压，含疏松结缔组织、脂肪组织、淋巴管、静脉丛和脊神经根等（图 11 - 30）。硬膜外隙不与颅内相通。临床上把麻醉药注入硬膜外隙内，以阻滞脊神经根的神经传导，称硬膜外麻醉。

2. 硬脑膜（cerebral dura mater）　与硬脊膜相比，硬脑膜有如下特点：

（1）硬脑膜由内、外两层构成，外层为颅骨内面的骨膜，兼具脑膜的作用，内层较坚厚。

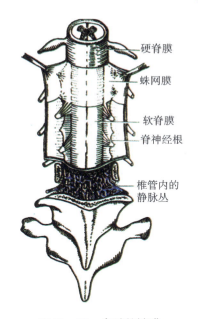

图 11 - 30　脊髓的被膜

硬脑膜与颅底骨连结紧密，当颅底骨折时，易将硬脑膜及蛛网膜同时撕裂，导致脑脊液外漏；硬脑膜与颅盖骨连结较疏松，故颅顶骨折时，可因硬脑膜血管破裂，形成硬膜外血肿。

（2）硬脑膜内层在某些部位折叠形成板状结构，伸入大脑的某些裂隙内，对脑有固定和承托作用，其中重要的有（图 11 - 31）：

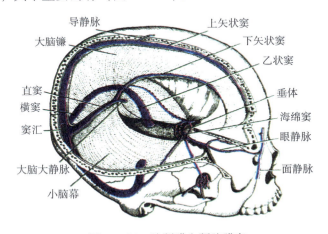

图 11 - 31　脑硬膜和硬脑膜窦

①大脑镰（cerebral falx）：形似镰刀，伸入大脑纵裂内。

②小脑幕（tentorium of cerebellum）：伸入大脑横裂内。小脑幕的前缘游离，呈一弧形切迹，称小脑幕切迹。

小脑幕切迹前方邻中脑；小脑幕切迹上方的两侧邻海马旁回和钩。当小脑幕上方发生颅脑损伤引起颅内压增高时，海马旁回和钩可被挤入小脑幕切迹内，压迫中脑的大脑脚和动眼神经，临床上称为小脑幕切迹疝。

（3）硬脑膜在某些部位两层分开，形成含静脉血的腔隙，称硬脑膜窦（sinuses of dura mater）。主要的硬脑膜窦有：

①上矢状窦（superior sagital sinus）：位于大脑镰的上缘内。

②下矢状窦（inferior sagital sinus）：位于大脑镰的下缘内。

③横窦（transverse sinus）和乙状窦（sigmoid sinus）：横窦位于小脑幕的后缘内（位于横窦沟内），其外侧端向前续乙状窦（位于乙状窦沟内），乙状窦向前下经颈静脉孔续为颈内静脉。

④直窦（straight sinus）：位于大脑镰和小脑幕结合处。

⑤窦汇（confluence of sinuses）：位于上矢状窦、直窦和横窦汇合处。

⑥海绵窦（cavernous sinus）：位于蝶骨体的两侧，为硬脑膜两层间的不规则腔隙。

海绵窦内有颈内动脉、动眼神经、滑车神经、展神经及三叉神经的眼神经和上颌神经通过。海绵窦向前经眼静脉与面静脉相交通。因此，面部感染可经上述途径蔓延到颅内海绵窦，波及窦内结构，产生相应症状。

硬脑膜窦血液的流注关系如图 11-32。

图 11-32　硬脑膜窦血液的流注关系

（二）蛛网膜

蛛网膜位于硬膜的深面，跨越脊髓和脑的沟裂，包括脊髓蛛网膜和脑蛛网膜两部分。蛛网膜由纤细的结缔组织构成，薄而透明，无血管和神经。

蛛网膜与软膜之间的间隙称蛛网膜下隙（subarachnoid space）。蛛网膜下隙内充满脑脊液。脊髓的蛛网膜下隙与脑的蛛网膜下隙相连通。

蛛网膜下隙在某些部位扩大，称蛛网膜下池（subarachnoid cistern）。较大的蛛网膜下池有小脑延髓池和终池。蛛网膜下隙在小脑与延髓之间扩大，称小脑延髓池（cerebellomedullary cistern）；蛛网膜下隙在脊髓末端与第 2 骶椎水平之间扩大，称终池（terminal cistern）。临床上可经枕骨大孔进针作小脑延髓池穿刺，抽出脑脊液。终池内无脊髓而只有马尾、终丝和脑脊液，临床上在第 3、4 或第 4、5 腰椎之间行腰椎穿刺时，就是将穿刺针刺入蛛网膜下隙的终池，抽出脑脊液或注入药物。

脑蛛网膜在上矢状窦附近，形成许多细小的突起，突入上矢状窦内，称蛛网膜粒（arachnoid granulations）（图 11-33）。蛛网膜下隙内的脑脊液经蛛网膜粒渗入上矢状窦，进入血液。

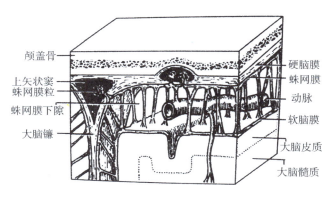

图 11 - 33 蛛网膜和硬脑膜窦模式图

（三）软膜

软膜紧贴在脊髓和脑的表面，并伸入脊髓和脑的沟裂，包括软脊膜和软脑膜。软膜为薄层结缔组织，含有丰富的血管。

在脑室附近，软脑膜上的毛细血管形成毛细血管丛，与软脑膜和脑室壁上的室管膜上皮一起突入脑室内，形成脉络丛。脉络丛（choroid plexus）是产生脑脊液的主要结构。

四、脑和脊髓的血管

（一）脑的血管

1. 脑的动脉　来源于颈内动脉和椎动脉。颈内动脉的分支供应大脑半球的前 2/3 部分和部分间脑。椎动脉的分支供应大脑半球的后 1/3 部分及部分间脑、脑干和小脑。颈内动脉和椎动脉的分支可分为皮质支和中央支，皮质支供应皮质和浅层髓质；中央支供应间脑、基底核和内囊等。

（1）颈内动脉（internal carotid artery）：起自颈总动脉，向上经颈动脉管入颅腔，向前穿过海绵窦，至视交叉外侧分为大脑前动脉和大脑中动脉。

颈内动脉的主要分支有眼动脉、大脑前动脉、大脑中动脉、后交通动脉等。

①眼动脉（ophthalmic artery）：颈内动脉出海绵窦后发出眼动脉，经视神经管入眶，分布于眼球和眼副器等结构。

②大脑前动脉（anterior cerebral artery）：自颈内动脉发出后进入大脑纵裂内，在胼胝体的背侧向后走行，皮质支分布于大脑半球枕叶以前的内侧面及上外侧面的上部（图 11 - 34），中央支进入脑实质，分布于尾状核、豆状核和内囊等。左、右大脑前动脉在发出不远处有前交通动脉相连。

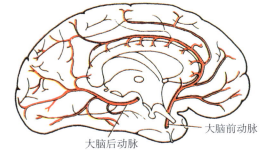

图 11 - 34　大脑半球内侧面的动脉

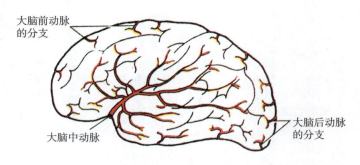

图 11 - 35　大脑半球上外侧面的动脉

③大脑中动脉（middle cerebral artery）：是颈内动脉主干的延续，沿大脑外侧沟向后上走行，皮质支分布于大脑半球上外侧面的大部（图 11 - 35）；中央支垂直向上进入脑实质，分布于尾状核、豆状核和内囊等处。在患有高血压动脉硬化的病人，分布于内囊的中央动脉（豆纹动脉）容易破裂出血，导致严重的脑溢血，因此有"易出血动脉"之称（图 11 - 36）。

④后交通动脉（posterior conmmuni-cating artery）：两条，自颈内动脉发出后，与大脑后动脉吻合。

（2）椎动脉（vertibral artery）：起自锁骨下动脉，向上穿过第 6 至第 1 颈椎横突孔，经枕骨大孔入颅腔，行于延髓腹侧，在脑桥下缘左、右椎动脉合成一条基底动脉（basilar artery）。基底动脉在脑桥基底沟上行，至脑桥上缘分为左、右大脑后动脉。

椎动脉和基底动脉沿途发出分支分布于脊髓、延髓、脑桥、小脑和内耳等处。

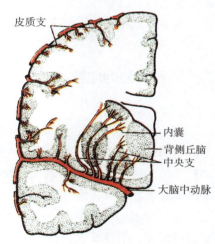

图 11 - 36　大脑中动脉的皮质支和中央支

大脑后动脉（posterior cerebral artery）：是基底动脉的终支，绕大脑脚向后，行向颞叶下面和枕叶的内侧面。其皮质支分布于大脑半球颞叶的内侧面、下面和枕叶（图 11 - 37）；中央支分布于后丘脑和下丘脑等处。

（3）大脑动脉环（cerebral arterial circle）：在大脑底面，视交叉、灰结节和乳头体的周围，前交通动脉、两侧大脑前动脉、两侧颈内动脉、两侧后交通动脉和两侧大脑后动脉互相吻合，形成大脑动脉环，又称 Willis 环（图 11 - 37）。

大脑动脉环将颈内动脉系和椎 - 基底动脉系联系起来，也将左、右大脑半球的动脉联系起来，对保证大脑的血液供应起重要作用。当某一动脉血流减少或阻塞时，通过大脑动脉环的调节，血液重新分配，补偿缺血部分，维持脑的正常血液供应。

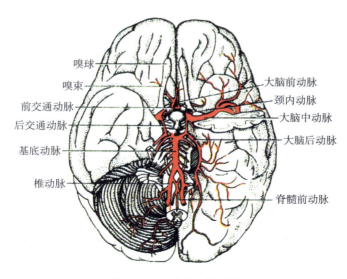

图 11-37　脑底面的动脉

2. 脑的静脉　脑的静脉不与动脉伴行，可分浅、深静脉。浅静脉位于脑的表面，收集大脑皮质和大脑髓质浅部的静脉血；深静脉收集大脑髓质深部的静脉血。两组静脉均注入附近的硬脑膜窦（图 11-38），最终汇入颈内静脉。

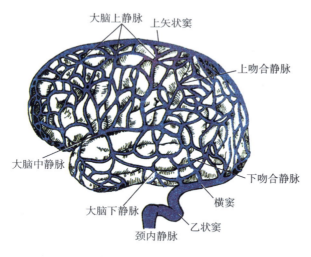

图 11-38　大脑浅静脉

（二）脊髓的血管

1. 脊髓的动脉　脊髓的动脉血液供应有两个来源：一个是椎动脉发出的脊髓前动脉和脊髓后动脉，另一个主要是肋间后动脉和腰动脉发出的脊髓支。

椎动脉入颅后发出脊髓前动脉（anterior spinal artery）和脊髓后动脉（posterior spinal artery）。脊髓前动脉由起始处的两条合成一条，沿脊髓前正中裂下降至脊髓末端；两条脊髓后动脉沿脊髓后外侧沟下降，在颈段脊髓中部合成一条，再下行至脊髓末端。

肋间后动脉和腰动脉发出的脊髓支进入椎管，与脊髓前、后动脉吻合，在脊髓的表面形成血管网，由血管网发出分支营养脊髓（图11－39）。

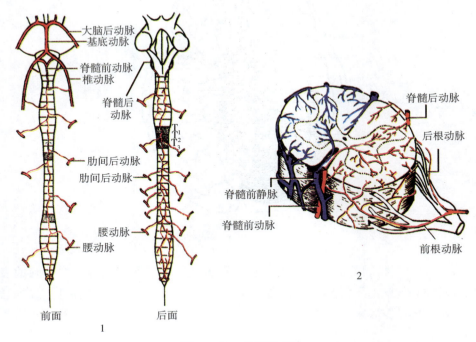

大脑后动脉
基底动脉
脊髓前动脉
椎动脉
脊髓后动脉
T₁
T₂
T₃
肋间后动脉
肋间后动脉
腰动脉
腰动脉
前面　　　后面
1

脊髓后动脉
后根动脉
脊髓前静脉
脊髓前动脉
前根动脉
2

图11－39　脊髓的动脉

2. 脊髓的静脉　脊髓的静脉与动脉伴行，大部分注入硬膜外隙内的椎静脉丛。

五、脑室和脑脊液循环

（一）脑室

脑室是脑内的腔隙，包括左、右侧脑室，第三脑室和第四脑室（图11-40）。各脑室内都有脉络丛并充满脑脊液。

1. 侧脑室（lateral ventricle）　左、右各一，是位于两侧大脑半球内的腔隙。两个侧脑室各自经左、右室间孔通第三脑室。

2. 第三脑室（third ventricle）　是位于两侧背侧丘脑及下丘脑之间的矢状裂隙。第三脑室前方经左、右室间孔与两侧大脑半球内的侧脑室相通，向后下经中脑水管与第四脑室相通。

3. 第四脑室（fouth ventricle）　是位于延髓、脑桥与小脑之间的腔隙。第四脑室底即菱形窝，顶朝向小脑。第四脑室向上与中脑水管相通，向下续脊髓中央管，向背侧和两侧分别借一个第四脑室正中孔（median aperture of fourth ventricle）和两个第四脑室外侧孔（lateral aperture of fourth ventricle）与蛛网膜下隙相通（图11-41）。

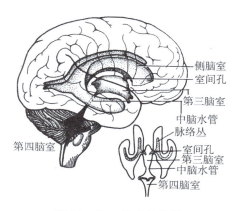

图 11 - 40　脑室的投影

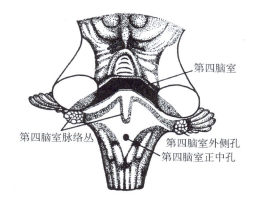

图 11 - 41　第四脑室

（二）脑脊液及其循环

脑脊液是无色透明的液体，内含葡萄糖、无机盐、少量蛋白质、维生素、酶、神经递质和少量淋巴细胞等。

脑脊液（cerebral spinal fluid）主要由各脑室的脉络丛产生，充满于脑室和蛛网膜下隙。成年人脑脊液的总量约 150ml。

脑脊液处于不断产生、循环和回流的相对平衡状态，其循环途径是：侧脑室脉络丛产生的脑脊液，经室间孔流入第三脑室，汇同第三脑室脉络丛产生的脑脊液，经中脑水管流入第四脑室，汇同第四脑室脉络丛产生的脑脊液，经第四脑室正中孔和两个第四脑室外侧孔流入蛛网膜下隙，最后经蛛网膜粒渗入上矢状窦，归入静脉（图 11 - 42，图 11 - 43）。

如脑脊液循环受阻，可引起脑积水和颅内压升高，使脑组织受压移位，甚至形成脑疝而危及生命。

脑脊液可缓冲震动，对脑和脊髓有保护作用；脑脊液运送营养物质，并带走脑与脊髓的代谢产物；脑脊液有维持正常颅内压的作用。

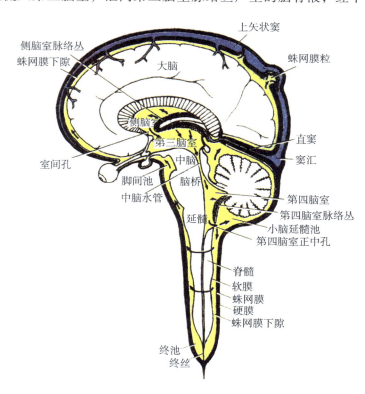

图 11 - 42　脑脊液循环模式图

正常脑脊液有比较恒定的细胞数量和化学成分，中枢神经系统的某些疾病可引起脑脊液成分的改变，因此，临床上检验脑脊液，有助于诊断某些疾病。

左、右侧脑室 —室间孔→ 第三脑室 —中脑水管→ 第四脑室 —第四脑室正中孔／第四脑室外侧孔→ 蛛网膜下隙

—→ 蛛网膜粒 —→ 上矢状窦 —→ 颈内静脉

图 11 – 43　脑脊液循环途径

（三）血 – 脑屏障

在中枢神经系统内，毛细血管内的血液与脑组织之间，具有一层有选择性通透作用的结构，此结构称血 – 脑屏障（blood – brian barrier）。

血 – 脑屏障的结构基础是：脑和脊髓的毛细血管内皮、毛细血管的基膜以及神经胶质细胞突起形成的胶质膜（图 11 – 44）。

血 – 脑屏障能选择性地允许某些物质通过，阻止另一些物质通过。血 – 脑屏障具有阻止有害物质进入脑组织，维持脑细胞内环境相对稳定的作用。

在血 – 脑屏障损伤（缺血、缺氧、炎症、外伤、血管疾病）时，血 – 脑屏障的通透性发生改变，可使脑和脊髓的神经细胞受到各种致病因素的影响。临床上治疗脑部疾病选用药物时，必须考虑其通过血 – 脑屏障的能力，以达到预期的效果。

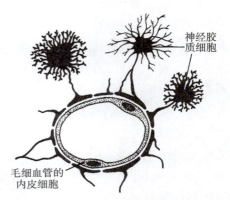

神经胶质细胞

毛细血管的内皮细胞

图 11 – 44　血 – 脑屏障结构模式图

第三节　周围神经系统

周围神经通常可分为脊神经、脑神经和内脏神经三部分。脊神经与脊髓相连，主要分布于躯干和四肢；脑神经与脑相连，主要分布于头颈部；内脏神经作为脊神经和脑神经的纤维成分，主要分布于内脏、心血管和腺体。

一、脊神经

脊神经（spinal nerves）共 31 对，包括颈神经（cervical nerves）8 对，胸神经（thoracic nerves）12 对，腰神经（lumbar nerves）5 对，骶神经（sacral nerves）5 对和尾神经（coccygeal nerve）1 对。

脊神经均由脊神经前根和脊神经后根在椎间孔处合并而成。脊神经前根含有躯体运动和内脏运动的纤维，后根含有躯体感觉和内脏感觉的纤维。因此，每对脊神经都

是混合性神经，均含有躯体运动纤维、内脏运动纤维、躯体感觉纤维和内脏感觉纤维四种纤维成分（图11－45）：

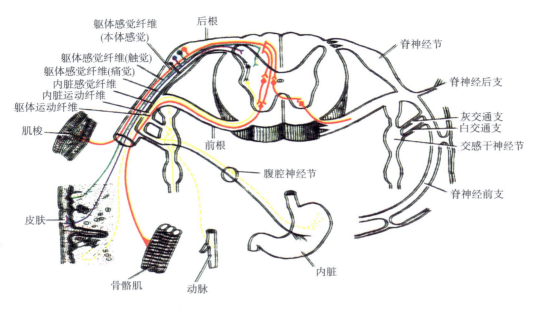

图11－45 脊神经的纤维成分及其分布示意图

脊神经出椎间孔后，主要分为前支和后支。脊神经后支（posterior branch）较短而细，经相邻椎骨的横突之间或骶后孔向后走行，主要分布于项、背、腰、骶部的深层肌和皮肤。

脊神经前支（anterior branch）较粗大，主要分布于颈、胸、腹、四肢的肌和皮肤（图11－46）。除第2～11对胸神经前支外，其他脊神经的前支分别交织成神经丛，由丛发出分支分布于相应的区域。神经丛左、右对称，计有颈丛、臂丛、腰丛和骶丛。

（一）颈丛

1. 颈丛的组成和位置 颈丛（cervical plexus）由第1～4颈神经的前支组成。颈丛位于颈侧部胸锁乳突肌上部的深面。

2. 颈丛的主要分支 颈丛发出分布于皮肤的皮支、支配颈部深层肌的肌支和膈神经。

（1）皮支：主要有枕小神经（lesser occipital nerve）、耳大神经（great auricular nerve）、颈横神经（transverse nerve of neck）和锁骨上神经（supraclavicular nerve）（图11－47）。颈丛皮支自胸锁乳突肌后缘的中点

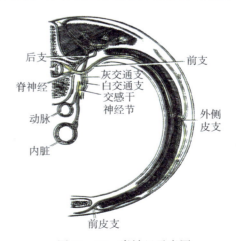

图11－46 脊神经示意图

附近穿出浅筋膜，呈放射状分布于枕部、耳部、颈前部、胸壁上部和肩部的皮肤。

颈丛皮支在胸锁乳突肌后缘中点浅出处比较集中，临床上做颈部表浅手术时，常在此做局部阻滞麻醉。

（2）膈神经（phrenic nerve）：是混合性神经。膈神经自颈丛发出后下行，在锁骨下动、静脉之间经胸廓上口入胸腔，经肺根前方，沿心包的外侧面下降至膈（图 11 – 48）。

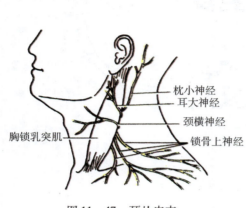

图 11 – 47　颈丛皮支

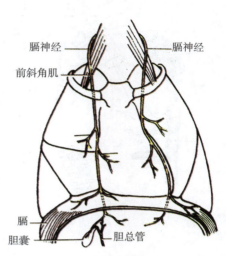

图 11 – 48　膈神经

膈神经的运动纤维支配膈肌，感觉纤维分布于胸膜、心包及膈下面中央部的腹膜。一般认为右膈神经的感觉纤维还分布到肝和胆囊表面的腹膜。

膈神经受刺激时，可致膈肌痉挛性收缩，产生呃逆。一侧膈神经损伤可致同侧半膈肌瘫痪，引起呼吸困难。

（二）臂丛

1. 臂丛的组成和位置　臂丛（brachial plexus）由第 5 ~ 8 颈神经前支和第 1 胸神经前支的大部分组成。

臂丛自斜角肌间隙穿出，向外行于锁骨下动脉的后上方，经锁骨后方进入腋窝，围绕腋动脉排列。

臂丛各分支在锁骨中点后方比较集中，位置较浅，临床上常在此处作臂丛神经阻滞麻醉（图 11 – 49）。

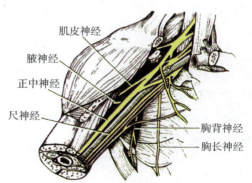

图 11 – 49　臂丛及其分支

2. 臂丛的主要分支

（1）肌皮神经（musculocuteneous nerve）：向外下斜穿喙肱肌，在肱二头肌和肱肌之间下行，在肘关节稍上方，经肱二头肌下端外侧穿出深筋膜，改称为前臂外侧皮神经（图 11 –50）。

　　肌皮神经沿途发出肌支支配上臂肌前群；前臂外侧皮神经分布于前臂外侧部皮肤。

　　（2）尺神经（ulnar nerve）：沿肱二头肌内侧缘伴肱动脉下行至上臂中部，离开肱动脉向后下，经肱骨内上髁后方的尺神经沟至前臂，在尺侧腕屈肌深面伴尺动脉下行，经腕前部豌豆骨外侧入手掌（图 11 –50）。

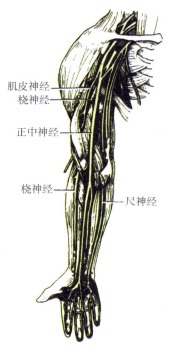

图 11 –50　上肢前面的神经

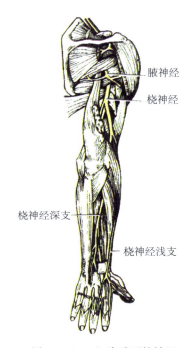

图 11 –51　上肢后面的神经

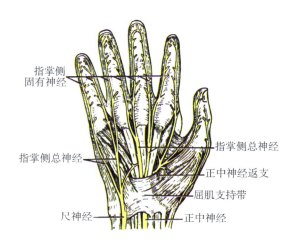

图 11 –52　手掌面的神经

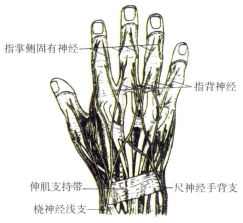

图 11 –53　手背的皮神经

尺神经在前臂和手掌发出肌支，支配尺侧腕屈肌和指深屈肌的尺侧半，在手掌支配手肌内侧群、拇收肌、全部骨间肌和第3、4蚓状肌；尺神经的皮支分布于手掌尺侧1/3、尺侧一个半手指掌面的皮肤和手背尺侧半、尺侧二个半手指背面的皮肤（第3、4两指相邻侧只分布于近节背面的皮肤）。

尺神经在肱骨内上髁后方的尺神经沟紧贴骨面，位置表浅，易受损伤。尺神经损伤后，主要表现为屈腕力减弱，小鱼际肌萎缩，拇指不能内收，其他各指不能内收和外展，各掌指关节过伸，第4、5指的指间关节屈曲，表现为"爪形手"（图11-55）；感觉障碍以手内侧缘和小指为最明显。

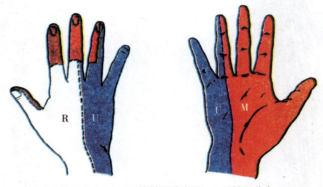

M.正中神经分布区　　R.桡神经分布区　　U.尺神经分布区

图11-54　手部皮神经的分布

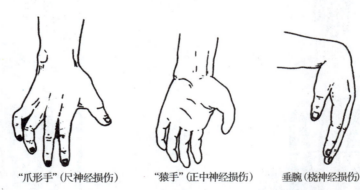

"爪形手"（尺神经损伤）　　　"猿手"（正中神经损伤）　　　垂腕（桡神经损伤）

图11-55　尺神经、正中神经、桡神经损伤时的手形

（3）正中神经（median nerve）：沿肱二头肌内侧沟伴肱动脉下行至肘窝，从肘窝向下穿旋前圆肌，继在前臂中线上于指浅、深屈肌之间下行，经腕入手掌（图11-50）。

正中神经在前臂和手掌发出肌支支配除肱桡肌、尺侧腕屈肌和指深屈肌尺侧半以外的前臂肌前群，在手掌支配除拇收肌以外的鱼际肌和第1、2蚓状肌；正中神经的皮支分布于手掌桡侧2/3、桡侧三个半指掌面的皮肤及桡侧三个半指中、远节背面的皮肤。

正中神经损伤易发生于前臂和腕部。在腕上方，正中神经行于桡侧腕屈肌腱和掌长肌腱之间的深面，位置表浅，易发生切割伤。正中神经损伤后，表现为前臂不能旋前，屈腕力减弱，拇指不能对掌，鱼际肌萎缩；感觉障碍以拇指、示指和中指的远节皮肤最明显。

正中神经与尺神经合并损伤时，由于鱼际肌和小鱼际肌、骨间肌、蚓状肌全部萎缩，手掌变平坦，类似"猿手"（图 11 – 55）。

（4）桡神经（radial nerve）：为臂丛最粗大的分支，初在腋动脉后方斜向下外，继在肱三头肌深面紧贴肱骨桡神经沟向下外行走，至肱骨外上髁前方分为浅支与深支两支（图 11 – 51）。

桡神经浅支为皮支，在肱桡肌深面，伴桡动脉下行，至前臂中、下 1/3 交界处转向手背。

桡神经深支为肌支，穿旋后肌至前臂后群肌浅、深两层之间下降，分数支，其长支可达腕部。

桡神经的肌支支配上臂肌后群、肱桡肌和前臂肌后群；皮支分布于上臂、前臂的背面和手背桡侧半、桡侧二个半手指近节背面的皮肤。

桡神经在肱骨桡神经沟内紧贴肱骨的骨面，故肱骨中段骨折易损伤桡神经。桡神经损伤后，表现为前臂伸肌瘫痪，不能伸腕，呈"垂腕"状态（图 11 – 55），不能伸指，拇指不能外展，前臂旋后功能减弱；感觉障碍以手背第 1、2 掌骨间隙"虎口区"的皮肤最为明显。

（5）腋神经（axillary nerve）：绕肱骨外科颈行向后外，至三角肌的深面（图 11 – 56）。

腋神经的肌支主要支配三角肌；皮支分布于肩关节及肩部、上臂上 1/3 外侧部的皮肤。

肱骨外科颈骨折时易伤及腋神经，主要表现为三角肌瘫痪，上肢不能外展，肩部失去圆隆状而形成"方形肩"；三角肌区皮肤感觉障碍。

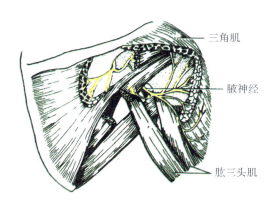

三角肌
腋神经
肱三头肌

图 11 – 56　腋神经

（三）胸神经前支

胸神经前支共 12 对，除第 1 对和第 12 对的部分纤维分别参加臂丛和腰丛外，其余皆不形成神经丛。第 1～11 对胸神经前支位于相应的肋间隙内，称肋间神经（subcostal nerve）；第 12 对胸神经前支位于第 12 肋下方，称肋下神经（subcostal nerve）。

肋间神经居肋间外肌和肋间内肌之间，在肋间血管下方沿肋沟走行。上 6 对肋间神经到达胸骨外侧缘穿至皮下，下 5 对肋间神经和肋下神经至肋弓处走向前下，行于腹内斜肌和腹横肌之间，进入腹直肌鞘，在腹白线附近穿至皮下。

肋间神经和肋下神经的肌支支配肋间肌、腹肌的前外侧群；皮支分布于胸、腹部的皮肤以及壁胸膜和壁腹膜（图 11 - 57）。

胸神经前支的皮支在胸、腹壁皮肤的分布有明显的节段性，由上向下按顺序依次呈环带状分布：第 2 胸神经前支分布于胸骨角平面；第 4 胸神经前支分布于乳头平面；第 6 胸神经前支分布于剑突平面；第 8 胸神经前支分布于肋弓平面；第 10 胸神经前支分布于脐平面；第 12 胸神经前支分布于脐与耻骨联合连线的中点平面。

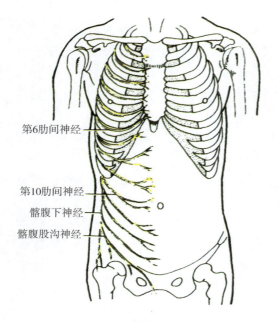

图 11 - 57　胸神经前支

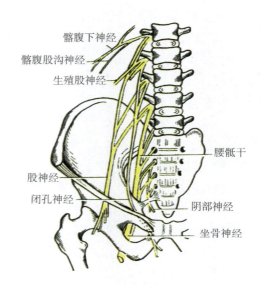

图 11 - 58　腰、骶丛的组成

临床上施行硬膜外麻醉时，常可根据上述皮神经的分布区来确定麻醉平面。当脊髓损伤时，可根据感觉障碍的平面，推断脊髓损伤的节段。

（四）腰丛

1. 腰丛的组成和位置　腰丛（lumbar plexus）由第 12 胸神经前支的一部分、第 1～3 腰神经前支和第 4 腰神经前支的一部分共同组成。腰丛位于腹后壁腰大肌的深面，腰椎横突的前方（图 11 - 58）。

2. 腰丛的主要分支　腰丛的主要分支有髂腹下神经（iliohypogastric nerve）和髂腹股沟神经（ilioinguinal nerve）、生殖股神经（genitofemoral nerve）、股外侧皮神经（lateral femoral cutaneous nerve）、股神经（femoral nerve）和闭孔神经（obturator nerve）。

（1）股神经：为腰丛中最大的分支，初在腰大肌与髂肌之间下行，继经腹股沟韧带深面、股动脉外侧进入股三角内，分为数支。

股神经的肌支主要支配大腿肌前群；皮支分布于大腿前面的皮肤、小腿内侧面及足内侧缘的皮肤（图 11 - 59）。

股神经损伤，大腿肌前群瘫痪，由于股四头肌瘫痪，不能伸小腿，膝跳反射消失；大腿前面和小腿内侧面的皮肤感觉障碍。

（2）闭孔神经：自腰大肌内侧缘穿出，沿小骨盆侧壁前行，穿经闭孔到大腿内侧部。

闭孔神经的肌支支配大腿肌内侧群；皮支分布于大腿内侧面的皮肤。

骨盆骨折时易损伤闭孔神经。闭孔神经损伤时，主要表现为大腿肌内侧群瘫痪，大腿不能内收，站立和行走受限。

（五）骶丛

1. 骶丛的组成和位置　骶丛（sacral plexus）由第4腰神经前支的一部分和第5腰神经前支以及全部骶、尾神经的前支组成。骶丛位于盆腔内，在骶骨和梨状肌的前面（图11-60）。

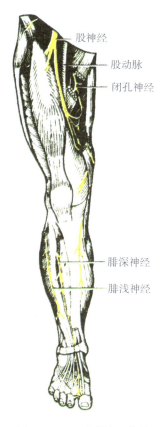

图 11-59　下肢前面的神经

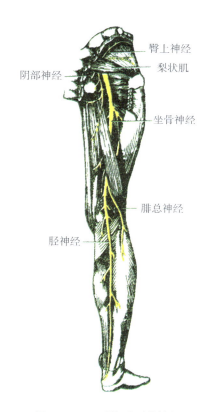

图 11-60　下肢后面的神经

2. 骶丛的主要分支　骶丛的主要分支有臀上神经（superior gluteal nerve）、臀下神经（inferior gluteal nerve）、股后皮神经（posterior femoral cutaneous nerve）、阴部神经（pudendal nerve）和坐骨神经（sciatic nerve）。

（1）臀上神经：经梨状肌上孔出盆腔，支配臀中肌和臀小肌。

（2）臀下神经：经梨状肌下孔出盆腔，支配臀大肌。

（3）阴部神经：与阴部内动脉一起经梨状肌下孔出盆腔，绕坐骨棘向前，分支分布于肛门、会阴部和外生殖器的肌和皮肤（图11-61）。

（4）坐骨神经：是全身最粗大的神经，一般在梨状肌下孔出盆腔至臀大肌深面，经坐骨结节与股骨大转子之间至大腿后面，下行于股二头肌深面达腘窝上方分为胫神经和腓总神经（图11-57）。

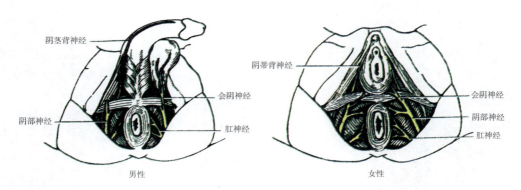

图11-61　阴部神经

自坐骨结节和股骨大转子之间的中点到股骨内、外侧髁之间的中点作一连线，该连线的上2/3段即坐骨神经干的体表投影。坐骨神经痛时，在该投影线上有明显压痛。

坐骨神经在股后部发出肌支支配大腿肌后群。

①胫神经（tibial nerve）：沿腘窝中线下降，在小腿三头肌深面与胫后动脉伴行，至内踝后方分为足底内侧神经和足底外侧神经，进入足底。

胫神经的肌支支配小腿肌后群和足底肌；皮支分布于小腿后面和足底的皮肤。

胫神经损伤，主要表现为足不能跖屈，趾不能屈，内翻力弱；由于小腿肌前群和外侧群的牵拉，致使足呈背屈及外翻位，出现"钩状足"畸形（图11-62）；感觉障碍以足底皮肤最明显。

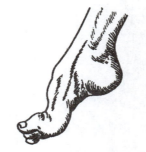

钩状足（胫神经损伤）　　　　"马蹄"内翻足（腓总神经损伤）

图11-62　胫神经、腓总神经损伤后足的畸形

②腓总神经（common peroneal nerve）：沿腘窝外侧缘下降，绕腓骨头下外方至小腿前面，分为腓浅神经和腓深神经。

腓浅神经（superficial peroneal nerve）：在小腿肌外侧群内下行至足背。腓浅神经的肌支支配小腿肌外侧群；皮支分布于小腿前外侧面、足背和趾背的皮肤（第1、2趾相对缘除外）。

　　腓深神经（deep peroneal nerve）：在小腿肌前群之间与胫前动脉伴行。腓深神经的肌支支配小腿肌前群；皮支分布于第1、2趾相对缘背侧面的皮肤。

　　腓总神经在腓骨头外下方位置表浅，容易受损伤。腓总神经损伤后，主要表现为足不能背屈，趾不能伸，足下垂并内翻，形成"马蹄内翻足"畸形，行走时呈"跨阈步态"（图11-62）；小腿前外侧面和足背皮肤感觉障碍。

二、脑神经

　　脑神经（cranial nerves）共12对（图11-63），其顺序和名称为：

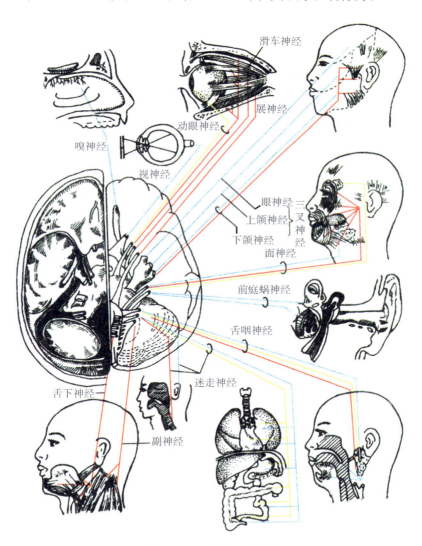

图11-63　脑神经示意图

Ⅰ 嗅神经　　　Ⅱ 视神经

Ⅲ 动眼神经　　Ⅳ 滑车神经

Ⅴ 三叉神经　　Ⅵ 展神经

Ⅶ 面神经　　　Ⅷ 前庭蜗神经

Ⅸ 舌咽神经　　Ⅹ 迷走神经

Ⅺ 副神经　　　Ⅻ 舌下神经

脑神经中的纤维成分较为复杂，按其性质主要含有躯体运动纤维、内脏运动纤维、躯体感觉纤维和内脏感觉纤维四种纤维成分。

每对脑神经所含的纤维成分不同，少者含有一种纤维成分，多者含有四种纤维成分，按照各脑神经所含的纤维成分，脑神经可分为三类：

（1）感觉性神经：Ⅰ嗅神经、Ⅱ视神经、Ⅷ前庭蜗神经。

（2）运动性神经：Ⅲ动眼神经、Ⅳ滑车神经、Ⅵ展神经、Ⅺ副神经、Ⅻ舌下神经。

（3）混合性神经：Ⅴ三叉神经、Ⅶ面神经、Ⅸ舌咽神经、Ⅹ迷走神经。

含有感觉纤维的脑神经与脊神经后根相似，一般都有神经节，称脑神经节。

（一）嗅神经

嗅神经（olfactory nerve）为感觉性神经，由嗅细胞的中枢突组成。

嗅细胞位于鼻腔嗅区黏膜，是双极神经元，其周围突分布于嗅黏膜上皮，中枢突集成 15～20 条嗅丝，组成嗅神经，向上穿经筛孔入颅腔，终于嗅球（图 11－64）。

嗅神经传导嗅觉冲动。

颅前窝骨折累及筛孔时，可伤及嗅神经，导致嗅觉障碍。鼻炎时，炎症累及鼻腔嗅区黏膜，也可造成一时性嗅觉迟钝。

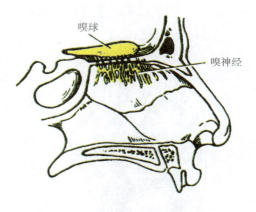

图 11－64　嗅神经

（二）视神经

视神经（optic nerve）为感觉性神经，由视网膜节细胞的轴突组成。

视网膜节细胞的轴突在视网膜后部集中形成视神经盘，然后穿出巩膜构成视神经。视神经自眼球向后内行，经视神经管入颅腔，连于视交叉（图 11－65）。视交叉向后延续为视束，视束主要终于外侧膝状体。

视神经传导视觉冲动。

视神经损伤（如视神经管处骨折），导致视觉障碍。一侧视神经损伤，患侧眼视野全盲。

视神经外面包有三层由脑的被膜延续而来的被膜，脑蛛网膜下隙也延伸至视神经周围，所以当颅内压增高时，可导致视神经盘水肿。

（三）动眼神经

动眼神经（oculomotor nerve）为运动性神经，由动眼神经核发出的躯体运动纤维和动眼神经副核发出的内脏运动纤维（副交感纤维）组成。

动眼神经自脚间窝出脑，向前穿过海绵窦，经眶上裂入眶。

动眼神经的躯体运动纤维支配提上睑肌、上直肌、下直肌、内直肌及下斜肌；内脏运动纤维（副交感纤维）支配睫状肌和瞳孔括约肌（图 11－66、67），完成调节反射和瞳孔对光反射。

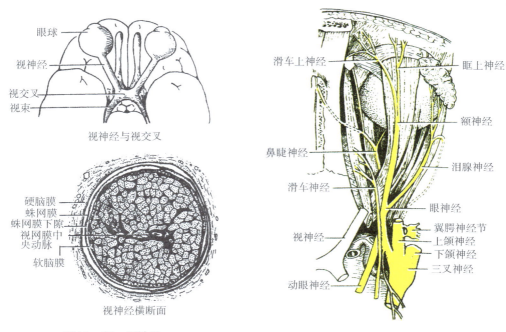

图 11－65　视神经

图 11－66　眶内神经上面观

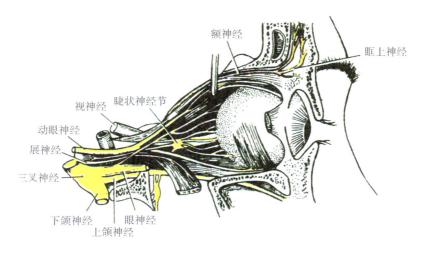

图 11－67　眶内神经侧面观

　　一侧动眼神经损伤，可致提上睑肌、上直肌、下直肌、内直肌、下斜肌、睫状肌和瞳孔括约肌瘫痪，主要表现为患侧上睑下垂，眼球不能向上方、下方和内侧运动，眼外斜视，瞳孔开大及瞳孔对光反射消失等症状。

（四）滑车神经

　　滑车神经（trochlear nerve）为运动性神经，由滑车神经核发出的躯体运动纤维组成。

　　滑车神经自中脑背侧的下丘下方、中线的两侧出脑，绕大脑脚外侧向前，穿海绵窦外侧壁，向前经眶上裂入眶。

　　滑车神经支配上斜肌（图11-66）。

　　滑车神经损伤，患侧眼不能向外下方斜视。

（五）三叉神经

　　三叉神经（trigeminal nerve）为混合性神经，含有起自三叉神经运动核的躯体运动纤维和终于三叉神经感觉核群的躯体感觉纤维。

　　三叉神经离脑桥不远处有一三叉神经节，该节位于颞骨岩部前面，呈扁平半月形，节内假单极神经元的中枢突聚集成粗大的三叉神经感觉根，进入脑桥，终于脑干内的三叉神经感觉核群，周围突组成眼神经、上颌神经和下颌神经的大部分（图11-68）。来自脑桥内三叉神经运动核发出的躯体运动纤维，组成三叉神经运动根，参与组成下颌神经。

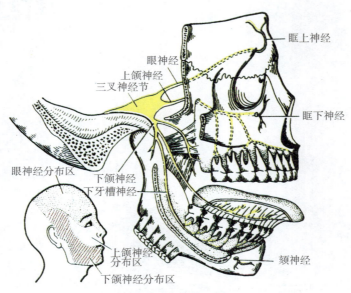

图11-68　三叉神经

1. 眼神经（ophthalmic nerve）

　　为感觉性神经。它向前沿海绵窦外侧壁行走，经眶上裂入眶。眼神经的其中一个分支经眶上切迹出眶，称眶上神经，布于额顶部的皮肤。

　　眼神经分支分布于眼球、泪腺、结膜、部分鼻腔黏膜、上睑和鼻背以及额顶部的皮肤。

2. 上颌神经（maxillary nerve）　为感觉性神经。它向前沿海绵窦外侧壁行走，经圆孔出颅腔，经眶下裂入眶，延续为眶下神经，继沿眶下壁前行，出眶下孔至面部。

上颌神经的分支分布于鼻腔和口腔顶的黏膜、上颌牙齿和牙龈以及睑裂与口裂之间的皮肤。

3. 下颌神经（mandibular nerve）　为混合性神经。它经卵圆孔出颅后分成数支。

下颌神经的躯体感觉纤维分布于颞部、耳前以及口裂以下的皮肤，口腔底和舌前 2/3 的黏膜（司一般感觉），下颌牙齿及牙龈等；躯体运动纤维支配咀嚼肌。

一侧三叉神经损伤，主要表现为患侧头面部皮肤和鼻腔、口腔、舌黏膜的一般感觉丧失；角膜反射消失；患侧咀嚼肌瘫痪，张口时下颌偏向患侧。

三叉神经痛是常见病，可发生在三叉神经的任何一个分支，疼痛范围与该分支在面部的分布区一致，当压迫眶上孔、眶下孔或颏孔时，可诱发或加剧患支分布区的疼痛。

（六）展神经

展神经（abducent nerve）为运动性神经，由展神经核发出的躯体运动纤维组成。

展神经自延髓脑桥沟中线两侧出脑，向前穿经海绵窦，经眶上裂入眶。

展神经支配外直肌（图 11 - 66、67）。

展神经损伤，患侧眼球外直肌瘫痪，患侧眼球不能转向外侧，出现眼内斜视。

（七）面神经

面神经（facial nerve）为混合性神经，含有面神经核发出的躯体运动纤维、上泌涎核发出的内脏运动纤维（副交感纤维）及终止于孤束核的内脏感觉纤维。

面神经在延髓脑桥沟展神经外侧出脑，经内耳门入内耳道，穿内耳道底进入面神经管，从茎乳孔出颅，向前进入腮腺，于腮腺内分为数支达面部。

面神经的内脏运动纤维和内脏感觉纤维都在面神经管内自面神经分出，内脏运动纤维（副交感纤维）主要支配泪腺、下颌下腺和舌下腺等腺体的分泌活动；内脏感觉纤维分布于舌前 2/3 的味蕾，感受味觉。面神经的躯体运动纤维组成面神经主干，面神经主干进入腮腺后形成丛，再由丛在腮腺前缘发出 5 个分支：颞支、颧支、颊支、下颌缘支和颈支，呈放射状走向颞部、颧部、颊部、下颌骨下缘和颈部，支配面肌和颈阔肌（图 11 - 69）。

面神经损伤是常见病。一侧面神经损伤如果在颅外，只伤及躯体运动纤维，表现为患侧面肌瘫痪，出现患侧额纹消失，不能闭眼，鼻唇沟变浅，不能鼓腮，唾液常从口角流出，角膜反射消失，口角偏向健侧等。如果面神经损伤发生在面神经管内，除上述表现外，还可出现患侧舌前 2/3 味觉障碍，泪腺、下颌下腺和舌下腺分泌障碍等现象。

（八）前庭蜗神经

前庭蜗神经（vestibulocochlear nerve）为感觉性神经，分为前庭神经和蜗神经（图 11 - 70）。

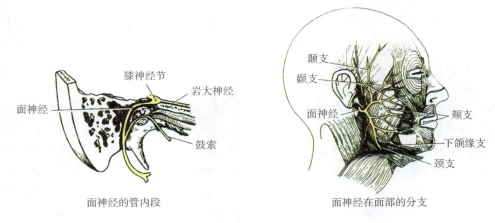

面神经的管内段   面神经在面部的分支

图 11-69　面神经

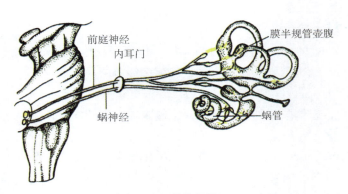

图 11-70　前庭蜗神经

1. 前庭神经（vestibular nerve）　由前庭神经节神经元的中枢突构成。前庭神经节位于内耳道底，神经元为双极神经元，其周围突分布于内耳的壶腹嵴、椭圆囊斑和球囊斑；中枢突聚集成前庭神经。

前庭神经与蜗神经伴行，经内耳门入颅，在延髓脑桥沟外侧部入脑，终于前庭神经核。前庭神经传导平衡觉的冲动。

2. 蜗神经（cochlear nerve）　由蜗神经节神经元的中枢突构成。蜗神经节位于内耳的蜗轴内，神经元为双极神经元，其周围突分布于内耳的螺旋器；中枢突聚集成蜗神经。

蜗神经经内耳门入颅腔，在延髓脑桥沟外侧部入脑，终于蜗神经核。

蜗神经传导听觉的冲动。

前庭蜗神经损伤后，主要表现为伤侧耳聋和平衡功能障碍。如果是轻微损伤，前庭受到刺激，可出现眩晕、眼球震颤、恶心和呕吐等症状。

（九）舌咽神经

舌咽神经（glossophryngeal nerve）为混合性神经，含有疑核发出的躯体运动纤维和下泌涎核发出的内脏运动纤维（副交感纤维），以及终止于三叉神经感觉核的躯体感觉纤维和终止于孤束核的内脏感觉纤维。

舌咽神经于延髓后外侧沟上部离脑，经颈静脉孔出颅，下行于颈内动、静脉之间，继而弓形向前入舌（图 11 – 71）。

舌咽神经的躯体运动纤维支配咽肌；内脏运动纤维（副交感纤维）支配腮腺的分泌活动；躯体感觉纤维分布于耳后皮肤；内脏感觉纤维分布于咽和中耳等处的黏膜，舌后 1/3 的黏膜和味蕾，司一般感觉和味觉。此外，内脏感觉纤维还形成 1～2 条颈动脉窦支，分布于颈动脉窦和颈动脉小球，将动脉血压的变化和 CO_2 浓度变化的刺激传入脑，反射性地调节血压和呼吸。

舌咽神经损伤，可出现患侧咽肌肌力减弱，吞咽困难；舌后 1/3 黏膜味觉和一般感觉丧失，舌根与咽峡区黏膜一般感觉障碍。

（十）迷走神经

迷走神经（vagus nerve）为混合性神经，含有疑核发出的躯体运动纤维和迷走神经背核发出的内脏运动纤维（副交感纤维）以及终止于三叉神经感觉核的躯体感觉纤维和终止于孤束核的内脏感觉纤维。

迷走神经是脑神经中行程最长、分布最广的神经。迷走神经在延髓后外侧沟、舌咽神经的下方离脑后，经颈静脉孔出颅进入颈部。在颈部，迷走神经在颈内动脉、颈总动脉与颈内静脉之间的后方下行，经胸廓上口入胸腔。在胸部，迷走神经越过肺根的后方，沿食管下降，且左、右迷走神经在食管表面形成食管丛，至食管下端，左迷走神经形成迷走神经前干，右迷走神经形成迷走神经后干。迷走神经前、后干随食管穿膈的食管裂孔入腹腔（图 11 – 72）。

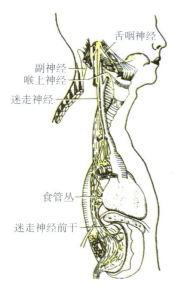

图 11 – 71　舌咽神经、迷走神经和副神经

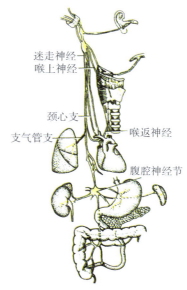

图 11 – 72　迷走神经

迷走神经的躯体运动纤维支配咽喉肌；内脏运动纤维（副交感纤维）主要分布到颈部、胸部和腹部的脏器（只到结肠左曲以上的消化管），支配平滑肌、心肌和腺体的活动；躯体感觉纤维分布于硬脑膜、耳郭和外耳道的皮肤；内脏感觉纤维分布到颈部、胸部和腹部的脏器，管理一般内脏感觉。

迷走神经主干损伤后，内脏活动障碍表现为心动过速、恶心、呕吐、呼吸深慢和窒息等症状；由于咽喉感觉障碍和咽喉肌肉瘫痪，可出现吞咽困难、发音困难、声音嘶哑等症状。

（十一）副神经

副神经（accessory nerve）为运动性神经，由疑核和副神经核发出的躯体运动纤维组成。

副神经在延髓后外侧沟、迷走神经的下方离脑，经颈静脉孔出颅，在颈内动脉和颈外动脉之间行向后下方，进入胸锁乳突肌和斜方肌。

副神经支配胸锁乳突肌和斜方肌（图11-71）。

副神经损伤后，由于胸锁乳突肌瘫痪，使头不能向同侧倾斜，面部不能转向对侧；由于斜方肌瘫痪，致患侧肩下垂，耸肩无力。

（十二）舌下神经

舌下神经（hypoglosal nerve）为运动性神经，由舌下神经核发出的躯体运动纤维组成。

舌下神经自延髓的前外侧沟离脑，经舌下神经管出颅，在颈内动脉和颈外动脉之间下行，至下颌角处行向前，进入舌内。

舌下神经支配舌肌（图11-73）。

一侧舌下神经损伤，患侧颏舌肌瘫痪，伸舌时，舌尖偏向患侧。

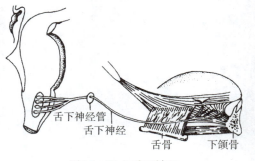

舌下神经管
舌下神经
舌骨　　下颌骨

图11-73　舌下神经

为便于学习中参考，将12对脑神经的性质、连脑部位、出入颅部位、分布范围和损伤后的症状列表（表11-3）。

表 11-3　脑神经一览表

顺序	名称		性质	连脑部位		出入颅部位		分布范围	损伤后症状
I	嗅神经		感觉性	端脑	嗅球	颅前窝	筛孔	鼻黏膜嗅区	嗅觉障碍
II	视神经		感觉性	间脑	视交叉	颅中窝	视神经	眼球视网膜	视觉障碍
III	动眼神经		运动性	中脑	脚间窝	颅中窝	眶上裂	上、下、内直肌,下斜肌,提上睑肌,瞳孔括约肌、睫状肌	眼外斜视,上睑下垂,瞳孔开大,对光反射消失
IV	滑车神经		运动性	中脑	下丘下方	颅中窝	眶上裂	上斜肌	眼不能向外下方斜视
V	三叉神经	眼神经	感觉性	脑桥	腹侧面向外侧开始变细处	颅中窝	眶上裂	泪腺、眼球、结膜及额顶部皮肤等	分布区感觉障碍
		上颌神经	感觉性				圆孔	睑裂与口裂之间的皮肤及上颌诸牙等	分布区感觉障碍
		下颌神经	混合性				卵圆孔	口裂以下皮肤、下颌诸牙、咀嚼肌等	分布区感觉障碍,咀嚼肌瘫痪
VI	展神经		运动性	脑桥延髓沟	中部		眶上裂	外直肌	眼内斜视
VII	面神经		混合性		外侧部		内耳门→茎乳孔	面肌,舌前 2/3 的味蕾,泪腺、下颌下腺、舌下腺等	面肌瘫痪,表现为额纹消失、不能闭目、鼻唇沟变浅、口角偏向健侧
VIII	前庭蜗神经	前庭神经	感觉性		外端		内耳门	球囊斑、椭圆囊斑、壶腹嵴	眩晕、眼球震颤
		蜗神经	感觉性					螺旋器	耳聋
IX	舌咽神经		混合性	延髓	后外侧沟上部	颅后窝	颈静脉孔	咽肌、腮腺、咽和舌后 1/3 的黏膜及味蕾	咽反射消失,舌后 1/3 味觉消失,吞咽困难
X	迷走神经		混合性		后外侧沟中部		颈静脉孔	咽、喉、胸、腹腔脏器的平滑肌、腺体、心肌	吞咽困难,发音困难、声音嘶哑,心动过速
XI	副神经		运动性		后外侧沟下部		颈静脉孔	胸锁乳突肌,斜方肌	一侧损伤,头向健侧转动无力,患肩下垂,耸肩无力
XII	舌下神经		运动性		前外侧沟		舌下神经管	舌肌	舌肌瘫痪、萎缩,伸舌时舌尖偏向患侧

三、内脏神经系统

内脏神经系统（visceral nervous system）是主要分布于内脏、心血管和腺体的神经（图 11-74）。

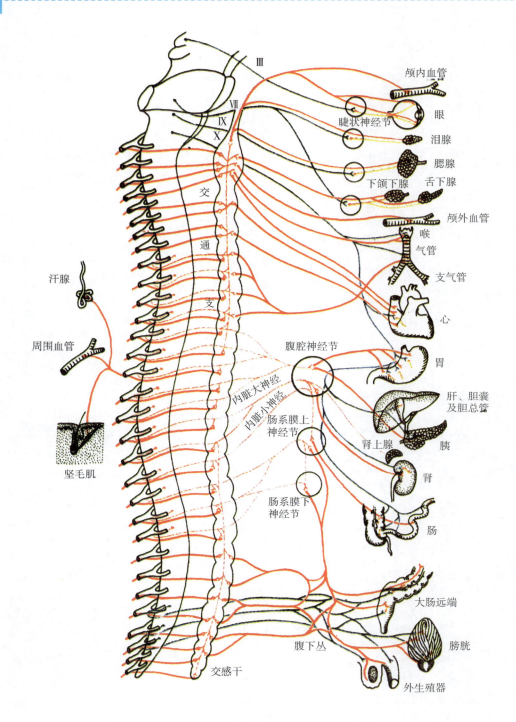

颅内血管
眼
睫状神经节
泪腺
腮腺
下颌下腺 舌下腺
颅外血管
喉
气管
支气管
心
胃
肝、胆囊及胆总管
胰
肾上腺
肾
肠
大肠远端
膀胱
外生殖器

III
VII
IX
X
交
通
支

汗腺
周围血管
竖毛肌

腹腔神经节
内脏大神经
内脏小神经
肠系膜上神经节
肠系膜下神经节
腹下丛
交感干

棕线示交感神经的节前纤维；红线示交感神经的节后纤维
绿线示副交感神经的节前纤维；橘黄线示副交感神经的节后纤维

图 11－74　内脏运动神经概况示意图

内脏神经系统分内脏运动神经和内脏感觉神经。内脏运动神经支配平滑肌、心肌的运动和腺体的分泌活动，其功能在一定程度上不受意志支配，故又称自主神经系统（autonomic nervous system）；又因为它主要是控制和调节动、植物共有的物质代谢活动，而不支配动物所特有的骨骼肌的运动，所以也称植物神经系统（vegetative nervous system）。内脏感觉神经将内脏、心血管等处内感受器的感觉传入各级中枢，到达大脑皮质。内脏感觉神经传来的信息经中枢整合后，通过内脏运动神经调节内脏、心血管和腺体等器官的活动。

（一）内脏运动神经

内脏运动神经和躯体运动神经相比，在形态结构、分布范围等方面存在着较大的差异：

（1）支配的器官不同：躯体运动神经支配骨骼肌，受意志控制；内脏运动神经支配平滑肌、心肌和腺体，在一定程度上不受意志控制。

（2）神经元数目不同：躯体运动神经自低级中枢到其支配的骨骼肌只有 1 个神经元；内脏运动神经自低级中枢到其支配的器官，则须在周围部的内脏神经节更换神经元，即需要 2 个神经元。第 1 个神经元称节前神经元，胞体位于脑或脊髓内，其轴突称节前纤维；第 2 个神经元称节后神经元，胞体位于内脏神经节内，其轴突称节后纤维。

（3）纤维成分不同：躯体运动神经只有一种纤维成分；内脏运动神经则有交感神经和副交感神经两种纤维成分，形成多数器官两种神经的双重支配现象。

（4）分布形式不同：躯体运动神经以神经干的形式分布；内脏运动神经的节后纤维多沿血管或攀附脏器形成神经丛，由丛分支再至所支配的器官。

内脏运动神经根据其形态结构和生理功能特点分为交感神经和副交感神经。

1. 交感神经（sympathetic nerve） 　分为中枢部和周围部。

（1）中枢部：交感神经的低级中枢位于脊髓第 1 胸节至第 3 腰节的灰质侧角内。侧角内的神经元即节前神经元，它发出的轴突即交感神经节前纤维。

（2）周围部：交感神经的周围部主要包括交感神经节、交感干和交感神经纤维。

①交感神经节：依其所在位置分为椎旁神经节和椎前神经节。神经节内的神经元即节后神经元，其轴突即交感神经节后纤维。

椎旁神经节（paravertebral ganglia）：即交感干神经节，位于脊柱两旁，每侧大约有 19~24 个。颈部每侧有 3 个神经节；胸部每侧有 10~12 个神经节；腰部每侧有 4~5 个神经节；骶部每侧有 2~3 个神经节；尾部两侧合并为 1 个单节，称奇神经节。

椎前神经节（prevertebral ganglia）：位于脊柱的前方。主要有 1 对腹腔神经节、1 对主动脉肾神经节、1 个肠系膜上神经节和 1 个肠系膜下神经节，分别位于同名动脉根部附近。

②交感干（sympathetic trunk）：交感干由每侧的交感干神经节借节间支相互连结而成。交感干呈串珠状，左、右各一条，位于脊柱两旁，上自颅底，下至尾骨前方，于尾骨前方两干合并（图 11 - 75）。

③交感神经纤维：脊髓侧角神经元发出的节前纤维，随脊神经前根和脊神经走行，出椎间孔后离开脊神经、进入相应的椎旁神经节后，有三种去向（图11-76）：终止于相应的椎旁神经节；在交感干内上升或下降，终于上方或下方的椎旁神经节；穿经椎旁神经节，终于椎前神经节。

交感神经节神经元发出的节后纤维也有三种去向：返回脊神经，随脊神经分布于头颈部、躯干和四肢的血管、汗腺和立毛肌等。攀附动脉，在动脉外膜形成相应的神经丛，并随动脉分支分布于所支配的器官。由交感神经节直接发支分布到所支配的器官。

④交感神经的分布概况：交感神经的分布有一定的规律：

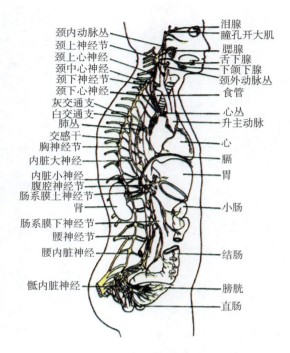

图11-75 交感干及其分布模式图

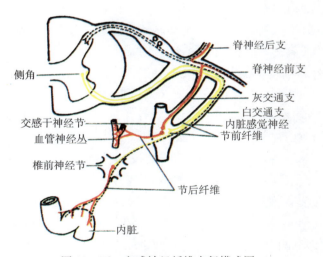

图11-76 交感神经纤维走行模式图

脊髓胸1~5节段侧角神经元发出的节前纤维，在椎旁神经节更换神经元，节后纤维分布于头、颈、胸腔器官和上肢的血管、汗腺和立毛肌等。

脊髓胸5~12节段侧角神经元发出的节前纤维，在椎旁神经节或椎前神经节更换神经元，节后纤维分布于肝、胆、胰、脾、肾等腹腔实质性器官及结肠左曲以上的消化管。

脊髓腰 1~3 节段侧角神经元发出的节前纤维，在椎旁神经节或椎前神经节更换神经元，节后纤维分布于结肠左曲以下的消化管、盆腔器官和下肢的血管、汗腺和立毛肌等。

2. 副交感神经（parasympathetic nerve） 也分为中枢部和周围部。

（1）中枢部：副交感神经的低级中枢位于脑干的脑神经内脏运动核（副交感核）和脊髓骶 2~4 节段的骶副交感核。这些核内的神经元即节前神经元，其轴突即副交感神经节前纤维。

（2）周围部：副交感神经的周围部包括副交感神经节和副交感神经纤维。

①副交感神经节：多位于所支配器官附近或器官壁内，因而有器官旁节和器官内节之称。节内的神经元即节后神经元，其轴突即副交感神经节后纤维。位于颅部的器官旁节较大，肉眼可见，计有睫状神经节、翼腭神经节、下颌下神经节及耳神经节等。其他部位的副交感神经节很小，只有在显微镜下才能看到。

②副交感神经纤维：颅部副交感神经：脑干内的脑神经副交感核发出的副交感神经节前纤维，分别随动眼神经、面神经、舌咽神经和迷走神经走行，至各神经所支配器官附近或壁内的副交感神经节更换神经元，其节后纤维分别分布于所支配的器官（图11－74）。

中脑动眼神经副核发出的节前纤维，随动眼神经走行，至睫状神经节换神经元，节后纤维支配瞳孔括约肌和睫状肌。

脑桥的上泌涎核发出的节前纤维，随面神经走行，一部分节前纤维至翼腭神经节换神经元，节后纤维支配泪腺、鼻腔和腭部黏膜的腺体；另一部分节前纤维至下颌下神经节换神经元，节后纤维支配下颌下腺和舌下腺等。

延髓的下泌涎核发出的节前纤维，随舌咽神经走行，至耳神经节换神经元，节后纤维支配腮腺。

延髓的迷走神经背核发出的节前纤维，随迷走神经走行，至相应的器官内节换神经元，节后纤维分布到颈部、胸部和腹部的器官（只到结肠左曲以上的消化管），支配平滑肌、心肌的运动和腺体的分泌活动。

骶部副交感神经：脊髓骶 2~4 节段的骶副交感核发出的节前纤维，随第 2、3、4 对骶神经前支出骶前孔后，离开骶神经，组成盆内脏神经，至所支配器官的器官旁节或器官内节更换神经元，其节后纤维支配结肠左曲以下的消化管、盆腔器官和外生殖器等（图11－74）。

3. 交感神经与副交感神经的主要区别 交感神经和副交感神经都是内脏运动神经，常支配同一个内脏器官，形成对内脏器官的双重神经支配。但两者在来源、形态结构、分布范围和对所支配器官的生理作用上又有区别。

（1）低级中枢的部位不同：交感神经的低级中枢位于脊髓胸 1~腰 3 节段的灰质侧角内；副交感神经的低级中枢位于脑干的脑神经副交感核和脊髓骶 2~4 节段的骶副交感核。

（2）周围神经节的部位不同：交感神经节位于脊柱的两旁（椎旁神经节）和脊柱的前方（椎前神经节）；副交感神经节位于所支配器官的附近（器官旁节）或器官壁内（器官内节）。因此副交感神经节前纤维较长，而节后纤维则较短。

（3）节前神经元与节后神经元的比例不同：一个交感节前神经元的轴突可与较多的节后神经元组成突触；而一个副交感节前神经元的轴突则与较少的节后神经元组成突触。所以交感神经的作用较广泛，而副交感神经的作用则较局限。

（4）分布范围不同：交感神经的分布范围广泛，除头颈部、胸、腹腔脏器外，还分布到全身的血管、汗腺、立毛肌等；而副交感神经的分布则不如交感神经广泛，一般认为大部分血管、汗腺、立毛肌、肾上腺髓质均无副交感神经支配。

（5）对同一器官所起的作用不同：交感神经与副交感神经对同一器官的作用既是互相拮抗又是互相统一的。当机体处于运动状态时，交感神经的兴奋性增强，而副交感神经的兴奋性则减弱，出现心跳加快、血压升高、支气管扩张、瞳孔开大、毛发竖立，消化活动受抑制等现象，这有利于机体适应环境的剧烈变化。当机体处于安静状态或睡眠状态时，副交感神经的兴奋性增强，而交感神经的兴奋性减弱，出现心跳减慢、血压下降、支气管收缩、瞳孔缩小，消化活动增强等现象，这有利于体力的恢复和能量的储存。交感神经和副交感神经互相拮抗又互相统一的作用，保持了机体内部各器官功能的动态平衡，使机体能更好的适应内、外环境的变化。

（二）内脏感觉神经

内脏器官除有内脏运动神经支配外，还有丰富的内脏感觉神经分布。内脏感觉神经元的胞体位于脊神经节和脑神经节内。这些神经元的周围突随交感神经或副交感神经分布到内脏器官和血管等，中枢突进入脊髓和脑干。

内脏感觉神经（visceral sensory nerve）接受内脏器官的各种刺激，转变为神经冲动传至中枢，产生内脏感觉。

内脏感觉神经与躯体感觉神经形态基本相似，但有如下特点：①内脏器官的一般活动不引起感觉，较强烈的活动才能引起感觉。②内脏器官对切割、冷热或烧灼等刺激不敏感，对牵拉、膨胀、平滑肌痉挛、化学刺激以及缺血和炎症等刺激敏感。如外科手术中切割、烧灼内脏时，病人常不明显感觉疼痛。③内脏痛觉弥散，定位模糊。内脏感觉的传入途径比较分散，即一个脏器的感觉冲动可经几条脊神经后根传入脊髓的几个节段；而一条脊神经可含有来自几个脏器的感觉纤维，因而，内脏痛觉往往是弥散的，定位较模糊。

（三）牵涉性痛

当某些内脏器官发生病变时，常在体表的一定区域产生感觉过敏或疼痛感觉，这种现象称牵涉性痛（reffered pain）。牵涉性痛可发生在患病内脏器官的附近皮肤，也可发生在离患病内脏器官相距较远的皮肤。例如，心绞痛时，常在左胸前区和左臂内侧皮肤感到疼痛；肝、胆病变时，常在肝区和右肩部皮肤感到疼痛（图11-77，78；表

11-4)。

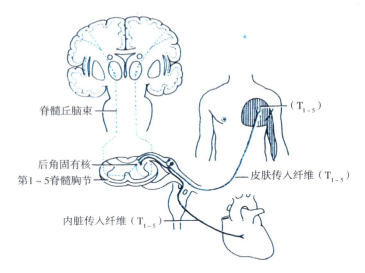

图 11-77 心传入神经与皮肤传入神经的中枢投射关系

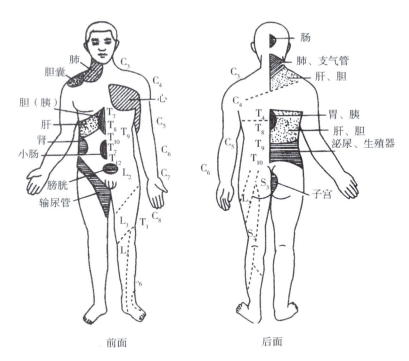

前面   后面

图 11-78 内脏器官疾病时的牵涉性痛区

表 11 – 4　内脏器官牵涉性痛与体壁或皮肤的关系

发病内脏器官	牵涉的体壁部位
心	左胸前区和左臂内侧
肝、胆囊	右肩部
胃	腹上部
小肠	脐部
阑尾	上腹部或脐周围
肾	腰部及腹股沟区
膀	胱下腹部及会阴部
子宫	下腹部或腰部，会阴部

关于牵涉性痛发生的原因，一般认为，患病内脏器官和发生牵涉性痛的体表部位往往受同一节段脊神经的支配，传导患病内脏器官的内脏感觉纤维和被牵涉区皮肤的躯体感觉纤维进入同一个脊髓节段，并在后角内密切联系。因此，从患病内脏器官传来的冲动可以扩散到邻近的躯体感觉神经元。所以，内脏器官患病时，除有内脏器官的症状外，同时也可有相应体表的一定区域产生感觉过敏或疼痛感觉的现象，从而产生牵涉性痛。了解器官病变时牵涉性痛的发生部位，对诊断内脏器官的疾病有一定意义。

<h2 align="center">第四节　神经传导通路</h2>

神经传导通路是指高级神经中枢与感受器或效应器之间传导神经冲动的神经通路，它是由若干神经元连接而成的神经元链。

人体在进行各种活动过程中，感受器感受机体内、外环境的刺激，并将刺激转化为神经冲动，通过传入神经传入中枢，最后到达大脑皮质，产生感觉。大脑皮质整合感觉信息，发出指令，经脑干和脊髓的运动神经元，通过传出神经到达效应器，作出相应的反应。因此，神经系统内存在着两类传导通路：由感受器将神经冲动经传入神经、各级中枢传至大脑皮质的神经通路称为感觉传导通路（sensory pathway）（上行传导通路）；将大脑皮质发出的神经冲动经皮质下各级中枢、传出神经传至效应器的神经通路称为运动传导通路（motor pathway）（下行传导通路）。

一、感觉传导通路

（一）躯干和四肢的本体觉和精细触觉传导通路

所谓本体觉又称深感觉，是指来自肌、腱、关节的位置觉、运动觉和振动觉。本体觉传导通路还传导皮肤的精细触觉，精细触觉是指辨别皮肤两点距离的辨别觉和辨别物体的形状、大小、软硬和纹理粗细的实体觉。

躯干和四肢的本体觉和精细触觉传导通路由三级神经元组成。

第一级神经元是脊神经节内的神经元，其周围突随脊神经分布于躯干和四肢的肌、腱、关节及皮肤的感受器，中枢突经脊神经后根进入脊髓，在脊髓同侧的后索内组成薄束和楔束上升，至延髓，两束分别终于薄束核和楔束核。

第二级神经元是延髓薄束核和楔束核内的神经元，由其发出的纤维左、右交叉，称为内侧丘系交叉，交叉后的纤维在中线的两侧上升，构成内侧丘系。内侧丘系向上经脑桥、中脑，终于背侧丘脑腹后外侧核。

第三级神经元是背侧丘脑腹后外侧核内的神经元，由其发出的纤维参与组成丘脑皮质束（丘脑中央辐射），经内囊后肢投射到大脑皮质中央后回的上 2/3 部和中央旁小叶的后部（图 11－79）。

头面部的本体觉一般认为是经三叉神经、三叉神经中脑核向上传导，最后投射到大脑皮质中央后回的下部。但其具体途径尚不清楚。

本体觉传导通路受损时，患者闭目不能确定其相应部位的位置姿势和运动的方向，振动觉消失，同时精细触觉也消失。

（二）躯干和四肢的痛觉、温度觉、粗触觉和压觉传导通路

皮肤、黏膜的痛觉、温度觉、触觉和压觉又称浅感觉。

躯干和四肢的痛觉、温度觉、粗触觉和压觉传导通路由三级神经元组成。

第一级神经元是脊神经节内的神经元，其周围突随脊神经分布于躯干和四肢皮肤的痛觉、温度觉、粗触觉和压觉感受器，中枢突经脊神经后根进入脊髓，终于后角。

第二级神经元是脊髓后角内的神经元，由其发出的纤维上升 1～2 个脊髓节段，交叉至对侧脊髓的外侧索和前索上行，构成脊髓丘脑侧束和脊髓丘脑前束，向上经延髓、脑桥和中脑，终于背侧丘脑腹后外侧核。

第三级神经元是背侧丘脑腹后外侧核内的神经元，由其发出的纤维参与组成丘脑皮质束（丘脑中央辐射），经内囊后肢投射到大脑皮质中央后回的上 2/3 部和中央旁小叶的后部（图 11－80）。

一侧脊髓丘脑束受损，受损平面下 1～2 个节段以下的对侧皮肤的痛觉、温度觉减弱或消失，而触觉影响不大，因后索也传导触觉。

（三）头面部的痛觉、温度觉、粗触觉和压觉传导通路

头面部的痛觉、温度觉、粗触觉和压觉传导通路也由三级神经元组成。

第一级神经元是三叉神经节内的神经元，其周围突随三叉神经分布于头面部皮肤和鼻腔、口腔黏膜的痛觉、温度觉、粗触觉和压觉感受器，中枢突经三叉神经根入脑干，终于同侧的三叉神经感觉核群。

第二级神经元是三叉神经感觉核群内的神经元，由其发出的纤维交叉到对侧，组成三叉丘系，伴随内侧丘系上升，终于背侧丘脑腹后内侧核。

第三级神经元是背侧丘脑腹后内侧核内的神经元，由其发出的纤维参与组成丘脑皮质束（丘脑中央辐射），经内囊后肢投射到大脑皮质中央后回的下 1/3 部（图 11－80）。

此传导通路在交叉以上损伤，出现对侧头面部浅感觉障碍；若在交叉以下损伤，则浅感觉障碍在同侧。

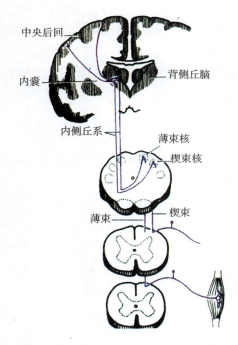

图 11 – 79　本体觉和精细触觉传导通路

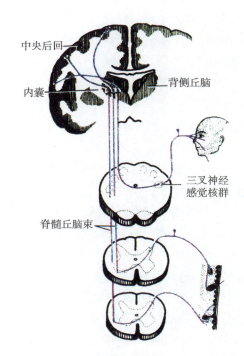

图 11 – 80　痛觉、温度觉、粗触觉和压觉传导通路

（四）视觉传导通路

1. 视野及其投射　当眼球固定向前平视时，所能看到的空间范围称为视野。

由于眼球屈光装置对光线的折射作用，鼻侧半视野的物象投射到颞侧半视网膜，颞侧半视野的物象投射到鼻侧半视网膜，上半视野的物象投射到下半视网膜，下半视野的物象投射到上半视网膜。

2. 视觉传导通路　视觉传导通路由三级神经元组成。

第一级神经元是视网膜的双极细胞，其周围突与视网膜的视锥细胞和视杆细胞形成突触，中枢突与视网膜的节细胞形成突触。

第二级神经元是视网膜的节细胞，其轴突在视神经盘处集中，穿出眼球壁组成视神经。视神经经视神经管入颅腔，形成视交叉，向后延为视束。在视交叉中，来自两眼视网膜鼻侧半的纤维交叉，交叉后加入对侧视束；来自两眼视网膜颞侧半的纤维不交叉，进入同侧视束。因此，每侧视束都是由来自同侧视网膜颞侧半的纤维和来自对侧视网膜鼻侧半的纤维共同组成的。视束绕大脑脚向后，主要终止于外侧膝状体。

第三级神经元是外侧膝状体内的神经元，由其发出的纤维组成视辐射，经内囊后肢投射到大脑皮质枕叶距状沟两侧的皮质（图 11 – 81）。

3. 视觉传导通路损伤　视觉传导通路的不同部位损伤，临床表现不同：①一侧视神经损伤，出现患侧眼视野全盲；②视交叉中间部损伤，出现双眼视野颞侧半偏盲；③一侧视交叉外侧部的未交叉纤维损伤，可出现患侧眼视野鼻侧半偏盲；④一侧视束、外侧膝状体、视辐射或视觉中枢损伤时，出现双眼视野对侧同向性偏盲，即同侧眼视野的鼻侧半偏盲，对侧眼视野的颞侧半偏盲。例如：右侧视辐射损伤，则引起双眼视野左侧半偏盲（右眼视野的鼻侧半和左眼视野的颞侧半偏盲）。

4. 瞳孔对光反射 视束的一部分纤维终于顶盖前区。顶盖前区是位于中脑和间脑交界水平，紧靠上丘上方的细胞群。这些细胞接受视束发来的纤维，发出纤维终于双侧动眼神经副核，完成瞳孔对光反射。

光照一侧眼的瞳孔，引起双眼瞳孔缩小，光线移开，瞳孔散大，瞳孔随光照强度变化而出现瞳孔缩小和瞳孔散大的现象，称为瞳孔对光反射（pupillary light reflex pathway）。其中被照射侧的瞳孔缩小，称直接对光反射；同时未照射侧的瞳孔也缩小，称间接对光反射。

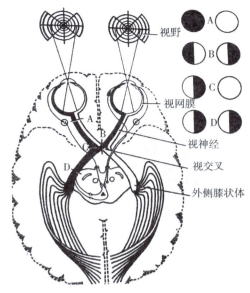

图 11-81 视觉传导通路

瞳孔对光反射的通路如下：光照→视网膜→视神经→视交叉→两侧视束→顶盖前区→两侧动眼神经副核→两侧动眼神经→两侧瞳孔括约肌收缩→两侧瞳孔缩小。

瞳孔对光反射在临床上有重要意义，反射消失，预示病情危重。

二、运动传导通路

运动传导通路包括锥体系和锥体外系。

（一）锥体系

锥体系（pyramidal system）是管理骨骼肌随意运动的传导通路。锥体系一般由上、下两级运动神经元组成，分别称为上运动神经元（upper motor neurons）和下运动神经元（lower motor neurons）。

上运动神经元是位于大脑皮质中央前回和中央旁小叶前部的锥体细胞，发出的轴突组成下行纤维束，称为锥体束（pyramidial system）。其中终止于脑干内脑神经躯体运动核的纤维束称皮质核束（corticonuclear tract）；终止于脊髓前角运动细胞的纤维束称皮质脊髓束（corticospinal tract）。

下运动神经元是位于脑干脑神经躯体运动核和脊髓前角的躯体运动神经元，发出的轴突分别组成脑神经和脊神经的躯体运动纤维（图 11-82）。

1. 躯干、四肢骨骼肌的随意运动传导通路 上运动神经元是大脑皮质中央前回上2/3 部和中央旁小叶前部的锥体细胞，发出的轴突下行组成皮质脊髓束，经内囊后肢、中脑大脑脚、脑桥至延髓锥体，在锥体下部，大部分纤维左、右交叉，形成锥体交叉。交叉后的纤维在脊髓外侧索内下降，称皮质脊髓侧束，其纤维沿途终止于各节段脊髓前角运动神经元。小部分纤维不交叉，下行于脊髓的前索，称皮质脊髓前束。皮质脊髓前束只达中胸节段以上，在下降中逐节交叉至对侧，终于脊髓前角运动神经元。皮质脊髓前束中有一部分纤维始终不交叉而止于同侧脊髓前角运动神经元，支配躯干肌，所以躯干肌是受双侧大脑皮质支配的（图11-83）。

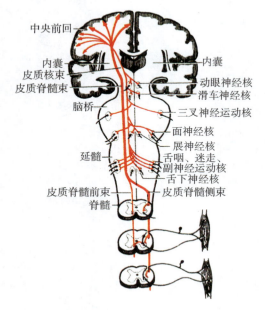

图11-82　运动传导通路

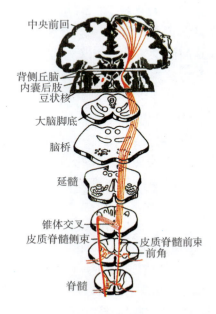

图11-83　皮质脊髓束

下运动神经元是脊髓前角的躯体运动神经元，发出的轴突构成脊神经的躯体运动纤维，随脊神经支配躯干、四肢的骨骼肌。

一侧皮质脊髓束在锥体交叉前受损，主要引起对侧肢体瘫痪，而躯干肌的运动不受明显影响。一侧皮质脊髓束在锥体交叉后受损，主要引起同侧肢体瘫痪。

2. 头、颈、咽、喉部骨骼肌的随意运动传导通路　上运动神经元是大脑皮质中央前回下1/3部的锥体细胞，发出的轴突下行组成皮质核束，经内囊膝下降至脑干，在行经脑干的过程中，大部分纤维陆续终止于双侧的脑神经躯体运动核，包括动眼神经核、滑车神经核、三叉神经运动核、展神经核、面神经核上部（支配睑裂以上面肌）、疑核和副神经核。小部分纤维则终止于对侧的面神经核下部（支配睑裂以下面肌）和舌下神经核。因此面神经核下部和舌下神经核只接受对侧皮质核束的支配，而其他脑神经躯体运动核均接受双侧皮质核束的支配（图11-84）。

下运动神经元的胞体是脑干的脑神经躯体运动核的躯体运动神经元，发出的轴突构成脑神经的躯体运动纤维，随各有关脑神经支配头、颈、咽、喉部的骨骼肌（眼球外肌、咀嚼肌、面肌、咽肌、喉肌、胸锁乳突肌、斜方肌、舌肌）。

一侧上运动神经元损伤时，只出现病灶对侧睑裂以下面肌和对侧舌肌瘫痪，而受面神经核上部支配的睑裂以上面肌以及其余脑神经躯体运动核支配的眼球外肌、咀嚼肌、咽肌、喉肌、胸锁乳突肌和斜方肌等均不受影响。一侧下运动神经元损伤时，可致病灶同侧各有关脑神经支配的头、颈、咽、喉部的骨骼肌（眼球外肌、咀嚼肌、面肌、咽肌、喉肌、胸锁乳突肌、斜方肌、舌肌）瘫痪。

临床上常将上运动神经元损伤引起的瘫痪称之为核上瘫；而将下运动神经元引起的瘫痪称之为核下瘫（图 11 - 85、86）。

3. 锥体系损伤 锥体系的任何部位损伤都可引起其支配区骨骼肌的随意运动障碍，出现瘫痪。由于下运动神经元接受上运动神经元的控制和调节，所以上、下运动神经元受损后，瘫痪所表现的体征不同。

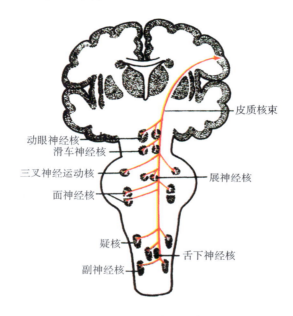

图 11 - 84　皮质核束

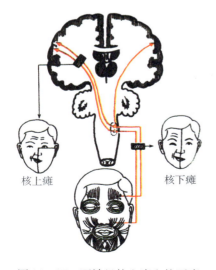

图 11 - 85　面神经核上瘫和核下瘫

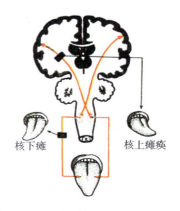

图 11 - 86　舌下神经核上瘫和核下瘫

上运动神经元（大脑皮质躯体运动中枢、锥体束）受损时，由于下运动神经元失去了上运动神经元对它的抑制作用，使其功能释放，活动增强，表现为肌张力增高，腱反射亢进，瘫痪的肌呈痉挛状态，同时出现病理反射（如 Babinski 征），因肌肉尚有脊髓前角运动神经元发出的神经支配，无营养障碍，故肌不萎缩。把上运动神经元损伤出现的瘫痪称为中枢性瘫痪（痉挛性瘫痪或硬瘫）。

下运动神经元（脑干的脑神经躯体运动核、脊髓前角运动细胞、脑神经、脊神经）受损时，反射弧被破坏，深、浅反射均消失，表现为肌张力降低，腱反射减弱或消失，瘫痪的肌松弛变软。由于神经营养障碍，导致肌肉萎缩。因反射弧被破坏，也不出现病理反射。把下运动神经元出现的瘫痪称为周围性瘫痪（弛缓性瘫痪或软瘫）（表 11 -5）。

表 11 -5　上、下运动神经元损伤后临床表现的区别

症状和体征	上运动神经元损伤	下运动神经元损伤
肌张力	增高	降低
腱反射	亢进	减弱或消失
瘫痪	痉挛性（硬瘫）	弛缓性（软瘫）
病理反射	出现（阳性）	不出现（阴性）
肌萎缩	不明显	明显

（二）锥体外系

锥体外系（extrapyramidal system）是指锥体系以外的影响和控制骨骼肌运动的传导通路。锥体外系包括大脑皮质、纹状体、红核、黑质、小脑、脑干网状结构以及它们的联系纤维等（图 11 -87）。锥体外系的纤维起自大脑皮质中央前回以外的皮质，经上述组成部位多次换元，最后终止于脑神经躯体运动核和脊髓前角运动细胞，然后通过脑神经或脊神经支配骨骼肌。

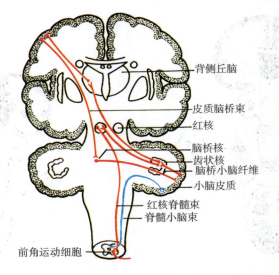

背侧丘脑
皮质脑桥束
红核
脑桥核
齿状核
脑桥小脑纤维
小脑皮质
红核脊髓束
脊髓小脑束
前角运动细胞

图 11 -87　锥体外系（皮质 - 脑桥 - 小脑系）

　　锥体外系的主要功能是维持肌张力、协调肌群活动、维持和调整体态姿势和习惯性、节律性动作等。锥体外系主要是协调锥体系的活动，二者协同完成运动功能。

　　锥体系和锥体外系在运动功能上是互相依赖不可分割的一个整体，只有在锥体外系使肌张力保持稳定和肌群活动协调的前提下，锥体系才能完成精确的随意运动；而锥体外系对锥体系也有一定的依赖性，有些习惯性动作开始是由锥体系发动起来，然后才处于锥体外系的管理之下。

神经系统各部损伤的临床表现

　　1. 大脑皮质躯体运动中枢损伤　一侧大脑皮质躯体运动中枢损伤，可产生对侧运动障碍。因中央前回和中央旁小叶前部面积较广，一般病变只损害某一部位，多出现对侧局部瘫痪，如对侧单个肢体瘫痪，临床上称为单瘫。

　　2. 内囊损伤　内囊损伤常见于脑出血。一侧内囊损伤可引起：①对侧半身随意运动障碍，包括对侧面下部面肌、舌肌的核上瘫（皮质核束受损）和对侧上、下肢肌的中枢性瘫痪（皮质脊髓束受损）；②对侧半身浅、深感觉障碍（丘脑皮质束受损）；③双眼视野对侧同向性偏盲（视辐射受损）。上述症状临床上称为"三偏"综合征。

　　3. 脑干损伤　脑干一侧损伤，因伤及一侧未交叉的锥体束和某一脑神经核或脑神经根，出现交叉性瘫痪，即患侧的脑神经瘫和对侧肢体偏瘫。例如中脑一侧大脑脚损伤（小脑幕切迹疝压迫大脑脚），可使一侧锥体束及动眼神经根受损。其表现为：患侧动眼神经瘫痪；对侧肢体中枢性瘫痪、面神经核上瘫及舌下神经核上瘫。

　　4. 脊髓损伤

　　（1）脊髓前角病变：可引起患侧节段性周围性瘫痪，无感觉障碍。

　　（2）脊髓后角病变：产生患侧节段性痛觉和温度觉障碍，但触觉和深感觉仍存在（分离性感觉障碍）。

　　（3）脊髓横断性损伤：

　　①颈膨大以上颈髓损伤：损伤平面及其以下全部运动、感觉丧失。四肢为中枢性瘫痪，并有膈肌的麻痹。

　　②颈膨大损伤：损伤平面及其以下全部运动、感觉丧失。上肢为周围性瘫痪，下肢为中枢性瘫痪。

　　③胸髓损伤：上肢不受影响，下肢呈中枢性瘫痪，受损平面及其以下感觉障碍。

　　④腰骶膨大损伤：上肢不受影响，下肢呈周围性瘫痪，受损平面及其以下感觉障碍。

　　（4）脊髓半横断损伤：主要表现为：

　　①损伤平面以下同侧肢体中枢性瘫痪（一侧皮质脊髓束受损）。

　　②损伤平面以下同侧肢体的深感觉和精细触觉障碍（一侧后索的薄束、楔束受损）。

③损伤平面下1～2节段以下对侧肢体的痛觉、温度觉障碍（一侧脊髓丘脑束受损）。

④损伤节段同侧周围性瘫痪和感觉障碍、反射消失（损伤节段灰质受损）。

面神经、舌下神经核上瘫和核下瘫

一侧大脑皮质中央前回下部或皮质核束损伤（上运动神经元损伤）出现的面肌或舌肌的瘫痪，临床上称为面神经核上瘫或舌下神经核上瘫。面神经核上瘫导致病灶对侧睑裂以下面肌瘫痪，表现为病灶对侧鼻唇沟变浅或消失，口角低垂并向病灶侧偏斜，流涎，不能做鼓腮、露齿等动作，但两侧额纹存在，眼睑闭合正常。舌下神经核上瘫表现为病灶对侧舌肌瘫痪，伸舌时舌尖偏向病灶的对侧。

脑神经躯体运动核（面神经核、舌下神经核）或脑神经（面神经、舌下神经）损伤（下运动神经元损伤）出现的面肌瘫痪或舌肌瘫痪，临床上称为面神经核下瘫或舌下神经核下瘫。面神经核下瘫导致患侧所有面肌瘫痪，表现为除面神经核上瘫的症状外，还有额纹消失，不能皱眉，眼睑不能闭合等。舌下神经核下瘫表现为病灶侧舌肌瘫痪，伸舌时舌尖偏向病灶侧。

小脑延髓池穿刺术的相关解剖学知识

小脑延髓池穿刺术适用于需要抽取脑脊液进行检查而腰部又有感染、畸形或蛛网膜下隙有阻塞无法行腰椎穿刺的病人，也用于需与腰椎穿刺抽取液做对比检查者。

小脑延髓池位于颅后窝最下部，延髓背面与小脑腹侧面之间，为蛛网膜下隙在小脑与延髓之间的扩大部，深度约1.0cm。

穿刺时选择在枕外隆凸与第2颈椎棘突连线之间的凹陷处进针，穿刺针依次经皮肤、浅筋膜、深筋膜、项韧带、寰枕后膜、硬膜外隙、硬脊膜、蛛网膜达小脑延髓池。

穿刺时进针不可过深，成人约3.5～5.0cm，儿童约2.5～3.0cm，方向朝向眉间，不可偏离中线。

体位性神经损伤的相关解剖学知识

在临床医疗护理工作中，根据病人病情的需要，将病人安置于符合解剖生理学要求的体位，使病人感到舒适和安全，便于医疗和护理措施的实施，并且能减轻症状，有利于病人的康复。对病人体位安置不当，可导致体位性神经损伤，特别是处于昏迷或麻醉状态下的病人，没有自我调节的能力，当身体某一部位处于异常位置时，更易造成神经损伤。常见的体位性神经损伤有：

1. 桡神经损伤　桡神经在肱骨中段紧贴肱骨桡神经沟由内上向外下行走。桡神经与肱骨骨面之间缺乏软组织的缓冲和保护，当上肢长时间处于外展位，上臂中段的背外侧面置于较硬的物体上，如病床边缘、手术台边缘、担架边缘等，都可造成桡神经损伤。

2. 尺神经损伤　尺神经损伤的常见部位在上臂和尺神经沟处。当上肢轻度外展并后伸时，上臂内侧紧贴于床缘、担架边缘等较硬的物体上，易致尺神经损伤；尺神经在肱骨内上髁后方的尺神经沟紧贴骨面，位置表浅，仅覆以浅筋膜和皮肤，当受到较硬物体的撞击或常时间置于手术台边缘、病床边缘等受到挤压，均可导致损伤。

3. 腓总神经损伤　腓总神经在腓骨头外下方位置表浅，表面覆以浅筋膜和皮肤，深面紧贴骨面，当病人常时间屈髋屈膝处于侧卧位时，小腿外侧面受压，易致腓总神经损伤。

注射性神经损伤的相关解剖学知识

临床上进行肌内注射和静脉注射时，如果将刺激性强的药物直接注射到神经干或其周围，或静脉注射时药物漏出血管外至神经干周围，均可导致神经损伤。常见的注射性神经损伤有：

1. 桡神经损伤　桡神经在肱骨中段紧贴肱骨桡神经沟由内上向外下行走，此处被三角肌后部覆盖，肌层较薄，在做三角肌肌内注射或预防接种过深时，均可导致桡神经损伤。在肘窝外侧部，桡神经经肱肌和肱桡肌之间进入前臂外侧，位置表浅，在此做静脉注射时，如果药液外漏，也可导致桡神经损伤。

2. 正中神经损伤　正中神经沿肱二头肌内侧沟伴肱动脉下行至肘窝，从肘窝向下穿旋前圆肌，在进入旋前圆肌之前位居肘窝正中，正中神经在此处位置表浅，其浅层有肘正中静脉。在肘窝处做静脉注射时，如药液外漏可致正中神经损伤。正中神经在腕部位于桡侧腕屈肌与掌长肌腱之间，内关穴封闭时有可能致其损伤。

3. 坐骨神经损伤　临床上肌内注射常在臀部进行。臀大肌注射时应注意选准注射部位，注射部位的选取有严格的定位方法（"十字法"、"连线法"）。臀部注射定位的意义在于避开坐骨神经，避免注射伤及坐骨神经。若臀部注射注射部位偏内下，误将药液注入坐骨神经或其周围，将造成坐骨神经损伤。

1. 神经系统可区分为哪些部分？

2. 脊髓位于何处？脊髓的内部结构如何？

3. 间脑位于何处？主要包括哪些部分？各部有何主要功能？

4. 重要的大脑皮质中枢有哪些？各位于何处？

5. 何谓内囊？内囊各部各有何主要纤维束通过？一侧内囊损伤会产生什么临床症状？

6. 简述脑脊液的产生和循环途径。

7. 试述膈神经、尺神经、正中神经、桡神经、股神经、坐骨神经的行程和分布。

8. 试述 12 对脑神经的名称、性质和分布。

9. 简述交感神经和副交感神经的不同。

10. 躯干和四肢的本体觉传导通路、浅感觉传导通路是如何传导的？

11. 视觉传导通路是如何传导的？

12. 躯干、四肢骨骼肌随意运动的传导通路是如何传导的？

13. 头、颈、咽、喉部骨骼肌随意运动的传导通路是如何传导的？

14. 何谓上运动神经元、下运动神经元？损伤后各有何临床表现？

15. 动眼神经、面神经、舌下神经受损时，各有何表现？

16. 解释名词：灰质和白质、神经核和神经节、纤维束和神经、脊髓节段、基底核、纹状体、硬膜外隙、蛛网膜下隙、终池、蛛网膜粒、脉络丛、节前纤维和节后纤维、牵涉性痛、瞳孔对光反射。

（宿世震　马光斌）

第十二章 | 人体胚胎学概要

学习目标

1. 掌握受精的概念、意义和条件；胚泡的形成；植入的时间和部位；蜕膜的概念和分部；胎盘的形态、结构和功能。

2. 熟悉生殖细胞的成熟过程；卵裂的概念；三胚层的形成；三胚层的分化；胎儿血循环的特点；胎儿出生后血液循环的变化；孪生的概念和发生原因；先天性畸形的致畸因素；胚胎的致畸敏感期。

3. 了解胚胎分期；受精的过程；绒毛膜；羊膜。

第一节 概 述

人体胚胎学（human embryology）是研究人体在出生前发生和发育过程中形态结构变化规律的科学。由胚胎发育异常引起的先天性畸形也是人体胚胎学的重要研究内容。

人体的发生，是从精子与卵子结合形成的受精卵开始的。

胚胎在母体子宫内经过 38 周（约 266 天）的发育，成为成熟的胎儿而娩出。通常将胚胎的发育分为三个时期：①胚前期（preembryonic period）：是指胚胎发育的第 1～2 周，即从受精卵形成到第 2 周末二胚层胚盘形成。②胚期（embryonic period）：是指胚胎发育的第 3～8 周，从三胚层形成与分化至各器官原基的建立，胚体外形及各器官的发育初具人体雏形，这个时期的个体称为胚（通常称胚胎）。③胎期（fetal period）：是指胚胎发育的第 9～38 周，胚胎在具备人体雏形的基础上，继续生长、分化、发育直至分娩，这个时期的个体称为胎（通常称胎儿）。胚前期和胚期主要以质变为主，胎期主要以量变为主。

本章主要介绍生殖细胞的成熟、胚胎的早期发育、胎膜和胎盘、胎儿血液循环的特点及出生后的变化、孪生和多胎、先天性畸形等内容。

第二节　生殖细胞的成熟

一、精子的成熟

精子是在睾丸的生精小管发生的。从青春期开始，生精小管的精原细胞不断分裂增殖，并生长成初级精母细胞，其染色体组型为46，XY。初级精母细胞经过两次成熟分裂形成四个精子细胞，其中有两个精子细胞的染色体组型为23，X，另两个精子细胞的染色体组型为23，Y（图12-1）。精子细胞不再分裂，经过复杂的形态变化，形成蝌蚪形的精子。

精子在附睾中进一步成熟，在女性生殖管道内获能，最后成为具有受精能力的雄性配子。精子在女性生殖管道内能存活1~3天，但受精能力仅可维持24小时左右。

二、卵子的成熟

卵子是在卵巢内发生的。卵细胞的发生类似于精子的发生，也经过两次成熟分裂，染色体数目比正常的体细胞减少一半。

女性进入青春期后，初级卵母细胞（染色体组型为46，XX）开始发育，在排卵前完成第一次成熟分裂，形成一个次级卵母细胞和一个小的第一极体。次级卵母细胞开始第二次成熟分裂，但停留在分裂中期，排卵后，在精子穿入的刺激下完成第二次成熟分裂，形成一个成熟的卵细胞和一个小的第二极体。如果卵细胞不受精，则第二次成熟分裂不能完成，并于排卵后12~24小时后退化。

初级卵母细胞经过两次成熟分裂形成一个卵细胞和三个极体，卵细胞的染色体组型为23，X，极体不久自行退化（图12-1）。

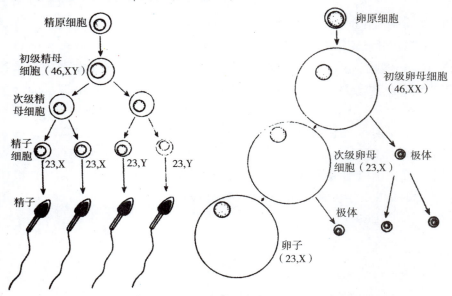

图12-1　精子与卵细胞发生过程示意图

第三节　胚胎的早期发育

胚胎早期发育是指受精卵形成至第 8 周末的发育期，即胚前期和胚期，主要内容包括受精、卵裂和胚泡形成、植入、三胚层的形成及分化等过程。

一、受精

精子与卵子结合成受精卵的过程称受精（fertilization）。

受精的部位通常发生在输卵管的壶腹部。

（一）受精的过程

精子进入女性生殖管道后，由于子宫、输卵管分泌物的作用，获得受精的能力。当精子和卵子相遇时，包围在卵周围的精子释放出顶体酶，以溶解放射冠和透明带，于是精子的细胞质与核进入卵内。精子钻进卵后，核膨大变圆，形成精原核（雄性原核）。卵由于受到精子的激发，立即完成第二次成熟分裂，形成成熟的卵，其核称卵原核（雌性原核）。精原核与卵原核逐渐靠近，并互相融合，染色体互相混合，受精卵形成（图 12－2）。

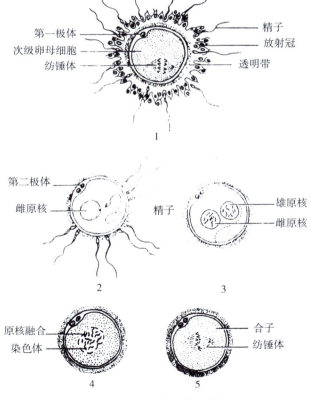

图 12－2　受精过程示意图

（二）受精的意义

1. 受精标志着新生命的开始　两性生殖细胞互相被激活，新陈代谢加快，使受精卵具有旺盛的生命力，可连续不断地进行细胞分裂和分化，形成新的个体。

2. 受精恢复染色体数目　受精卵的染色体数目恢复到46条，其中23条来自精原核，23条来自卵原核，因此，受精卵具有双亲的遗传物质。新个体既有亲代的遗传特性，又有不同于亲代的特异性。

3. 受精决定性别　半数精子的染色体核型为23，X，半数精子的染色体核型为23，Y；而卵子成熟时染色体核型为23，X。如果核型为23，X，染色体的精子与卵子受精，受精卵的核型即为46，XX，由此发育成的新个体的遗传性别为女性胎儿；如果核型为23，Y，染色体的精子与卵子受精，受精卵的核型即为46，XY，新个体的遗传性别为男性胎儿。

（三）受精的条件

1. 正常发育的精子与卵子在限定的时间内结合是受精的必须条件　受精一般发生在排卵后的12~24小时内，精子进入女性生殖管道24小时之内未与卵细胞相遇，即丧失受精能力；卵子排出24小时内，具有受精的能力。若错过此时期，即使两者相遇也不能结合。

2. 精子的数目和活动能力是保证受精的重要条件　正常成年男子每次射出精液量为2~5ml，内含精子3~5亿个。如果精液中含精子数少于500万/ml，或其中发育异常的精子如小头、双头、双尾的精子超过20%，或者精子活动能力太弱，则受精的可能性就少，并且容易出现胚胎畸形。

3. 男、女性生殖器官发育要正常，生殖管道要畅通　如果男性或女性生殖管道堵塞，精子和卵子不相遇，受精也不能实现。故采用避孕套、子宫帽、输卵管和输精管粘堵或结扎等避孕措施，可阻止精子与卵子相遇，达到避孕和绝育目的。

二、卵裂和胚泡的形成

（一）卵裂

受精卵早期的细胞分裂称卵裂（cleavage）（图12-3）。卵裂形成的细胞称卵裂球（blastomere）。在受精72小时，受精卵已分裂形成12~16个卵裂球，聚集如桑椹，故称为桑椹胚（morula）。由于输卵管平滑肌的节律性收缩、管壁上皮细胞纤毛的摆动，使受精卵一边进行卵裂，一边逐渐向子宫腔方向移动，到桑椹胚时，已到达子宫腔。

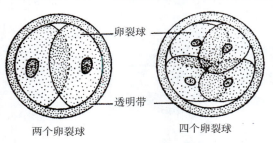

| 两个卵裂球 | 四个卵裂球 | 桑椹胚 |

图12-3　卵裂

（二）胚泡的形成

桑椹胚进入子宫腔后继续进行细胞分裂。当卵裂球的细胞数目增至 100 个左右时，细胞间出现若干小的腔隙，小的腔隙逐渐融合成一个大腔，腔内充满液体。此时，实心的桑椹胚演变为中空的泡状，称为胚泡（blastocyst）或囊胚。

胚泡由三部分构成：

1. 滋养层（trophoblast） 胚泡壁为一层扁平细胞，称滋养层。

2. 胚泡腔（blastocoele） 胚泡内由滋养层围成的腔称胚泡腔。

3. 内细胞群（inner cell mass） 在胚泡腔一侧紧贴于滋养层内面的一团细胞，称内细胞群，未来发育为胚体和部分胎膜。覆盖在内细胞群外面的滋养层称极端滋养层（图 12－4）。

图 12－4 胚泡

随着胚泡的形成，胚泡外面的透明带变薄、消失，胚泡与子宫内膜接触，开始植入。

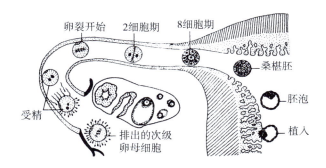

图 12－5 排卵、受精、卵裂和植入过程

三、植入与蜕膜

（一）植入

胚泡逐渐陷入子宫内膜的过程，称植入（implantation）或称着床（imbed）（图 12－6）。

1. 植入的时间 植入开始于受精后的第 6 天，完成于第 11～12 天。

2. 植入的条件 ①雌激素和孕激素的分泌正常，达到一定水平；②胚泡准时进入子宫腔，透明带要及时溶解消失；③子宫内环境必须正常；④子宫内膜发育阶段与胚泡发育同步。如果母体内分泌失调，胚泡不能适时到达子宫腔，或子宫腔内有异物干扰（如宫内避孕器），植入就不能完成。

3. 植入过程 胚泡植入时，极端滋养层的细胞首先与子宫内膜接触，并分泌蛋白水解酶将接触处的子宫内膜溶解，形成一个小缺口，胚泡由此缺口逐渐侵入子宫内膜。随后，子宫内膜缺口周围的内膜上皮增生，将缺口修复。

4. 植入部位 胚泡的植入部位通常在子宫底和子宫体上部。

胚泡植入的部位，即将来形成胎盘的部位，所以植入部位的正常与否，可影响胚胎发育的后果。若植入靠近子宫颈，未来的胎盘将覆盖子宫颈口，成为前置胎盘，在妊娠晚期分娩时可堵塞产道而导致难产，或发生胎盘早期剥离而引起大出血。若植入发生在子宫以外的部位，称宫外孕。宫外孕可发生在输卵管、卵巢、腹膜腔、肠系膜等处，其中以输卵管多见，由于局部组织不能适应胎儿的生长发育，故多引起胚胎早期死亡，少数胚胎发育到较大后破裂，可造成大出血。

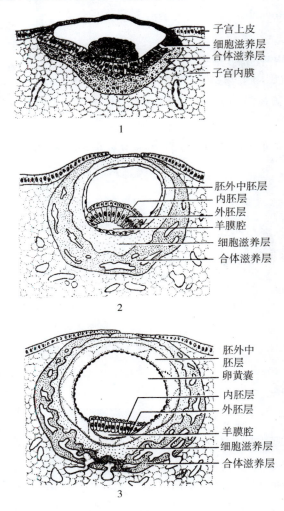

图 12 - 6　胚泡植入过程

（二）蜕膜

胚泡植入子宫内膜时，子宫内膜正处于分泌期，子宫内膜进一步增厚，血液供应更加丰富，腺体分泌更加旺盛，子宫内膜的这些变化称蜕膜反应。胚泡植入后的子宫内膜改称蜕膜（decidua）。

根据胚泡与蜕膜的位置关系，可将蜕膜分为三部分（图 12 -7）：① 底蜕膜（decidua basalis），位于胚泡深部的蜕膜，它将随着胚胎的发育而不断扩大，参与胎盘的形成。② 包蜕膜（decidua capsularis），包被在胚泡表面的蜕膜。③ 壁蜕膜（decidua parietalis），胚泡植入处以外的蜕膜。包蜕膜与壁蜕膜之间为子宫腔，随着胚胎发育长大，包蜕膜与壁蜕膜逐渐靠近，最后合并，子宫腔随之消失。

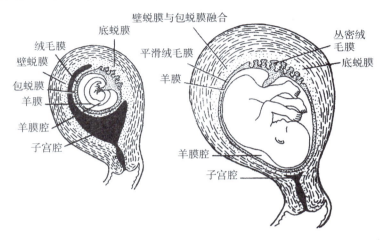

图 12 - 7　胎膜和蜕膜的关系

四、三胚层的形成及分化

（一）三胚层的形成

1. 内胚层和外胚层的形成　胚泡植入后，大约在受精后第 2 周，内细胞群不断分裂增生，分化成两层不同的细胞，面向胚泡腔的一层为小立方形的细胞，称内胚层（endoderm）；内胚层与极端滋养层之间的一层柱状细胞，称外胚层（ectoderm）（图12 - 8）。内胚层与外胚层紧密相贴，共同形成圆盘状的结构，称胚盘（embryonic disc）（图 12 - 9），胚盘的外胚层面为背面，内胚层面为腹面。

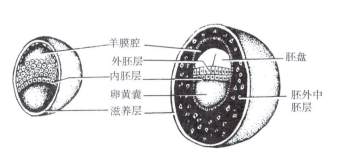

图 12 - 8　内、外胚层的形成

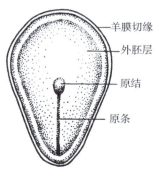

图 12 - 9　胚盘（背面）

在内胚层和外胚层形成的同时，外胚层和滋养层之间出现一空隙，称羊膜腔（amniotic cavity）。羊膜腔由羊膜上皮细胞围成，羊膜腔内的液体称羊水（amniotic fluid）。在内胚层的腹侧，内胚层周缘的细胞向腹侧生长，逐渐围成一个囊，称卵黄囊（yolk sac）（图12-5，8）。

胚盘是胚胎发育的原基。滋养层、羊膜腔和卵黄囊是提供营养和起保护作用的附属结构。

2. 胚外中胚层的形成   在内、外胚层形成的同时，滋养层细胞不断分裂增生，由一层变成两层，外层细胞界限不清，称合体滋养层；内层细胞界限清晰，称细胞滋养层。细胞滋养层不断增生，并向胚泡腔内增生出许多星状细胞，填充在胚泡腔内，称胚外中胚层（extraembryonic mesoderm）（图12-5，9）。

第2周末，胚外中胚层中逐渐形成一个大腔隙，称胚外体腔。胚外体腔将胚外中胚层分成两层，一层衬贴在滋养层内面；一层附着在羊膜腔和卵黄囊的外面。在羊膜腔顶部，一部分连在胚盘尾端和滋养层之间的胚外中胚层，称体蒂，以后参与脐带的形成（图12-10）。

3. 中胚层的形成   第3周初，在二胚层胚盘尾端的中轴线上，外胚层细胞增生，形成一条纵行的细胞索，称原条（primitive streak）（图12-11）。原条细胞不断增生，并向腹侧内陷，在内、外胚层之间向左右及头尾方向伸展，形成新的细胞层，称胚内中胚层（intraembryonic mesoderm）（简称中胚层）（图12-12）。胚内中胚层在向头尾扩展时，在头、尾部各遗下一个圆形区无中胚层，此处内、外胚层直接相贴，分别成为口咽膜和泄殖腔膜。于是胚盘由两层演变成具有三个胚层的胚盘。

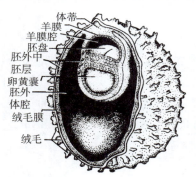

图12-10   胚外体腔

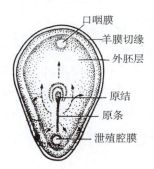

图12-11   胚盘外胚层细胞的迁移示意图

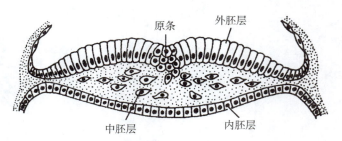

图12-12   胚盘横切（示中胚层的形成）

原条的出现，决定了胚盘的头尾方向，原条出现的一端，即为胚体的尾端。在原条演变的同时，原条头端的细胞也分裂增殖，形成一半圆形隆起，称原结。原结细胞迅速增生，并在内、外胚层之间的中线上向头端伸展，形成一管状结构，以后发育成为一条纵形细胞索，称脊索。脊索是人体胚胎早期暂时性中轴器官，对神经管的形成有诱导作用，以后退化成为人体椎间盘中的髓核。

三胚层形成后，随即开始分化形成各器官的原基。

（二）三胚层的分化

在胚胎发育过程中，结构和功能相同的细胞分裂增殖，形成结构和功能不同的细胞，称分化。三胚层的细胞经过增殖和分化，形成了人体的各种细胞和组织，各种组织构成了人体的器官。

1. 外胚层的早期分化 随着脊索的发生，位于其背侧的外胚层细胞形成一条纵行板状结构，称神经板（neural plate），神经板两侧隆起，形成神经褶，两褶的中央凹陷，称神经沟（neural groove）。随着神经沟的加深，两侧的神经褶逐渐靠拢融合，形成神经管（neural tube）。神经管的头侧部分发育较快，形成脑的各个部分；尾侧部分形成脊髓（图 12 - 13）。此外，外胚层还形成皮肤的表皮及其附属结构、牙釉质、角膜、视网膜、晶状体、内耳膜迷路、腺垂体以及口腔、鼻腔和肛门等的上皮等器官和结构。

在神经沟闭合形成神经管时，神经板外侧缘的一些细胞迁移到神经管背侧，形成两条位于神经管背侧的细胞索，称神经嵴。神经嵴分化形成周围神经系统、肾上腺髓质的嗜铬细胞、皮肤的黑素细胞等。

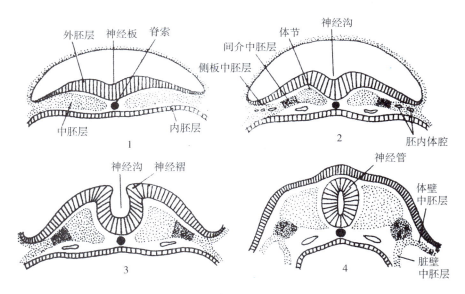

图 12 - 13 胚盘横切（示神经管的形成）

2. 内胚层的早期分化 胚胎第 3 周，胚盘的周缘部向腹侧卷折，使平膜状的胚盘变成圆桶状的胚体。随着胚体的形成，内胚层被包入胚体内，形成原肠，是原始的消化管。原肠的头侧部分称前肠，头端起始于口咽膜；原肠的尾侧部分称后肠，尾端终于泄殖腔膜；原肠与卵黄囊相通连的部分，称中肠。原肠主要形成消化管、消化腺、气管、肺、膀胱、尿道和阴道等处的上皮，以及中耳、甲状腺、甲状旁腺、胸腺等器官的上皮（图12-14）。

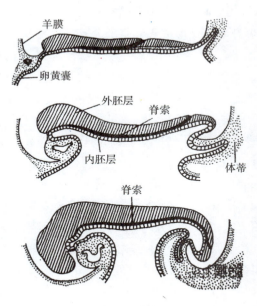

图 12 - 14　人胚矢状切（示胚体头、
尾两端的反褶和肠管的发生）

3. 中胚层的早期分化　中胚层形成后，靠近胚体中轴线的中胚层增生，形成两条增厚的细胞带，由内向外依次分为轴旁中胚层、间介中胚层和侧中胚层。

紧靠脊索两侧的中胚层称轴旁中胚层。轴旁中胚层呈节段性增殖，形成块状细胞团，称体节（somite）。体节有42~44对，将来形成椎骨、骨骼肌、皮肤的真皮和皮下组织等（图12-15）。

体节外侧的中胚层称间介中胚层（intermediate mesoderm）。间介中胚层以后分化成泌尿系统和生殖系统的大部分器官和结构。

间介中胚层外侧的中胚层称侧中胚层（lateral mesoderm）。随着胚体的发育，在侧中胚层内形成的腔隙叫胚内体腔。胚内体腔将来形成心包腔、胸膜腔和腹膜腔。胚内体腔将侧中胚层分成两层，与内胚层相贴的部分，称脏壁中胚层（splanchnic or visceral mesoderm）；与外胚层相贴的部分，称体壁中胚层（somatic or parietal mesoderm）。脏壁中胚层将分化形成消化系统和呼吸系统的肌组织、血管和结缔组织等；体壁中胚层将分化形成体壁的骨骼、肌

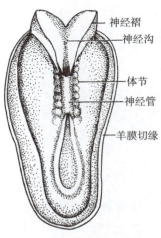

图 12 - 15　人胚背面观
（示体节和神经管的形成）

肉、血管和结缔组织等。

此外，在三个胚层之间，还有一些散在的中胚层细胞，称间充质（mesenchyme）细胞。间充质细胞是一种干细胞，具有向多方面分化的能力，可分化为多种细胞，形成肌组织、结缔组织和血管等。

三个胚层所形成和分化的组织、器官见表 12 – 1。

表 12 – 1　三胚层分化的各种组织和器官一览表

胚层	分化的组织和器官
外胚层	表皮、毛发、指甲、皮脂腺和汗腺等上皮 口腔、牙釉质、唾液腺、肛门上皮 鼻腔和鼻旁窦的上皮 垂体和肾上腺髓质 角膜、视网膜、晶状体、外耳道和内耳迷路的上皮 神经系统
中胚层	结缔组织、真皮、软骨、骨和血液 平滑肌、骨骼肌和心肌 肾和输尿管 眼球纤维膜、血管膜、脑脊髓膜 睾丸、附睾、输精管和精囊腺 卵巢、输卵管和子宫 肾上腺皮质 心血管、淋巴管、淋巴结、脾、骨髓、胸膜、腹膜、心包膜
内胚层	咽以下消化管各段的上皮、肝、胰、胆囊的上皮 呼吸道（喉以下）及肺泡上皮 膀胱、尿道及前列腺的上皮 阴道上皮 中耳鼓室与咽鼓管的上皮、鼓膜内层上皮 甲状腺和甲状旁腺的上皮 胸腺和扁桃体的上皮

随着胚层的分化，胚体外形也随之发生相应的变化。由于胚盘各部分生长快慢不同，羊膜腔扩展较快等因素，使胚盘向腹侧卷曲形成向背拱起的圆柱状的胚体。随着圆柱状胚体的形成，于是胚体被包于羊膜腔的羊水内；外胚层包于胚体外表，内胚层卷折到胚体内；体蒂和卵黄囊连于胚体腹侧脐处，外包羊膜，形成脐带。到第 2 个月末，胚体已初步具备了人体的外形和各器官的原基，以后的发育主要是各器官组织的生长和进一步分化。

第四节　胎膜和胎盘

一、胎膜

胎膜（fetal membrane）是胚胎发育中形成的附属结构，主要包括绒毛膜、羊膜、卵黄囊、尿囊和脐带等（图 12 – 16）。胎膜对胚胎起保护和与母体进行物质交换的作用。当胎儿娩出时，胎儿即与胎膜脱离，相继由母体排出。

（一）绒毛膜

绒毛膜（chorion）由滋养层和胚外中胚层发育形成。胚胎第 2 周，滋养层的细胞向周围生长，形成许多细小的突起，叫绒毛（图 12 – 16）。绒毛膜内的胚外中胚层形成血管网，并与胚体内的血管相通。

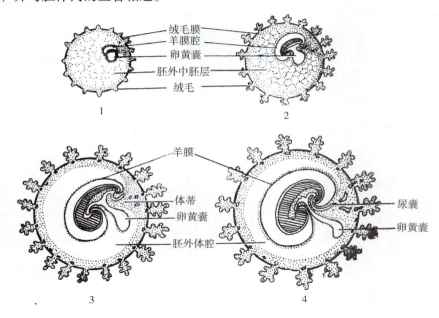

图 12 – 16　胎膜的形成与演变

胚胎发育早期，绒毛膜的表面都有绒毛。第 8 周后，其中面向子宫包蜕膜面的绒毛，因受压营养不良而逐渐消失，称平滑绒毛膜（smooth chorion）；面向子宫底蜕膜面的绒毛，因营养丰富而枝干繁茂，称丛密绒毛膜（villousum chorion），将来形成胎盘的胎儿部分。

绒毛膜是胎儿和母体进行物质交换的重要结构，绒毛浸浴在绒毛间隙内的母血中，胚胎通过绒毛从母血中吸收 O_2 和营养物质并排出代谢废物。绒毛膜还有重要的内分泌功能。

在绒毛膜的发育中，如果绒毛内血管未能通连，则引起胚胎死亡；如果绒毛中轴的结缔组织变性水肿，形成大小不等的水泡样结构，则形成葡萄胎；如果绒毛滋养层细胞过度增生，异常发育，则发生癌变，称绒毛膜上皮癌。

（二）羊膜

羊膜（amniotic membrane）是半透明的薄膜。羊膜由羊膜上皮和薄层胚外中胚层构成。羊膜所围成的腔，称羊膜腔（amniotic cavity）。随着胚体的形成，羊膜腔迅速扩大，胚盘向腹侧卷曲，羊膜和羊膜腔将整个胚体包围，胚体即位于羊膜腔中。由于羊膜腔的不断扩大，使羊膜和绒毛膜逐渐接近，最后融合，于是胚外体腔消失（图12-7）。

羊膜腔中充满羊水（amniotic fluid）。羊水为淡黄色的液体，由羊膜上皮分泌，其中含有胎儿的分泌物、排泄物和脱落的上皮等。

胎儿在羊水中生长发育。羊水能保护胎儿免受震荡和挤压；防止胎儿与羊膜粘连；分娩时，羊水还有扩张子宫颈，冲洗并润滑产道的作用。

足月胎儿的羊水约为1000～1500ml。羊水超过2000ml，为羊水过多；羊水少于500ml，为羊水过少。羊水过多或过少多伴有胎儿的发育异常。如羊水过多，多见于消化管闭锁或神经系统发育障碍等。羊水过少常见于胎儿无肾或尿路阻塞等。

穿刺抽出羊水，进行脱落细胞的染色体检查或测定羊水中某些物质的含量，可以早期诊断某些先天性疾病。

（三）卵黄囊

卵黄囊（yolk sac）位于胚盘腹侧，其壁由内胚层和胚外中胚层共同构成（图12-16）。胚胎第4周，卵黄囊顶部的内胚层随着胚盘向腹侧包卷，形成原始消化管道，卵黄囊被包入脐带，其余部分留在胚外并逐渐缩小，以卵黄蒂与原始消化道相连；胚胎第5～6周，卵黄蒂闭锁，脱离消化管，卵黄囊也随之退化。如果胎儿出生时卵黄蒂未闭锁，肠管便可通过此管与外界相通，肠内容物即可从此处溢出，形成先天性畸形，称脐粪瘘。如果卵黄蒂根部未退化，则在回肠壁上遗留一个小憩室，称美克尔憩室。

人体的造血干细胞和原始生殖细胞分别起源于卵黄囊壁的胚外中胚层和与其相邻的内胚层。

卵黄囊在鸟类胚胎很发达，内有大量卵黄，为胚胎发育提供营养。人类胚胎卵黄囊内无卵黄，不发达，退化早，基本上是生物进化过程的重演。

（四）尿囊

胚胎（allantois）第3周，从卵黄囊尾侧的内胚层向体蒂内突出形成一个小囊，称尿囊（图12-16）。人胚的尿囊不发达。随着圆柱状胚体的形成，使尿囊根部纳入胚体内，它将形成脐尿管和膀胱的一部分；尿囊的其余部分被卷入脐带内并逐渐退化。尿囊壁上的胚外中胚层形成一对尿囊动脉和一对尿囊静脉。随着脐带的形成，尿囊动脉和尿囊静脉分别演变为一对脐动脉和一条脐静脉。生后脐尿管闭锁形成脐中韧带，如果出生后脐尿管仍未闭锁，膀胱中的尿液就会通过此管溢出脐外，这种先天性畸形称脐尿瘘。

（五）脐带

脐带（umbilical cord）是连接胎儿和胎盘之间的一条圆索状结构。早期脐带表面包有羊膜，内有体蒂、卵黄囊、尿囊、一对脐动脉和一条脐静脉，随胚胎的发育，卵黄囊和尿囊闭锁消失，脐带内仅有一对脐动脉和一条脐静脉以及结缔组织。所以脐带是胎儿与胎盘物质运输的通道。

足月胎儿的脐带长约55cm。若脐带过长（120cm以上），容易发生脐带绕颈或缠绕打结，影响胎儿发育，严重时可导致胎儿死亡；若脐带过短（20cm以下），胎儿分娩时易造成胎盘过早剥离，引起产妇大出血。

二、胎盘

（一）胎盘的形态

足月胎儿的胎盘（placenta）呈椭圆形或圆盘状，质软，直径为15～20cm，厚约～3cm，重约500～600g。胎盘的中央部厚，边缘薄。胎盘的胎儿面因有羊膜覆盖，表面光滑，中央有脐带相连；胎盘的母体面粗糙，可见由不规则浅沟分隔成的15～30个胎盘小叶（图12-17）。

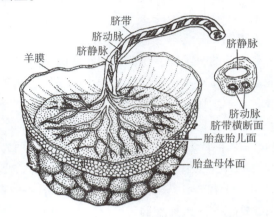

图12-17　胎盘的形态

（二）胎盘的结构

胎盘由胎儿的丛密绒毛膜和母体子宫的底蜕膜共同构成（图12-18）。胎盘的丛密绒毛膜上的绒毛很发达，在绒毛周围有许多腔隙，称绒毛间隙。在绒毛间隙内充满了来自母体子宫小动脉的血液，绒毛浸浴在母血中，与母血进行物质交换。

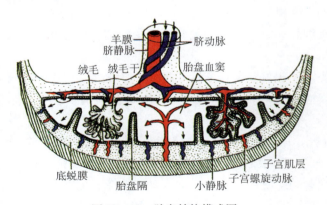

图12-18　胎盘结构模式图

（三）胎盘的血液循环

在胎盘内，母体血和胎儿血是互不相混的两套血液循环通路。

母体子宫的螺旋动脉经底蜕膜开口于绒毛间隙，血液流经绒毛间隙后，经底蜕膜的小静脉回流至母体的子宫静脉。

　　胎儿的脐动脉在胎盘内分支成许多小动脉，这些小动脉最后形成绒毛内的毛细血管。胎儿的血液借绒毛与绒毛间隙内的母体血液进行物质交换后，经胎盘的小静脉汇入脐静脉，流回胎儿体内。

　　胎儿和母体的血液是不相混合的，其间隔着数层结构：①绒毛膜表面的滋养层细胞及其基膜；②绒毛内的毛细血管内皮及其基膜；③两层基膜间的结缔组织。这三层结构构成胎盘屏障（placental barrier）（胎盘膜）。胎盘屏障能阻止母体血液中的大分子物质进入胎儿体内，但对抗体、大多数药物和某些病毒，如风疹、麻疹、水痘、脊髓灰质炎、艾滋病和脑炎病毒等，并无屏障作用。

（四）胎盘的功能

　　1. 物质交换功能　胎盘是母体和胎儿之间进行物质交换的场所。胎儿体内的代谢产物和 CO_2 等废物须通过母体排出，而胎儿生长发育所需的营养物质和 O_2 都来自母体。这一排出和摄取的过程必须通过胎盘的物质交换作用才能实现。

　　2. 防卫屏障功能　胎盘屏障是分隔母体血和胎儿血的结构，有选择性通透作用。母体血液中的大分子物质、多数细菌和其他致病微生物不能通过胎盘屏障，所以胎盘是胎儿的一道重要的防卫屏障，对胎儿具有保护作用。

　　胎盘屏障对多数细菌具有防卫屏障功能，但不能阻止病毒（如风疹、麻疹、水痘、脊髓灰质炎、艾滋病和脑炎病毒等）通过。有些具有致畸作用的病毒、药物、化学物质通过胎盘屏障进入发育中胚胎后，可引起多种先天性畸形。

　　大多数药物可通过胎盘屏障进入胎儿体内，因此妊娠期间不可轻易服用某些可能引起胎儿发育不良的药物。

　　3. 内分泌功能　胎盘的合体滋养层细胞分泌多种激素，这对妊娠的正常进行和胎儿的生长发育起着极为重要的作用。分泌的主要激素有：

　　（1）绒毛膜促性腺激素（human chorionic gonadotropin）：能维持母体卵巢内的黄体继续生长发育，以维持妊娠。在受精后的第 3 周，绒毛膜促性腺激素出现于孕妇尿中，第 8 周达高峰，以后逐渐减少直到分娩。临床上常检测尿中有无此种激素作为早期妊娠的辅助诊断。

　　（2）人胎盘雌激素（human plancental estrogen）和人胎盘孕激素（human plancental progesterrone）：妊娠第 4 个月开始分泌，以后逐渐增多。人胎盘雌激素和人胎盘孕激素在母体妊娠黄体退化后，继续维持妊娠。

　　（3）人胎盘催乳素（human plancental lactogen）：又称绒毛膜催乳素，受精后第 2 个月出现，第 8 个月达高峰，直至分娩。人胎盘催乳素能促进母体乳腺的生长发育，又能促进胎儿的生长发育。

第五节　胎儿血液循环及出生后的变化

一、胎儿心血管系统的结构特点

胎儿在母体内，肺不进行呼吸，呼吸和排泄功能全靠胎盘来执行，故胎儿心血管系统的结构有以下特点。

（一）卵圆孔

胎儿心脏房间隔的下部有一卵圆形的孔，称卵圆孔（foramen ovale）。左、右心房经卵圆孔相通。由于胎儿右心房内血液的压力大于左心房，所以血液只能自右心房经卵圆孔流入左心房（图 12 - 19）。

（二）动脉导管

动脉导管（ductus arteriosus）是一条连接肺动脉干和主动脉弓的血管（图 12 - 19）。胎儿出生前，肺处于不张状态，无气体交换功能，因而肺循环不发达，由右心室射出的血液进入肺动脉干后大部分经动脉导管流入主动脉。

（三）脐动脉

脐动脉（umbilical artery）一对，自髂总动脉发出，经胎儿脐部进入脐带，其末梢分支在胎盘绒毛中形成毛细血管（图 12 - 19）。脐动脉将含有 CO_2 和代谢产物的静脉血运往胎盘绒毛。

（四）脐静脉

脐静脉（umbilical vein）一条，起于胎盘绒毛中的毛细血管，进入脐带由胎儿的脐部进入胎儿体内，沿腹前壁上行，到肝下面分成两支：一支经静脉导管，直接注入下腔静脉；另一支合于肝门静脉入肝，经肝静脉注入下腔静脉。脐静脉的血液大部分经静脉导管直接流入下腔静脉，只有少部分流入肝血窦。脐静脉的血液为含有营养物质和氧的动脉血。

二、胎儿血液循环的途径

胎儿的血液在胎盘与母体的血液进行物质交换后，含氧量高和营养物质丰富的动脉血液经脐静脉进入胎儿体内，其中大部分血液经静脉导管进入下腔静脉，小部分血液流入肝血窦，与肝门静脉的血液混合，经肝静脉注入下腔静脉。下腔静脉还收集下肢、盆腔、腹腔的静脉血，下腔静脉将混合血输入右心房。由于胎儿肺未呼吸，右心房血流压力高于左心房，因此大部分血液通过卵圆孔进入左心房，再经左心室入升主动脉。升主动脉的血液大部分经主动脉弓的分支供应头、颈和上肢，小部分入降主动脉。从头、颈和上肢回流的静脉血经上腔静脉进入右心房，与下腔静脉来的小部分血液混合，经右心房进入右心室，再进入肺动脉干，由于胎儿肺不扩张，所以肺动脉干内的大部分血液经动脉导管流入降主动脉。降主动脉中的部分血液供应躯干和下肢，另一部分血液经脐动脉流入胎盘与母体的血液进行气体和物质交换（图 12 - 19）。

三、胎儿出生后血液循环的变化

胎儿出生后，由于胎盘血液循环中断，肺开始呼吸，肺循环增强，使胎儿的心血管系统、血液循环发生一系列变化（图 12 - 20）。

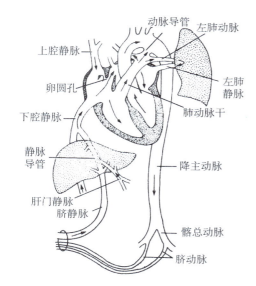

图 12 - 19 胎儿血液循环途径

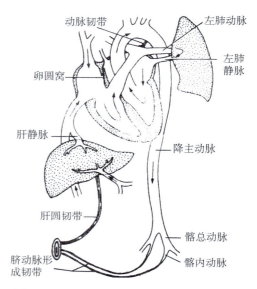

图 12 - 20 胎儿出生后血液循环途径的变化

（一）卵圆孔封闭

胎儿出生后，肺开始呼吸，肺静脉的血液大量回流入左心房，所以左心房的压力升高，使卵圆孔封闭。胎儿出生后 1 年左右，卵圆孔即完全封闭，并在房间隔的右面形成卵圆窝（图 12 - 20）。如果 1 岁以后，卵圆孔未封闭或封闭不全，称卵圆孔未闭。

（二）动脉导管闭锁

胎儿出生后，肺开始呼吸，肺动脉内的血液大量流入肺内，动脉导管便逐渐闭锁，形成动脉韧带。如果出生后，动脉导管不闭锁或闭锁不全，则肺动脉干与主动脉仍然相通，称动脉导管未闭（patent ductus arteriosus）。

（三）脐动脉大部分闭锁

脐动脉大部分退化形成脐外侧韧带，仅近侧段保留形成膀胱上动脉。

（四）脐静脉和静脉导管闭锁

脐静脉闭锁形成肝圆韧带；静脉导管闭锁形成静脉韧带。

经过上述变化，新生儿具备了和成人完全相同的血液循环方式。

第六节　孪生和多胎

一、孪生

一次分娩出生两个胎儿，称孪生（twins）或双胎。孪生可分单卵孪生和双卵孪生（图 12 – 21）。

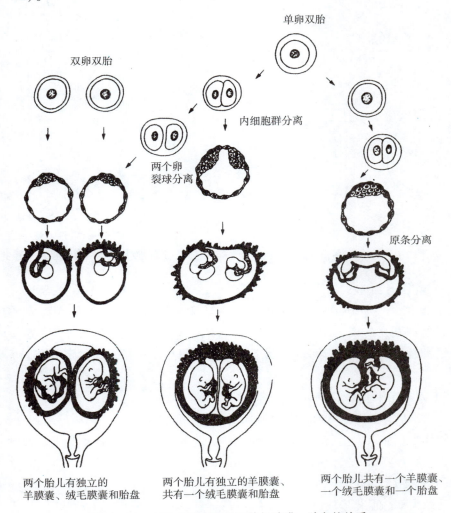

图 12 – 21　双胎的形成类型及其与胎膜、胎盘的关系

（一）单卵孪生

由一个受精卵发育成两个胎儿的双胎，称单卵孪生（monozygotic twins）。发生单卵孪生的原因可能有：

1. 卵裂球分离　通过卵裂形成两个卵裂球，两者分开，发育成两个胚泡，每个胚泡发育成一个胎儿，有各自的胎盘、绒毛膜、羊膜腔和脐带。

2. 形成两个内细胞群 在胚泡时期形成两个内细胞群，每个内细胞群发育成一个胎儿。它们具有共同的绒毛膜和胎盘，但各自有自己的羊膜腔和脐带。

3. 形成两个原条 在一个胚盘上形成两个原条和脊索，从而形成两个胎儿。两个胚胎共用一个绒毛膜、羊膜腔和胎盘，各有一条脐带。

单卵孪生的两个胎儿的遗传基因、性别、血型相同，相貌和生理特点也很相似。两个个体之间可以互相进行组织和器官移植而不发生免疫排斥反应。

（二）双卵孪生

卵巢一次排出两个卵，各自受精，分别发育成一个胎儿，称双卵孪生（dizygotic twins）。双卵孪生的两个胎儿的遗传基因不同，性别可以相同，也可以不同，外貌和生理特性犹如兄弟姐妹。他们各自有自己的羊膜腔、绒毛膜、胎盘和脐带。

二、多胎

一次分娩出三个以上的胎儿，称多胎（multiple birth）。多胎来自一个受精卵，称单卵多胎；来自多个受精卵的多胎称多卵多胎；如果多胎中既有单卵性的，也有多卵性的，则称为混合性多胎。

第七节 先天性畸形

先天性畸形（congenital malformationg）是由于胚胎发育紊乱而出现的形态结构异常。先天性畸形是常见病之一，是死胎死产的主要原因，其形成一般是胚胎在器官形成的过程中，由于某些因素导致胚胎的形态结构发生异常，其外形的异常出生时即表现出来。广义的先天性畸形还包括出生时不易发现，但在生后发育过程中逐渐表现出来的功能、代谢和精神行为的异常。

一、先天性畸形的发生原因

凡是能干扰胚胎正常发育过程、诱发胎儿畸形的因素，称致畸因素。致畸因素有遗传因素和环境因素两大类。在人类的各种先天性畸形中，遗传因素引起的占25%，环境因素引起的占10%，遗传因素和环境因素相互作用和原因不明者占65%。

（一）遗传因素

遗传因素是指生殖细胞（精子和卵子）遗传物质改变的因素，可分为染色体畸变和基因突变两类。

1. 染色体畸变 染色体畸变（chromosome aberration）是指染色体数目和结构发生改变而引起的发育异常，如先天愚型（21号染色体三体）、先天性睾丸发育不全（性染色体三体，染色体为47，XXY）、先天性卵巢发育不全（染色体为45，X0）、室间隔缺损及双侧唇裂等。

2. 基因突变 基因突变（gene mutation）是由于基因碱基的组成或位置顺序发生变化，以致影响细胞的结构蛋白或酶的结构和功能的异常，如多指（趾）、多囊肾、血友病、色盲等。

（二）环境因素

1. 生物因素 母体在妊娠早期感染某些病毒，如风疹病毒、巨细胞病毒、单纯性疱疹病毒、水痘、肝炎病毒等均可引起胚胎发生畸形，这些病毒主要影响胚胎神经系统的发育。

2. 化学因素 某些药物和环境污染物有致畸作用。目前已知 600 余种化学物质可致胚胎畸形，如镇静药、抗肿瘤药、治疗精神病的药物、尼古丁、乙醇、肝素、泼尼松（激素）等；环境污染，如汞、铅、有机磷等也可引起神经系统畸形和四肢畸形等。

3. 物理因素 目前已确认的对人类有致畸作用的物理因子有射线、机械性压迫和损伤、高温等。大剂量 X 线照射和 α、β 和 γ 射线都可引起畸形，如腭裂、脊柱裂等。

4. 其他致畸因子 酗酒、大量吸烟、缺氧、严重营养不良等均有致畸作用。孕期过量饮酒可引起多种畸形，称胎儿酒精综合征，其主要表现是发育迟缓，小头、小眼等。吸烟的致畸作用越来越受到人们的重视。吸烟引起畸形主要是由于尼古丁使胎盘血管收缩，胎儿缺血、缺氧，严重时可导致流产。

二、胚胎的致畸敏感期

发育中的胚胎是否发生畸形，不仅决定于致畸因子的性质和胚胎的遗传特性，而且决定于胚胎受到致畸因子作用时所处的发育阶段。受到致畸因子作用最易发生畸形的发育阶段称为致畸敏感期（susceptible period）。

受精后的前 2 周，胚胎受到致畸因子的作用后较少发生畸形。

受精后的第 3~8 周，胚胎细胞分裂、分化活跃，器官原基正在形成，最易受到致畸因子的干扰而发生器官形态、结构畸形，此期是最易发生畸形的致畸敏感期。

第 9~38 周是胎儿期，胎儿多数器官基本定型，对致畸因子的敏感性较低，受到致畸作用后，一般不出现器官畸形。所以，胎儿期不属于致畸敏感期。

三、先天性畸形的分类

先天性畸形的表现多样，至今尚无理想的分类方法，依据先天性畸形的胚胎发生过程，大致有如下分类：

1. 胚胎整体发育障碍 多因严重遗传缺陷而致胚胎不能发育成形，胚胎大多早期死亡或自然流产。

2. 胚胎局部畸形 由胚胎局部发育紊乱引起，涉及范围并非一个器官，而是多个器官。如头面发育不全（无脑、独眼），并肢畸形等。

3. 器官或器官局部发育不良 单侧或双侧肾缺失、肺缺失、胆囊缺失、房间隔或室间隔缺损、唇裂等。

4. 组织分化不良 如骨发育不全（短肢）、甲状腺发育不良引起的克汀病、腺垂体嗜酸性细胞功能不全引起的侏儒症等。

5. 吸收不全或退化不全畸形 如消化管上皮细胞超常增生后未吸收或吸收不全而致的食管闭锁或狭窄，十二指肠闭锁或狭窄及直肠与肛门闭锁，卵黄蒂未退化或退化不全而致的脐粪瘘和回肠憩室等。

6. 异位发育或超大超数畸形 如大血管移位，异位乳腺、多乳腺、多指（趾）等。

7. 发育滞留性畸形 如双角子宫、隐睾，异位肾等。

8. 寄生畸形　单卵双胎未完全分离，其中一个胎儿发育完整，另一个胎儿发育滞缓且不完整并附着寄生在大胎儿内。

人工受精

采用人工的方法使精子和卵子结合即人工受精。人工受精可分为体内人工受精和体外人工受精两种。

1. 体内人工受精　是指用人工的方法将精液注入正处于排卵前期的女性生殖管道内，使精子和卵子结合成为受精卵，并在母体内发育成胎儿。

2. 体外人工受精　体外人工受精适用于因女性生殖管道堵塞而不能实现正常体内受精的不育症。

体外人工受精是指用人工的方法取出卵细胞放在试管内，使其与精子在试管内受精成为受精卵，受精卵在试管内发育形成胚泡，然后将胚泡送于母体正处于分泌期的子宫内发育成熟，最终由母体娩出。通过这种方法发育的胎儿称试管婴儿。

胚胎龄和预产期的推算

1. 胚胎龄的推算　胚胎龄的推算有两种：月经龄和受精龄。

（1）月经龄：从孕妇末次月经的第一天至胎儿娩出日为止，共计约 280 天。如此计算出的胚胎龄称月经龄。以 28 天为一个妊娠月，则为 10 个月。

（2）受精龄：由于排卵通常是在月经周期的第 14 天左右，故实际胚胎龄应从受精日算起，即从受精日至胎儿娩出日为止，共计约 266 天（280 天 − 14 天 = 266 天）。

2. 预产期的推算　根据受精龄的概念和胚胎发育的时限，推导出了预产期的计算公式：年加 1，月减 3，日加 7。即末次月经的年份加 1，月份减 3，日加 7。例如，某孕妇末次月经的第一天为 2006 年 9 月 1 日，其预产期应该是：2006 年加 1 = 2007 年，9 月减 3 = 6 月，1 日加 7 = 8 日，即 2007 年 6 月 8 日分娩。

思考题

1. 何谓受精？受精的意义如何？受精应具备哪些条件？
2. 简述胎盘的形态、结构和功能。
3. 胎儿血液循环有何特点？出生后有什么变化？
4. 何谓胚胎的致畸敏感期？

（胡俊义）

参考文献

[1] 盖一峰. 人体解剖学. 北京：人民卫生出版社，2010.
[2] 吴先国. 人体解剖学. 北京：人民卫生出版社，2004.
[3] 邢贵庆. 解剖学及组织胚胎学. 北京：人民卫生出版社，2003.
[4] 严振国. 正常人体解剖学. 北京：中国中医药出版社，2004.
[5] 柏树令. 系统解剖学. 北京：人民卫生出版社，2007.
[6] 高英茂. 组织学与胚胎学. 北京：人民卫生出版社，2005.
[7] 牛建昭. 组织学与胚胎学. 北京：人民卫生出版社，2002.
[8] 杨壮来. 人体结构学. 北京：人民卫生出版社，2004.
[9] 丁自海. 人体解剖学. 北京：中国科学技术出版社，2005.
[10] 李如竹. 护理学基础. 北京：人民卫生出版社，2005.
[11] 杨建一. 医学细胞生物学. 北京：科学出版社，2003.
[12] 窦肇华. 人体解剖学和组织胚胎学. 北京：人民卫生出版社，2004.
[13] 羊惠君. 实地解剖学. 北京：人民卫生出版社，2002.
[14] 聂毓秀. 组织学与胚胎学. 北京：人民卫生出版社，2002.
[15] 欧阳钦. 临床诊断学. 北京：人民卫生出版社，2005.
[16] 刘英林. 正常人体学基础. 北京：人民卫生出版社，2003.
[17] 邹锦慧，刘树元. 人体解剖学. 北京：科学出版社，2005.
[18] 韩秋生等. 组织学胚胎学彩色图谱. 沈阳：辽宁科学出版社，2003.
[19] 顾晓松，胡兴宇. 系统解剖学. 北京：科学出版社，2008.
[20] 王怀经. 局部解剖学. 北京：人民卫生出版社，2005.